珍 藏 版

Philosopher's Stone Series

哲人石丛书

立足当代科学前沿

彰显当代科技名家

绍介当代科学思潮

激扬科技创新精神

珍藏版策划

王世平　姚建国　匡志强

出版统筹

殷晓岚　王怡昀

迷人的
科学风采

费恩曼传

Richard
Feynman

A Life in Science

John Gribbin
&
Mary Gribbin

[英]约翰·格里宾　玛丽·格里宾 —— 著

江向东 —— 译

上海科技教育出版社

费恩曼在洛斯阿拉莫斯的身份证照片(洛斯阿拉莫斯国家图书馆)

在洛斯阿拉莫斯（加州理工学院档案）

未注明日期的照片（加州理工学院档案）

在康奈尔的圣诞聚会上(加州理工学院档案)

未注明日期的照片(加州理工学院档案)

与狄拉克在1962年的华沙引力会议上(加州理工学院档案)

20世纪60年代中期与学生们在加州理工学院(加州理工学院档案)

与格温内斯在1965年的诺贝尔奖舞会上(加州理工学院档案)

1974年在加州理工学院(加州理工学院档案)

20世纪70年代中期在加州理工学院(加州理工学院档案)

1978年的男校友节演讲(加州理工学院档案)

费恩曼在1981年(英国广播公司)

1982年在《南太平洋》中扮演"酋长"(加州理工学院档案)

20世纪80年代中期在康奈尔演讲(康奈尔大学档案)

出版前言

"哲人石",架设科学与人文之间的桥梁

"哲人石丛书"对于同时钟情于科学与人文的读者必不陌生。从1998年到2018年,这套丛书已经执着地出版了20年,坚持不懈地履行着"立足当代科学前沿,彰显当代科技名家,绍介当代科学思潮,激扬科技创新精神"的出版宗旨,勉力在科学与人文之间架设着桥梁。《辞海》对"哲人之石"的解释是:"中世纪欧洲炼金术士幻想通过炼制得到的一种奇石。据说能医病延年,提精养神,并用以制作长生不老之药。还可用来触发各种物质变化,点石成金,故又译'点金石'。"炼金术、炼丹术无论在中国还是西方,都有悠久传统,现代化学正是从这一传统中发展起来的。以"哲人石"冠名,既隐喻了科学是人类的一种终极追求,又赋予了这套丛书更多的人文内涵。

1997年对于"哲人石丛书"而言是关键性的一年。那一年,时任上海科技教育出版社社长兼总编辑的翁经义先生频频往返于京沪之间,同中国科学院北京天文台(今国家天文台)热衷于科普事业的天体物理学家卞毓麟先生和即将获得北京大学科学哲学博士学位的潘涛先生,一起紧锣密鼓地筹划"哲人石丛书"的大局,乃至共商"哲人石"的具体选题,前后不下十余次。1998年年底,《确定性的终结——时间、混沌与新自然法则》等"哲人石丛书"首批5种图书问世。因其选题新颖、译笔谨严、印制精美,迅即受到科普界和广大读者的关注。随后,丛书又推

出诸多时代感强、感染力深的科普精品,逐渐成为国内颇有影响的科普品牌。

"哲人石丛书"包含4个系列,分别为"当代科普名著系列"、"当代科技名家传记系列"、"当代科学思潮系列"和"科学史与科学文化系列",连续被列为国家"九五"、"十五"、"十一五"、"十二五"、"十三五"重点图书,目前已达128个品种。丛书出版20年来,在业界和社会上产生了巨大影响,受到读者和媒体的广泛关注,并频频获奖,如全国优秀科普作品奖、中国科普作协优秀科普作品奖金奖、全国十大科普好书、科学家推介的20世纪科普佳作、文津图书奖、吴大猷科学普及著作奖佳作奖、《Newton-科学世界》杯优秀科普作品奖、上海图书奖等。

对于不少读者而言,这20年是在"哲人石丛书"的陪伴下度过的。2000年,人类基因组工作草图亮相,人们通过《人之书——人类基因组计划透视》《生物技术世纪——用基因重塑世界》来了解基因技术的来龙去脉和伟大前景;2002年,诺贝尔奖得主纳什的传记电影《美丽心灵》获奥斯卡最佳影片奖,人们通过《美丽心灵——纳什传》来全面了解这位数学奇才的传奇人生,而2015年纳什夫妇不幸遭遇车祸去世,这本传记再次吸引了公众的目光;2005年是狭义相对论发表100周年和世界物理年,人们通过《爱因斯坦奇迹年——改变物理学面貌的五篇论文》《恋爱中的爱因斯坦——科学罗曼史》等来重温科学史上的革命性时刻和爱因斯坦的传奇故事;2009年,当甲型H1N1流感在世界各地传播着恐慌之际,《大流感——最致命瘟疫的史诗》成为人们获得流感的科学和历史知识的首选读物;2013年,《希格斯——"上帝粒子"的发明与发现》在8月刚刚揭秘希格斯粒子为何被称为"上帝粒子",两个月之后这一科学发现就勇夺诺贝尔物理学奖;2017年关于引力波的探测工作获得诺贝尔物理学奖,《传播,以思想的速度——爱因斯坦与引力波》为读者展示了物理学家为揭示相对论所预言的引力波而进行的历时70年的探索……"哲人石丛书"还精选了诸多顶级科学大师的传记,《迷人的科学风采——费恩曼传》《星云世界的水手——哈勃传》《美丽心灵——纳什传》《人生舞台——阿西莫夫自传》《知无涯者——拉马努金传》《逻辑人生——哥德尔传》《展演科学的艺术家——萨根传》《为世界而生——霍奇金传》《天才的拓荒者——冯·诺伊曼传》《量子、猫与罗曼史——薛定谔传》……细细追踪大师们的岁月足迹,科学的力量便会润物细无声地拂过每个读者的心田。

"哲人石丛书"经过20年的磨砺,如今已经成为科学文化图书领域的一个品牌,也成为上海科技教育出版社的一面旗帜。20年来,图书市场和出版社在不断变化,于是经常会有人问:"那么,'哲人石丛书'还出下去吗?"而出版社的回答总是:"不但要继续出下去,而且要出得更好,使精品变得更精!"

"哲人石丛书"的成长,离不开与之相关的每个人的努力,尤其是各位专家学者的支持与扶助,各位读者的厚爱与鼓励。在"哲人石丛书"出版20周年之际,我们特意推出这套"哲人石丛书珍藏版",对已出版的品种优中选优,精心打磨,以全新的形式与读者见面。

阿西莫夫曾说过:"对宏伟的科学世界有初步的了解会带来巨大的满足感,使年轻人受到鼓舞,实现求知的欲望,并对人类心智的惊人潜力和成就有更深的理解与欣赏。"但愿我们的丛书能助推各位读者朝向这个目标前行。我们衷心希望,喜欢"哲人石丛书"的朋友能一如既往地偏爱它,而原本不了解"哲人石丛书"的朋友能多多了解它从而爱上它。

上海科技教育出版社

2018年5月10日

学者对谈

"哲人石丛书":20年科学文化的不懈追求

◇ 江晓原(上海交通大学科学史与科学文化研究院教授)
◆ 刘兵(清华大学社会科学学院教授)

◇ 著名的"哲人石丛书"发端于1998年,迄今已经持续整整20年,先后出版的品种已达128种。丛书的策划人是潘涛、卞毓麟、翁经义。虽然他们都已经转任或退休,但"哲人石丛书"在他们的后任手中持续出版至今,这也是一幅相当感人的图景。

说起我和"哲人石丛书"的渊源,应该也算非常之早了。从一开始,我就打算将这套丛书收集全,迄今为止还是做到了的——这必须感谢出版社的慷慨。我还曾向丛书策划人潘涛提出,一次不要推出太多品种,因为想收全这套丛书的,应该大有人在。将心比心,如果出版社一次推出太多品种,读书人万一兴趣减弱或不愿一次掏钱太多,放弃了收全的打算,以后就不会再每种都购买了。这一点其实是所有开放式丛书都应该注意的。

"哲人石丛书"被一些人士称为"高级科普",但我觉得这个称呼实在是太贬低这套丛书了。基于半个世纪前中国公众受教育程度普遍低下的现实而形成的传统"科普"概念,是这样一幅图景:广大公众对科学技术极其景仰却又懂得很少,他们就像一群嗷嗷待哺的孩子,仰望着高踞云端的科学家们,而科学家则将科学知识"普及"(即"深入浅出地"单向灌输)给他们。到了今天,中国公众的受教育程度普遍提高,最基础的科学教育都已经在学校课程中完成,上面这幅图景早就时过境迁。传统"科普"概念既已过时,鄙意以为就不宜再将优秀的"哲人石丛书"放进"高级科普"的框架中了。

◆ 其实,这些年来,图书市场上科学文化类,或者说大致可以归为此类的丛书,还有若干套,但在这些丛书中,从规模上讲,"哲人石丛书"应该是做得最大了。这是非常不容易的。因为从经济效益上讲,在这些年的图书市场上,科学文化类的图书一般很少有可观的盈利。出版社出版这类图书,更多地是在尽一种社会责任。

但从另一方面看,这些图书的长久影响力又是非常之大的。你刚刚提到"高级科普"的概念,其实这个概念也还是相对模糊的。后期,"哲人石丛书"又分出了若干子系列。其中一些子系列,如"科学史与科学文化系列",里面的许多书实际上现在已经成为像科学史、科学哲学、科学传播等领域中经典的学术著作和必读书了。也就是说,不仅在普及的意义上,即使在学术的意义上,这套丛书的价值也是令人刮目相看的。

与你一样,很荣幸地,我也拥有了这套书中已出版的全部。虽然一百多部书所占空间非常之大,在帝都和魔都这样房价冲天之地,存放图书的空间成本早已远高于图书自身的定价成本,但我还是会把这套书放在书房随手可取的位置,因为经常会需要查阅其中一些书。这也恰恰说明了此套书的使用价值。

◇ "哲人石丛书"的特点是:一、多出自科学界名家、大家手笔;二、书中所谈,除了科学技术本身,更多的是与此有关的思想、哲学、历史、艺术,乃至对科学技术的反思。这种内涵更广、层次更高的作品,以"科学文化"称之,无疑是最合适的。在公众受教育程度普遍较高的西方发达社会,这样的作品正好与传统"科普"概念已被超越的现实相适应。所以"哲人石丛书"在中国又是相当超前的。

这让我想起一则八卦:前几年探索频道(Discovery Channel)的负责人访华,被中国媒体记者问道"你们如何制作这样优秀的科普节目"时,立即纠正道:"我们制作的是娱乐节目。"仿此,如果"哲人石丛书"的出版人被问道"你们如何出版这样优秀的科普书籍"时,我想他们也应该立即纠正道:"我们出版的是科学文化书籍。"

这些年来,虽然我经常鼓吹"传统科普已经过时"、"科普需要新理念"等等,这当然是因为我对科普做过一些反思,有自己的一些想法。但考察这些年持续出版的"哲人石丛书"的各个品种,却也和我的理念并无冲突。事实上,在我们两人已经持续了17年的对谈专栏"南腔北调"中,曾多次对谈过"哲人石丛书"中的品种。我想这一方面是因为丛书当初策划时的立意就足够高远、足够先进,另一方面应该也是继任者们在思想上不懈追求与时俱进的结果吧!

◆ 其实,究竟是叫"高级科普",还是叫"科学文化",在某种程度上也还是个形式问题。更重要的是,这套丛书在内容上体现出了对科学文化的传播。

随着国内出版业的发展,图书的装帧也越来越精美,"哲人石丛书"在某种程度上虽然也体现出了这种变化,但总体上讲,过去装帧得似乎还是过于朴素了一些,当然这也在同时具有了定价的优势。这次,在原来的丛书品种中再精选出版,我倒是希望能够印制装帧得更加精美一些,让读者除了阅读的收获之外,也增加一些收藏的吸引力。

由于篇幅的关系,我们在这里并没有打算系统地总结"哲人石丛书"更具体的内容上的价值,但读者的口碑是对此最好的评价,以往这套丛书也确实赢得了广泛的赞誉。一套丛书能够连续出到像"哲人石丛书"这样的时间跨度和规模,是一件非常不容易的事,但唯有这种坚持,也才是品牌确立的过程。

最后,我希望的是,"哲人石丛书"能够继续坚持以往的坚持,继续高质量地出下去,在选题上也更加突出对与科学相关的"文化"的注重,真正使它成为科学文化的经典丛书!

2018年6月1日

内容提要

理查德·费恩曼（Richard Feynman, 1918—1988）是当代最受爱戴的科学家之一。他不但以其科学上的巨大贡献而名留青史，而且因在"挑战者"号航天飞机事故调查中的决定性作用而名闻遐迩。他还是一个撬开原子能工程保险柜的人，一个会敲巴西邦戈鼓的"科学顽童"。

费恩曼将物理学研究视为一种娱乐。他有一种独一无二的与自然交流的方式。只有当他将其用公式表达出来以后，我们才能与他分享"真实世界"的秘密。

他以坦诚和严肃闻名。他在科学上极端的诚实令无数后来者高山仰止。他也是一位优秀的教师，他关于物理学的讲演曾令无数青年学生领悟到物理学的奥秘。

本书不仅仅只是一本费恩曼的传记，它还是一部现代物理学的发展史。它将深邃的物理学思想寓于简单通俗的叙述之中，让您体会到现代科学那难以言述的美，以及理查德·费恩曼"迷人的科学风采"。

作者简介

约翰·格里宾(John Gribbin),英国著名科学读物专业作家,萨塞克斯大学天文学访问学者。他毕业于剑桥大学,获天体物理学博士学位。著有50多部科普和科幻作品,其中《薛定谔猫探秘》、《双螺旋探秘》和《大爆炸探秘》等尤为脍炙人口。

玛丽·格里宾(Mary Gribbin)以其青少年科普作品著称。她毕业于萨塞克斯大学,现在东萨塞克斯任教。

两人合著了一系列科学读物,包括《生而为人》、《时间和空间》、《地球之火》、《气候观察》以及《90分钟丛书》中哈雷、爱因斯坦、达尔文和居里等著名科学家的传记。

谨献给理查德·费恩曼的妻姐杰奎琳·肖,因为她把自己的思想灌输到我们心中。

我想知道这是为什么。我想知道这是为什么。

我想知道为什么我想知道这是为什么。

我想知道究竟为什么我非要知道

我为什么想知道这是为什么!

——理查德·费恩曼

001 — 致谢

001 — 序幕 "迪克,我们爱你"
005 — 第一章 对物理学的迷恋
028 — 第二章 费恩曼以前的物理学
046 — 第三章 学院生
070 — 第四章 早期的工作
090 — 第五章 从洛斯阿拉莫斯到康奈尔
119 — 第六章 杰作
135 — 第七章 费恩曼传奇
151 — 第八章 超低温科学
168 — 第九章 名望和幸运
183 — 第十章 超越诺贝尔奖
198 — 第十一章 前辈的角色
216 — 第十二章 最后的挑战
234 — 第十三章 晚年岁月
253 — 第十四章 费恩曼以后的物理学
273 — 尾声 寻找费恩曼的大篷车

目 录

277 — 注释

289 — 参考文献和推荐读物

致　谢

出于对理查德·费恩曼(Richard Feynman)*的追忆,许多人不惜时间同我们交谈与他个人和业务上的交往,还有许多人则不厌其烦地用书信、电子邮件或电话来答复我们的询问。没有他们,本书就难以准确刻画我们时代的这位广受爱戴的科学家。我们感谢他们,尤其要感谢费恩曼的家庭圈子里与之最接近的琼·费恩曼(Joan Feynman)、卡尔·费恩曼(Carl Feynman)、米歇尔·费恩曼(Michelle Feynman)和杰奎琳·肖(Jacqueline Shaw);还要感谢物理学界的詹姆斯·比约肯(James Bjorken)、诺曼·东贝(Norman Dombey)、戴维·古德斯坦(David Goodstein)、詹姆斯·哈特尔(James Hartle)、罗伯特·贾斯特罗(Robert Jastrow)、丹尼尔·克夫勒斯(Daniel Kevles)、哈根·克莱纳特(Hagen Kleinert)、艾戈尔·诺维科夫(Igor Novikov)、基普·索恩(Kip Thorne)和尼克·沃特金斯(Nick Watkins);还要感谢费恩曼生前的秘书海伦·塔克(Helen Tuck);同样要感谢拉尔夫·莱顿(Ralph Leighton),他对费恩曼的了解,像任何一个了解费恩曼生平最后10年的人一样清楚。这些人提供的信息,不论直接引用与否,都促成了理查德·费恩曼的形象在我们心目中的形成。我们希望本书的字里行间会有这些贡献的闪光。

我们也选取了关于费恩曼的生活和工作的一些已经发表的报道,在正文中引用并全部在参考文献中列出。诚然,我们尽可能考究了费恩曼的一些重要故事及其来源,不过,有时只好靠第二手资料,因为最

---

* 旧译"费曼"、"费因曼"。全国自然科学名词审定委员会公布的《物理学名词》(1996)中已定译为"费恩曼"。——译者

初讲这些故事的人已经谢世,或是有别的原因而不可企及。

迈克尔·谢尔默(Michael Shermer)为我们访问加州理工学院而忍受巨大的麻烦安排一个个采访;而贾格迪什·梅赫拉(Jagdish Mehra),他是最后一位正式采访费恩曼生活和工作的访问者,则慨允我们引用他的著作《特异的鼓声》(The Beat of a Different Drum),该书对理查德·费恩曼的生活和科学有着确切的专门性介绍,其学术水准高于本书。

本杰明·格里宾(Benjamin Gribbin)以一丝不苟的精确性和始终如一的好情绪花费大量时间编写采访记录,而乔纳森·格里宾(Jonathan Gribbin)则以快捷的作风和娴熟的技能制备插图。克里斯托弗·艾伦(Christopher Allen)对图片做了研究;普林斯顿大学的档案员本·普赖梅尔(Ben Primer)和加州理工学院的档案员夏洛特·欧文(Charlotte Erwin)帮我们找过原始材料;康奈尔大学的卡尔·贝克曼(Karl Berkelman)、麻省理工学院的海伦·赛缪尔斯(Helen Samuels)和洛斯阿拉莫斯国家实验室的罗杰·米德(Roger Meade),也都在提供原始材料方面有所贡献,在此一并致谢。

◇ 序　幕

"迪克*，我们爱你"

　　世人真的需要另一本关于理查德·费恩曼的书么？我们认为的确如此，否则我们就不写它了。这也就是我们写此书的原因。理查德·费恩曼是现代，抑或是有史以来最受爱戴的科学家，而在所有介绍其人其事的书中，几乎都没有发现这方面的内容。在一些介绍费恩曼性格的书中，费恩曼被写成一个聪明绝顶的表演者，随同他的轶事而显露出不凡的处世本领；把费恩曼作为科学家来写的书，将其工作纳入了对20世纪后半叶物理观念的透析；甚至有本图画书，是把插图与费恩曼的家人和友人关于他的回忆录结合而成的。不曾有人在同一本书中既抓住了费恩曼的科学实质，又抓住了这个人物的个人品质。这一点非常奇特，这是因为，在所有现代科学家中，看来费恩曼是有着最好的科学"感觉"的人，他不仅仅是依照写在黑板上的一行行方程这种方式，而且以使他能够洞察事情本质的深刻而内在的方式来理解物理学。

　　这样说并不意味着费恩曼过着"科学家式的"生活，即老观念中那种冷漠的逻辑学家的日常生活。事实上完全不是这样。关键在于，费恩曼虽然从事物理学研究但"一如常人"，他把他的玩笑的内在意义、他的不敬言行以及对冒险和意外奇遇的爱好，带进了科学世界。费恩曼从事物理学研究的方式，是采取他自己的方式，任何一个我们所知晓的

---

*　迪克（Dick）是理查德的昵称。——译者

物理学家都与他大不一样。完全不了解费恩曼方式的人，是不可能理解费恩曼的科学的，他为科学注入的活力无人能比。

同样，科学对费恩曼至为重要，谁对它没有起码的了解，就不可能了解费恩曼是什么样的人。像费恩曼这种爱开玩笑、喜欢冒险的人之所以被物理学所吸引，是因为物理学就是玩笑，还能提供冒险的机会。你也许觉得这样说难以置信。然而，人们对于物理学的误解，与其说是来自科学本身，不如说是由于讲授和描述它的方式有问题。也许，费恩曼的最大成就如同一位教师，传播科学玩笑；如同一位表演者，提供了一种正好打破陈规的科学形象。拉尔夫·莱顿(Ralph Leighton)笔下的费恩曼犹如"物理学的巫师"。费恩曼称大自然为"她"，他似乎已触及这个世界的运作方式，而很少有人会有这种体验。当他演讲时，他把听众引入与大自然的接触之中，让他们变换体验，以他们自身所不能达到的其他方式去理解大自然。每每如此，当他用他们能够理解的方式解释一些微妙之处时，听众们会情不自禁地喝彩甚至大笑。物理学家弗里曼·戴森(Freeman Dyson)评论道[1]："我从未见过他作的演讲不让听众发笑"，笑声一半来自发现事物之欢愉，另一半来自费恩曼爆出的笑话。

有了这种体验之后，人们常能记住弄懂了的东西，但不能经常完整地重现他们是如何弄懂的——费恩曼能把人们的理解力提高到他们所未曾达到过的高度，可是，他们此时已不完全记得费恩曼是怎样做的。甚至同辈科学家们有时也对费恩曼的演讲有同感——莱顿的父亲是费恩曼在加州理工学院的一位同事，莱顿回忆父亲时，也谈到了他的这种非凡的体验。听过费恩曼演讲的人说，他们像被施加了魔法，简直被迷住了，见过他的人也有同样的特异感觉，却不能十分明确地道出原委。他们只是凭体验来领悟其中的奥妙。从未见过费恩曼的人也写信对莱顿说，他们已经受到费恩曼这个榜样的鼓舞。很有可能，作为"智者"，他将更多地以这种方式受到怀念，而不是由于他参与科学的特殊缘故。

这样可能恰如其分,或许这也正是费恩曼本人所希望的。对费恩曼来讲,爱比科学重要得多;不过恰巧发生了这样的事情:他既爱人们,也爱物理学。

而人们,包括物理学家,也爱他。在《自然》(Nature)杂志1988年4月14日(332卷,588页)发布的讣告中,汉斯·贝特(Hans Bethe),他曾经是费恩曼在洛斯阿拉莫斯和康奈尔两处的上司,这样说道:"费恩曼受到的他的同事和学生的爱戴,比其他科学家都多。"费恩曼逝世的这天,加州理工学院的大学生们在学校11层高的图书馆大楼上悬挂了一条横幅,上写:"迪克,我们爱你。"在世界各地,甚至许多未曾见过费恩曼的人都为他的逝世而怀有故人已去的感觉。尽管我们一直未曾见过他,但这里有位物理学家、本书的作者之一(约翰·格里宾),恰巧是在大学里从费恩曼的《物理学讲演录》(Lectures on Physics)中受益的首批大学生之一。那些明晰的讲义帮助他确定了职业,即使是科学研究,也依然使他感到颇为有趣。读费恩曼在那些年写的书籍和文章,看电视中的费恩曼形象,更增强了这种信念,觉得费恩曼看起来像个老朋友。

但作为许多人的共识,费恩曼远远不只是一位伟大的现代科学家,而且还是"佼佼中之佼佼者"。斯蒂芬·霍金(Stephen Hawking)的名字紧紧联系着黑洞;阿尔伯特·爱因斯坦(Albert Einstein)的名字联系着相对论;查尔斯·达尔文(Charles Darwin)的名字联系着进化论。而费恩曼呢?在许多非科学家眼里,他仅仅是个"科学家"。这是令人啼笑皆非的,其缘由是因为费恩曼最伟大的工作实际上是在量子理论方面,即使对于今天的非科学家而言,这也依然是个非常令人迷茫的课题。我们想解释为什么这项工作如此重要,它是怎样处于当今量子奥秘研究的核心;我们还想同读者一起来认识完成这项工作的人。

即使在今天,在费恩曼1988年逝世7年之后撰文,对费恩曼其人和他的历史重要性提出决定性的评述也为时过早。这不只是有关我们议题的个人看法,这种认识是我们通过长时间(或许片面)关注他的工作,并通过他的工作及与其家人和友人们新近的讨论才得到的。

从费恩曼自己的工作及同与他相识的人会谈,可以清楚地看到费恩曼性格的突出之点,这就是他的爱好,即对物理学、对画画、对打鼓、对生活自身和对他的玩笑的爱好。当然,费恩曼自己的轶事被拉尔夫·莱顿收集在一起并且出版了两本书,倾向于把费恩曼描绘成某种夸张的形象、传奇的科学超人和既定权威的惩治者。书中的那些故事准确么?我们在1995年4月访问帕萨迪纳时请教过费恩曼的妹妹琼。"辨别那些故事是否准确不是难事。"她答道。"怎样辨别?"我们又问。"我哥哥从不说谎。"

拉尔夫·莱顿,就是听过费恩曼讲这些故事的人,他赞成并强调费恩曼是个喜欢讲故事的表演者。[2]这些故事都是真实的,故事中讲的都是发生在费恩曼身上的真实事情;费恩曼却往往以不同的方式和不同的侧重点来讲述它们,以达到最佳的效果。毕竟,它们并不仅仅是轶事,在很多情况下,这些故事变成了寓言,就像提供娱乐和消遣一样给人以教益,教你以正确方式去生活和如何与这个世界融洽相处。

围绕理查德·费恩曼的成长过程,的确有着一个传奇,但事实真相就隐藏在这个传奇中。[3]在经典西部片《枪击利伯蒂·瓦兰斯的人》中,报告者面临对一位伟人的早期生涯是再现真实情况还是再现传奇的选择问题,结果在难忘的一刻决定"再现传奇"。尽管我们赞同那个决定的精神,但也不想走到那一步。我们虽然为读者提供了理查德·费恩曼传奇中的一些东西,但隐藏在传奇中的也有这个人的真相。我们希望能把他的科学工作的重要性融入我们的表述中,使得非科学家们既能理解又可欣赏。毕竟,那应该正是费恩曼本人所期望的。

约翰·格里宾(John Gribbin)

玛丽·格里宾(Mary Gribbin)

1996年3月

第一章

对物理学的迷恋

梅尔维尔·费恩曼(Melville Feynman)有这样的家事传奇,当他的妻子露西尔(Lucille)初次怀孕时他曾预计说:"如果是男孩,他会成为科学家。"[1]这个婴儿于1918年5月11日降生在曼哈顿,取名叫理查德·菲利普斯·费恩曼(Richard Phillips Feynman)*,他在纽约的法罗卡威受的教育,长大后成了他那一代最伟大的科学家。他不仅以他最主要的科学贡献赢得了诺贝尔物理学奖,而且还完成了至少两项也值得获此殊荣的其他研究项目;他是研制原子弹的曼哈顿工程小组的领导者之一;更重要的是,他还是一位伟大的导师,是他鼓励了好几代大学生以一种新的方式去思考物理学。

梅尔维尔·费恩曼理应分享这些荣誉,是他从很早就设法引导儿子用"科学"的方式去思考。当孩子还在坐高脚童椅时,梅尔维尔就用收集到的彩色浴室花瓷片和他做游戏。起初,游戏中只是用花瓷片不管顺序地立着摆成一排,然后再推倒,就像玩多米诺骨牌那样;可是没多久他们就改为拼图案,也许是两块白瓷片接一块蓝的,然后再摆两块白的和一块蓝的,就这样玩下去。父母、家人和亲友都称小费恩曼为里蒂(Ritty)或里奇(Richy)。在那些游戏中,他的父亲有意识地开始尝试让

---

* 这个姓的发音,真像"漂亮男子"(Fine man)。

小里蒂思考图形及其基本的数学关系,他也很快就变得非常擅长做这个游戏了。[2]

梅尔维尔用各种浅显的方法鼓励他的儿子对科学的兴趣,他买了一套《不列颠百科全书》(*Encyclopaedia Britannica*),还带里蒂去参观美国自然历史博物馆,如此等等。梅尔维尔正是运用普通的知识来源作为推断的起始点,使得枯燥的材料变得生动有趣,从而使理查德清楚地意识到科学的神奇和魅力。当百科全书提到早已灭绝的恐龙有"25英尺(7.62米)高",有个"6英尺(1.83米)宽的头"时,梅尔维尔就停下朗读来解释这是什么意思,他打比方说,如果恐龙站在法罗卡威的院子前边,它就能够通过二层楼的窗户看到房子里面,可是它的头太大了,没法伸进窗户。

理查德和父亲的关系的这种特殊之处,以及梅尔维尔用以鼓励小费恩曼迷恋科学的特殊方法,在理查德·费恩曼津津乐道的他父亲的两件轶事中显得益发精彩。

第一件事要追溯到在卡茨基尔山避暑。一些家在纽约的人为了躲避城市的炎热举家来到这里,母亲和孩子们会在这里住上几周,而父亲还要留在城里工作,只有周末才能来此地与家人团聚。每当周末在树林里慢悠悠地散步时,梅尔维尔总是借助他看世界时所用的典型的迂回方式,向理查德讲述许多自然的奇迹。因此,有一次当另一个孩子指着一只鸟问理查德是否知道它的名字时,他只能回答不知道。那个孩子得意地叫出了鸟的名字,并嘲笑说:"你父亲什么也没教给你。""然而,"费恩曼告诉我们,[3]"恰恰相反。"他的父亲曾指着那种鸟说:

看见那只鸟了吗?那是一只短雉啭鸣鸟(我知道他并不知道鸟的真名)。意大利语中称为"楚托·勒皮提达",西班牙语中称为"波姆·德·陪达",中文中称为"钟龙塔",日语中称为"卡塔诺·泰克达"。你可以知道这种鸟在世界各种语言中的

> 名称，但知其然而不知其所以然，关于这种鸟本身你其实一无所知。你知道的只是不同地方的人如何称呼这种鸟而已。因此，让我们来看看它在干什么。那才是最重要的。

因此从很小的时候起，理查德就已懂得了知道某件事的名称与了解这件事本身的区别。几年后他在研究生院问一位图书管理员哪儿能找到"一幅猫图"，却同样被她对这种简单请求的茫然不解的反应所困惑时，更加深了这种感觉。很多年以后，实事求是地讲述这件事，还能使人对费恩曼的童年以及成长有个基本的了解。在费恩曼去世前不久，拉尔夫·莱顿和他谈起这件事时问他："这些都是有关你父亲的，那么你母亲又教了你什么呢？"费恩曼答道："我母亲教我懂得了我们能得到的最好的理解就是笑声和同情。"[4]

第二件事发生在理查德童年时，有一次他在玩小推车时偶然注意到落在车中的小球的奇怪行为。当他向前推小车时，球会向车后滚。他问父亲为什么会发生这样的事，得到的是这样的回答：

> 没人知道这是为什么。普遍的原理是运动的东西有保持运动的趋势，静止的东西有保持静止的趋势，除非你用力去推它们。这种趋势被称为"惯性"，但没人知道为什么会如此。

这代表了对物理学的本质和对世界的本质的一种深刻的见解，正是类似这样的例子，日后一直激励着费恩曼对每一件事提出疑问，去探寻最基本的真理，他从不仅仅因为有些过程已被标明就认为已经理解了过程的本身。*

然而梅尔维尔教育儿子的方法还有另一特点，后来费恩曼讲述自己的轶事时就经常反复用这种方法来突出他生活中最重要的事。为了

---

* 有趣的是，费恩曼自己对世界本质的一种看法，如今为我们提供了解释惯性"究竟"是什么的一种方式（尽管这在他的一生中未曾得到正确评价），见第十四章。

形成某个正确的观点,故事的每一细节不必完全"真实"。正如费恩曼自己所说,他完全知道梅尔维尔描述的那只鸟其实并不叫"短雉啭鸣鸟",所说的鸟的那些外国"名字"也全是胡编。然而他明白,这并没有关系,实际上故事的主要论点是说名字并不重要,因此,如果梅尔维尔愿意叫这只鸟为短雉啭鸣鸟,那么,他完全可以这样做。对于理查德·费恩曼本人的故事,往往就应该这样去理解,只要最重要的信息是正确的,细节和强调的重点可以为增强故事的效果而有所调整。琼·费恩曼的哥哥并没有说谎,作为一个伟大的演说者,他只是以最有启发性的方式来讲述故事。正如在讲述父亲的故事时费恩曼所说的:"我知道这并不是非常准确的,但如果你明白我的意思,其实他所讲的故事的本质是完全准确的。"[5] 我们也可以这样来看待费恩曼本人的故事,比如当他逐字逐句地引用童年时代与父亲的对话时,好像他已完全回忆起来似的,而实际上他只是组织一些与他所记起的那些场合相符的对话而已。理查德·费恩曼的轶事的本质内涵比在20世纪20年代的某一个特别的日子里他究竟说了什么这类琐事具有更深刻的意义。

　　如果说理查德从父亲那里学会很多对于科学和世界如何思维的方法,而不仅是积累了一些科学知识,那么梅尔维尔又是从哪里学到这种思维方式的呢?梅尔维尔的父亲,也就是理查德的祖父,对数学和科学思想也明显地感兴趣,因此在某种程度上至少可以说在这个家庭里有着科学的传统。这一点给我们所有的人以很大的希望,即使我们不奢望成为另一个理查德·费恩曼,即使我们并不掌握职业科学家所需要懂得的详尽的数学知识,至少我们可以期望成为梅尔维尔·费恩曼,去理解自然和热爱自然,并把这种对自然的热爱传给下一代。无论是理查德的父亲还是他的祖父,都没有机会把他们的兴趣爱好发展成为职业。

　　梅尔维尔出生于1890年,他是雅各布·费恩曼(Jakob Feynman)和安妮·费恩曼(Anne Feynman)的儿子,立陶宛犹太人,一段时间住在白俄罗斯的明斯克,1895年移居美国。他们定居在长岛的帕乔格,梅尔维尔最初在家里接受教育,师从他的父亲(日后他自己同理查德之间也是如此),后来上了地方的中学。他想成为一名医生,但家里不能支付他足够的教育费用以满足他的志向,因此他进入一所学院去学习顺势疗法医学。就是这样的学习,在经济上也难以支持,梅尔维尔只得离开学院,去从事其他职业,但都没有取得特别的成功。尽管如此,他也总是设法保持家里在经济上能应付自如,甚至在大萧条时期也是如此。最后他专门做服装生意,这使得理查德有了足够多的机会直接了解由制服所代表的职权和穿制服的脆弱的人之间的区别。费恩曼回忆道,一次他父亲给他看报纸上一张教皇的照片,照片上人们在给教皇鞠躬。"这个人和其他人有什么区别吗?"梅尔维尔问理查德,接着他马上答道,"区别只在于他戴的帽子。而在别的方面,此人和其他人一样有着相同的问题:他吃饭、他洗澡,他也是人。"[6]

露西尔·菲利普斯,即理查德·费恩曼的母亲,她的父母都是在童年时代就来到了美国。她的外祖父(理查德的曾外祖父)是个波兰犹太人,在19世纪60年代和70年代他曾卷入反俄运动,被监禁并被判处死刑,后来逃跑并设法来到美国,不久他的几个孩子也来此与他团聚。他的大女儿约翰娜·赫林斯基(Johanna Helinsky)和他一起开钟表修理店,这家店开在纽约的下东区,正是在这儿约翰娜遇到了未来的丈夫,理查德·费恩曼的外祖父。

亨利·菲利普斯(Henry Phillips)生于波兰,从小失去父母,在他被送到美国去淘金之前,有一段时间在英国孤儿院度过,在那儿他才有了自己的名字。和许多处境相同的移民不同,靠他的朴实,亨利·菲利普斯真的创业成功了。最初他背一个包挨门挨户卖针线,后来和约翰娜一起成功地做起女帽及妇女头饰生意,生意一直很兴旺,直到第一次世界大战末帽子生意开始不景气才改行。亨利是在一次修表时结识约翰娜的,他走进表店,惊喜地发现有位年轻漂亮的姑娘正在修表。不久他们就结婚了,接着一起做生意,在帽子生意很成功的那个时候,他们搬到上东区第92街去住。1895年,露西尔·菲利普斯(五个孩子中最小的一个)就出生在那里。[7] 后来他们全家搬到长岛南端的法罗卡威的一套带大花园的房子居住,那儿当时是昆斯县的一个半田园式的社区。

作为成功商人的女儿,露西尔到伦理文化学院上学[9年后,罗伯特·奥本海默(Robert Oppenheimer)也在此上学],想成为一名幼教教师。但她高中刚刚毕业,当时只有18岁,就遇到了梅尔维尔·费恩曼;他们马上就相处得很好,他几乎是立即就向她求婚了。她父亲不同意她这么早就结婚,因此只得等到1917年她21岁以后。开始,这对新婚夫妇住在上曼哈顿;婚后一年,理查德·菲利普斯·费恩曼就在当地的一家医院里出生了。

如果说使儿子成为一位科学家梅尔维尔至少作出了部分贡献,那么露西尔同样以她的幽默、温和与同情给了他很大影响。琼·费恩曼感到,在有关费恩曼传奇的很多版本里,她母亲的角色被轻描淡写了,说的都是父亲把年轻的里蒂引向了科学,而母亲只是藏在父亲的身影里。也许这是可以理解的,至少从叙述这些传奇的观点来看是这样的。毕竟,我们中很多人的母亲都很有幽默感和同情心,而父亲却很少有像梅尔维尔·费恩曼这样的,因此在故事中他的角色乍一看似乎更有趣、更值得骄傲。但若没有露西尔的影响,理查德·费恩曼也许已成为常规的、枯燥的学究,而不是保险柜的开启者和敲邦戈鼓的传奇人物。毕竟,是幽默感与"我们所能得到的最好的理解就是笑声和同情"[8]这种明智见解的融洽而又科学的结合,才使得费恩曼如此独特。这种结合在他父母各自的身上是找不到的,只有把他们联系在一起才有如此效果。如果还需进一步证明露西尔对儿子的影响,那么,她还是个擅长讲故事的人。琼回忆说:

每当晚上理查德从学院回到家中,他和母亲会坐在餐桌边一直聊下去。我和父亲笑得肚子都疼了,求他们可怜我们,可他们还是不停地说着,直到我从椅子上掉下来简直要摔到地板上为止。[9]

露西尔良好的幽默感和同情心也经历过严峻的考验。早在1924年,当理查德5岁时,她有了另一个儿子,叫亨利·菲利普斯·费恩曼,在那年的1月24日出生,只活了一个月零一天,2月25日就夭折了。直到理查德9岁时妹妹琼才出生,但这并不意味着9岁前他过着像其他"独生子"那样的生活。

费恩曼很小的时候,他家搬了几次,后来在法罗卡威住下来,和露西尔的姐姐珀尔(Pearl)全家同住在外祖父的房子里。珀尔家有个儿子叫罗伯特(Robert),比理查德大3岁,一个女儿叫弗朗西斯(Frances),比他小3岁,因此在这个大家庭的表兄妹中他年龄居中,他们像亲兄妹般相处。由于经济原因他们需要合住。珀尔的丈夫拉尔夫·卢因(Ralph Lewine)做衬衫生意,但他的生意从没像梅尔维尔那样成功过。费恩曼家并不穷,但也不像露西尔的父母那么富裕,琼·费恩曼回忆,经济上他们总是自如的,在整个大萧条时期也很顺利。这样密切地生活在一起往往并不容易,至少对两家的大人是如此(当然,亨利·菲利普斯传下来的这套房子实际上是一种提示,即梅尔维尔和拉尔夫两人都不如岳父取得的成就大)。琼出生不久,理查德10岁的时候,费恩曼家搬到邻近的锡达赫斯特镇,几年后他们又不得不搬回来。尽管亨利·菲利普斯的两个女婿事业上都不像他本人那样成功,但两个家庭都能比较舒适地度过大萧条时期,这多少还得感谢他们从岳父那儿继承来的这套房子。琼记得她曾有"从纽约的高档商店买来的漂亮衣服",每天还有女佣来打扫房间和洗烫衣物。"战前,我们每年都有一辆新车(通常是一辆奥尔兹莫比尔)。"[10]

就连梅尔维尔这个最反对传统观念不愿与习俗为伍的人也有一个盲点。事实上,他鼓励理查德对科学感兴趣,却从未尝试过激发琼对科学的热情。在20世纪30年代,一个女孩子能成为一个科学家,这简直是不可思议的,即使是对梅尔维尔·费恩曼这样心胸豁达的人也是如此。然而,无论怎样琼真的成了一名科学家,最终她在帕萨迪纳著名的喷气推进实验室从事空间科学的研究,恰恰成了梅尔维尔曾经期望里蒂应该成为的那种科学家。这全从她听到梅尔维尔和理查德谈论那些有趣的事情开始,过后她会用这些偶然听到的事情问她哥哥。很快,她的哥哥也用父亲的方式向她解释他从父亲那里所学到的东西,他从小就成了一个讲科学故事的人(尽管听众只有一个)。[11] 同样,琼对哥哥的发展也有影响,并喜欢以"理查德·费恩曼的第一个学生"自诩。[12]

从琼还是个婴儿起,理查德就负责照顾她。在婴儿车里她就观察理查德和他的朋友一起修补那些收集来的电线、电池以及其他有关电的零碎东西,这被他们称为"实验室"。当时家里有一条狗,有时教它做一些小把戏,理查德相信他妹妹比狗聪明,应该能把小把戏做得更好。为了给朋友们留下深刻印象,他决定教她学算术,当她做对时就允许她拽他自己的头发,以此来鼓励她学下去。琼至今还记得,她3岁时,站在有栏杆的童床里"兴奋地拽住理查德的头发",只因她学会了2加3。

琼大些时仍做这些功课。5岁时,她成了实验室领薪水的助手,做些零活,每周挣2分钱。有时还作为魔术师的助手,把她的手指伸进一个小的火花缝隙,忍受一个适度的电击,这使理查德的朋友们大为惊诧。再也没有别的轶事更能说明他们之间的关系了;带有崇拜英雄色彩的妹妹明白哥哥是从不会伤害她的,确信他会把这种电击保持在只有轻微不舒服的程度。尽管在不知情者看来,当火花跃过缝隙时就是不放手指在那儿都很可怕。和经济报酬一样,作为回报,理查德会给她介绍世界的奇妙,指星星给她看;为证明离心力而将一杯水杯口从朝上到朝下旋转一个弧形，而让水一滴也不洒出来（除了那难忘的偶尔一次，杯子从他手里滑出来，飞到房子的另一头去了）。

有一件理查德指给她看的事生动地留在琼的记忆里。她回忆道，当时家里的生活非常有规律，比如入睡的时间等都有严格的规定。作为家中最小的孩子，她要最早上床睡觉。可是有一天，那时她大约4岁，13岁的哥哥被许可叫醒她。他告诉她有件奇妙的事要她看，他把她带到外面，在附近的一个高尔夫球场中间，还没来得及叫她往天上看，她自己就看到了北极光。

然而使琼成为科学家的真正转变是在她14岁的时候，理查德当时是普林斯顿的研究生。琼很早就对天文学感兴趣，可是实际上母亲曾告诉过她女子的大脑达不到从事科学工作的程度。[13] 而当她14岁生日时，理查德送给她一本有关天文学的大学教科书，当她认为这本书对她来讲太难没法看懂时，理查德让她坚持看下去。"你从头读，尽量往下读直到你一窍不通时，再从头开始，这样坚持往下读直到你全能读懂为止。"[14] 用这种方法坚持读下去，她取得了稳步的进展。后来，她读到了第407页，其中有一张图，显示了一颗星的部分光谱。图注认为获得这些信息的天文学家是有成就的，这位天文学家是赛西莉亚·佩恩-加波施金(Cecilia Payne-Gaposhkin)，她是位女士！"秘密找到了：这是可能的！从那一天起，我可以把自己的兴趣认真地放到科学上了。"[15]

"家庭的激励，对物理学的强烈热爱，使我自然地认为这非常完美。"琼回忆说，"来自哥哥和爸爸身上的这种激励，充溢我的家庭且无时不在，我正是伴随着这种激励成长起来的。科学变成了我要做的事情。"[16] 然而她敬畏理查德从不比其他小妹妹们敬畏她们的哥哥们更甚。"你哥哥，他是你哥哥。你不要以为他具有特殊的才华。"后来她才认识到，这个家庭对科学的兴趣确实与众不同。"当我还是小孩时我们就对相对论感兴趣，因此，我们和其他许多家庭是不同的。"

琼得到固体物理学博士学位后,也就是里蒂带她看极光的20年以后,她又对极光产生了兴趣。她对此工作很喜欢,并且想把这些告诉理查德。她想告诉他的最后一件事就是,她盼望在聪明的哥哥把问题解决之前由她自己全部搞明白。于是她去找到哥哥并且提议,把整个宇宙分开,如果哥哥同意不研究极光,那她可以把其他所有的事全留给哥哥研究。理查德同意了。

然而在20世纪80年代,有一次理查德去阿拉斯加访问,人们让他参观专门研究极光的天文台。他表示对这个还没人能解决的问题很感兴趣,于是有人问他,为什么他自己不做些这方面的研究。"我很想做,"费恩曼回答,"可是不行,我必须信守我对妹妹的诺言。"

不久,在一次极光专家会议上,一位阿拉斯加的研究者找到琼问,她的哥哥是不是在开玩笑。她说,不是开玩笑,故事是真的。理查德从阿拉斯加返回加利福尼亚后,请求妹妹允许他做极光方面的工作,这次她让步了。真是一诺千金,在极光研究上,他让给琼30年。[17]

理查德第一次把极光指给妹妹看时,他刚开始上中学,那是在1931年秋天。那时,不论在校内还是在校外,他都被看成是聪明不过的孩子。在锡达赫斯特的那几年里,他开始有意识地发展对科学的兴趣,在住宅的地下室他获准有一个实验室,在那儿他可以用化学药品做实验。锡达赫斯特的学校对学科学的人来说简直是浪费时间。只在八年级(小学的最后一年级)才教些东西,费恩曼从那儿学到的唯一的知识是1米等于39.37英寸。然而,在算术方面却大不相同。他总是"被视为小学里的算术神童",在10—11岁时,他曾被请到其他班讲解他做减法的方法,老师认为这种方法对小孩子来说非常简洁。[18]

在小学的最后一年,理查德有了他最初的科学交往。他有个牙医,总是不厌其烦地回答他有关牙齿是怎么工作的问题,牙医成了他心目中的"科学家"。他还试着从公共图书馆中的几本有关科学新进展(第二章中会更多地谈及这些进展)的普及书中努力学习。尽管牙医并不是真正的科学家,但他意识到理查德对科学的兴趣决不是一时的心血来潮。牙医的另一名患者,莱苏尔(William LeSur),虽是法罗卡威中学的英语教师,却在那儿帮助科学教学,牙医把这个孩子的兴趣告诉了他。结果,莱苏尔邀请理查德每周去参观一次那个中学,下课后一边把实验室打扫干净,一边在其中转悠着看。通过这种交往,理查德遇到了中学里真正的化学教师,该校的科学领导人巴恩斯(Edwin Barnes),在理查德帮他清洗仪器时,他给理查德讲与科学有关的东西。

如果说理查德并没有从锡达赫斯特的教师那儿学到什么科学的话,那么正是在那儿的时候,他从一位新朋友莱昂纳德·毛特纳(Leonard Mautner)那儿知道了原子。是他向理查德讲解了如果不断地把一个物体越分越小将会发生什么情况。对受过科学教育的人来说这是不足为奇的,但对费恩曼,这却是他生活中的一个转折。30年后,他在他著名的《讲演录》(Lectures)中说道:

> 如果在某种大变动后所有的科学知识将不复存在,而只有一句话能流传后世,那么,什么样的叙述能以最少的词语包涵最多的信息呢?我相信这就是世间万物都由原子组成的原子假说(或叫原子事实,或其他随你怎么叫的名字),原子这种永恒运动着的小粒子,当它们彼此远离时互相吸引,彼此靠近时就互相排斥。从这句话中,只要用一点点想像力和思考,你就会明白其中包涵了有关这个世界的极为大量的信息。[19]

童年的理查德·费恩曼(和成年后一样)极具想像力和思维能力。在他最爱提到的一件往事中,他讲述了在锡达赫斯特时他学习修理收音机的事。当时收音机是很简单的,在法罗卡威时,他就开始自己组装收音机,后来在家里还修一些有毛病的收音机。事情传开了,朋友和熟人都不再花钱去请专门的修理工而是请费恩曼到家里来。故事的关键在下面。一次一位陌生人请他修收音机,这个收音机一开开关就发出很大的噪音,但等管子热起来噪音就没有了。小费恩曼走来走去,想搞清楚到底是怎么一回事,此时收音机的主人却越来越感到焦虑,抱怨自己怎么这么傻,居然请这么个小孩儿来做本该是大人才能做的事。于是他问费恩曼在干什么,孩子答道:"我在思考。"

最后,经过仔细的考虑,孩子明白了,也许把收音机中的两个管子的顺序颠倒一下问题就能解决。他对换了这两个管子的位置,再打开开关,收音机果然正常工作了。收音机的主人喜出望外,完全转变了对这位少年天才的看法,又请他做了许多事,还告诉所有的朋友:"他是通过思考来修理收音机的。"[20]

故事并不是想说明成年的费恩曼有些自负,也不是在夸耀他少年时的成就,而是通过这个真实的故事强调富有想像力的思维的重要性,另外还告诉我们通常情况下该怎样解决各种问题。从另一方面讲,有这样的人,他反对费恩曼所做的尝试(至少是反对这种尝试的方式),但一旦这样的做法有效,他就会完全转变态度,变为几乎是令人难为情的热情。因此,当你坚信自己正确时,就应有信心去面对反对意见,以你认为正确的方式去做。故事还告诉了我们有关费恩曼性格的另一侧面,即他从不放弃。面对任何难题,从邻居家的坏收音机到量子力学的基本性质,只要还没有解决他就决不罢休(当然,除了他答应过妹妹的不去研究的领域)。

在中学时也是如此。比如,年长的学生会拿一些在高年级数学中才有的棘手几何学难题给他,他总能解答出来——这样做并非是出于要讨好那些大男孩,而是因为他不能抗拒这种挑战。实际上,数学天才的这种名声在社交上确实对他有益。对于球类运动,这通常被视为是一种有"男子气概"的消遣,他对此无能为力;他在女孩子面前又显得很腼腆，常担心被人视为"女人气的男人"。在《你干吗在乎别人怎么想》(What do You Care What Other People Think?)一书中，他这样描述自己的"痴呆"：有一群孩子在打球，他经过时球恰好飞出来滚到他这个方向，那些人希望他把球拾起来扔回去。此时，球却从他手里飞到其他地方去了，惹得所有人都大笑。尽管如此，他对那些大男孩来说太有用了，他们并不会从他的不足之处寻开心来疏远他。

理查德总是借助于那些从基本原理推导出来而加以发挥的技巧，用自己的方式来解决这些几何难题以及所有其他问题。这一部分是出于自觉，一部分来自于梅尔维尔对他的指导，即对任何事情，不管告诉你的人多么有名，不要仅仅因为别人告诉你是这样你就相信的确是这样，这种态度贯穿费恩曼科学生活的始终。和朋友毛特纳一起，但更多地是靠他自己，他推导出了欧几里得几何学的绝大多数规则。"我想找到公式，"1988年他对梅赫拉(Jagdish Mehra)说，"我并不在乎希腊人甚至是巴比伦人是否已经得到了，那些事我没有兴趣。这是我的难题，从中我得到了乐趣。"

费恩曼非常幸运，在从学校里接触到代数之前他就用自己的方式学会了它。他的表兄罗伯特就是不能掌握代数，还请了家庭教师来辅导。费恩曼被允许在家教课上听讲，他很快就明白了代数中的问题就是在一个方程中求出未知变量 x 的值。当罗伯特还在用学校中记住的法则死记硬背地挣扎时，费恩曼就意识到，只要答案是正确的，你究竟是怎样得到这些答案的则无关紧要。小学毕业前，理查德就已学会了如何解联立方程组，联立方程组就是两个方程中有两个未知量，如：

$$2x + y = 10$$

和

$$2y - x = 5$$

要求出 x 和 y 两者的值（此处 $x=3, y=4$）。后来他又给自己出了四个方程四个未知数的题目。

令人大为吃惊的是,理查德在中学里学到代数学的时候,他对所要学的东西厌烦得简直要哭出来。他沉默了一段时间,然后告诉老师他已经知道老师将要给这个班学生讲的东西。作为测试,数学部的负责人出了一道题让他解答,对他来说这道题的确很难,但是他触到了问题的核心,这使老师明白他确实懂得代数学的一些知识。因此他被安排到这门课的一个特别班中,班中的学生是有过不及格而重修这门课的。该班教师莉莲·穆尔(Lillian Moore)是个非常灵活的人,足以应付理查德的早熟。在这儿,他遇到了一类新问题。穆尔小姐让班里的学生解 $2^x=32$ 这个方程,没人知道从何入手,他们没有解这类问题的一套法则。可是理查德并不需要一套法则,他直接得出方程的解是 $x=5$,因为5个2相乘等于32。这种事对理查德来讲是不言自明的,可对班里的其他人并非如此,这个事实正是证明他和班里其他学生的确不同的一个最初迹象。

当理查德成为学校数学代表队的明星在"校际代数联盟"中与纽约其他中学竞赛时,这种与众不同之处就表现出来了。代数代表队会到不同的学校和那里的数学神童进行比赛。每个队有5个队员,他们的问题要用现在称为横向思维的方式去解答,并且有严格的时间限制——一般是45秒。每个队员独立完成,他可以在他面前的纸上写他想写的任何东西。至关紧要的是在时限到来之前,每个选手必须在纸上把他认为是正确答案的那个号码画上一个圈。问题是直接选择的,因此即使"用书上的法则"可以解答,但在有限的时间里也几乎不可能做完;但你一旦发现简便算法(或用你自己发明的简便算法)就非常容易。费恩曼经常赢得这些比赛,写下他的号码并炫耀地画上一个圈,常常是在其他选手还在勉力应付解答之前,他已在处理纸上另外的空白了。这种训练对他后来的生涯很有用,他始终保持着迅速简洁地解答代数问题的能力，从不拘泥于教科书中的方法。

因此理查德在中学学到了一点儿数学，尽管他宣称在那儿他根本没学到一点儿科学，因为他往往是走在课堂学习之前。20世纪30年代，法罗卡威的中学所教的生物学、物理学和化学对他来讲已经很熟悉了，这些知识来自《不列颠百科全书》，来自他自己的小修理（比如与电有关的修理）和与老师及其他人的非正式交谈。即使是在中学学的数学也多半靠自学——对他来讲那几年最新鲜的事就是学微积分。他是从两本书里学到的，一本是《简明微积分》（*Calculus Made Easy*），作者是汤普森（S. P. Thompson，纽约：圣·马丁出版社，1910年）；另一本是《实用微积分》（*Calculus for the Practical Man*），作者是另一位汤普森（J. E. Thompson，纽约：范·诺斯兰德出版社，1931年），该书是《实用者数学指导丛书》之一，理查德在离开小学进入中学的那段时间里，如饥似渴地学习着。

然而在中学时期的两次数学方面的经历决定了理查德后来的生涯。一次使他了解到普通学生是怎样学习的，另一次决定了他以后的职业。

当理查德在中学接触到研究三维形体的立体几何时，他才瞥见了自己在数学上的失败。他被彻底击倒了，尽管他能用老师所教的一些法则做适当的运算，但他一点也不明白老师所讲的东西。他一度和那些只能用代数法则解方程却根本不知其所以然的同学们一样。不过，事情终于有了转机。几个星期以后，他了解到画在黑板上的那团线条其实代表的是三维的物体，而并不是两维的古怪图形。于是一切都变得一目了然，对这门课他再也不感到困难了。直到从事科学研究之后他还说："那是我唯一一次体验普通人的感受。"[21]

1933年，费恩曼全家参观了芝加哥的世界博览会。一年后，理查德开始了他中学最后一年的学习，他在数学上的遭遇决定了他尔后的职业。

他把这个遭遇归因于大萧条。那一年,一位新的物理教师艾布拉姆·巴德(Abram Bader)来到学校,他原来在哥伦比亚大学攻读博士学位,师从生于奥地利的物理学家拉比(I. I. Rabi),拉比在基本粒子的磁性方面的工作使他荣获了1944年的诺贝尔物理学奖。可是巴德的钱用光了,他不得不放下研究工作来做一名教师。他很快就颇为欣赏费恩曼的非凡才能,并借给费恩曼一本高等微积分的书,还经常在课外与费恩曼谈有关科学的事情。一次巴德讲到"最小作用量原理",这个题目他们只讨论过一次,可是在费恩曼以后的生活中,这次的整个情景却深深地印在他的脑海里。他因这个物理思想而兴奋不已,因此他记得那次谈话的每一细节——精确到他们在哪个房间,黑板在哪儿,他自己站在哪儿,以及巴德先生站在哪儿。"他只是解说,他并没有证明任何东西。没有任何复杂的事情,他只是说明有这样一个原理存在。我随即为之倾倒,能以这样不寻常的方式来表达一个法则,简直是个不可思议的奇迹。"[22]

这个"不可思议的奇迹",可以用从地面抛出通过楼上窗户的飞球为例来理解。从来龙去脉看,术语"作用量"有其特定的涵义。在球飞行中的任一点,你都可以计算球的动能(球运动的能量,与它的速度有关)和势能(因其距地面的高度而使球具有的引力能量)间的差值。这个作用量是沿着球在空气中通过的路径的所有这些差值的总和(可以用与计算带电粒子在电场或磁场中运动——包括电子在原子中运动相似的方法来计算作用量)。球通过窗户会有许多种不同的路径曲线,从低而平的弹道直至飞行到远远高过窗户然后再下落经过窗户的非常弯曲的飞行路径。每条曲线都是抛物线,都是球在地球引力作用下运动的可能轨迹族中的一条。所有这些费恩曼都已经懂得,然而,巴德提醒他的是,如果你知道球飞行所用的时间,即从离开抛球手的瞬间到抵达窗户的瞬间的时间间隔,那就能排除所有其他可能而只剩下一条轨道,即确定了球的唯一路径。然后巴德给他讲了最小作用量原理。

物理学中最重要的原理之一就是能量守恒——球的总能量（在这个例子中）保持不变。能量的一部分以引力势能的形式存在，这部分能量与它离地球表面的高度相关（严格地讲，是与它到地心的距离有关）。球升高时，将得到引力势能，球下落时，将失去一部分势能。球所具有的与之相关的唯一其他形式的能量是运动能，或叫动能。速度越快动能越大。在球脱手的瞬间，由于球速很快，所以球有很高的动能。随着球上升，一部分动能就损失了，转变成引力势能，同时它的速度也降低了。在轨迹的最高点处，球具有最小的动能和最大的势能，当球沿着轨迹曲线的另一侧下落时，将得到动能并同时失去势能。但是总的能量，动能与势能之和将保持不变。

所有这些费恩曼都知道，但他并不知道一旦飞行时间确定，球的飞行轨迹就一定是确定的一条，它与其他任何可能的轨道的区别在于，沿着轨迹各点累计的差值（即动能减势能之差）累计起来其和最小。这就是最小作用量原理，是涉及整个路径的一种性质。

看一看黑板上代表飞球轨迹的曲线，也许你会想到可以通过扔得慢一点、以更小的弧度、更接近直线，或是通过沿更长一些的轨迹而速度更快一点、弧圈离地面更高一些，使得球也飞行相同的时间。但自然界不取这种方式。对于确定的两点，如果飞行时间确定，则只能有唯一可能的路径。自然界以最小作用量"选择"这条路径——这不仅适用于球的飞行，而且对任何尺度下的任何轨迹都适用。巴德先生并未算出具体的数值，也未让费恩曼去推导。他只是告诉费恩曼这样一个原理，一个深刻的真理，这一点给进入大学前正上中学最后一年的这位中学生以极深的印象。

这里还值得再举出该原理起作用的另一个例子，这被称作最短时间原理，因为它对科学和费恩曼本人的生涯都极其重要。讲这个故事需要引入光。光在空气中的传播速度比在玻璃中略快*。在空气和玻璃中的光均沿直线传播——此即最短时间原理的一例，因为直线是两点间的最短距离，这是从 A 点到 B 点的最快的方式。但是如果历程中的 A、B 两点一点在空气中，另一点在玻璃块里面，光又将如何通过呢？如果光仍以两点间简单的直线传播，那它就会用相对较少的时间以较快的速度通过空气，然后再用相对较多的时间以较慢的速度通过玻璃。结果是只有一条轨道能满足光以最短的时间通过，即以一条确定的直线传播到玻璃块的边缘，然后转向以另一条不同的直线到达目的地（如图1）。光线似乎"知晓"该从哪儿通过，会用最小作用量原理来"选择"最适当的传播路径。

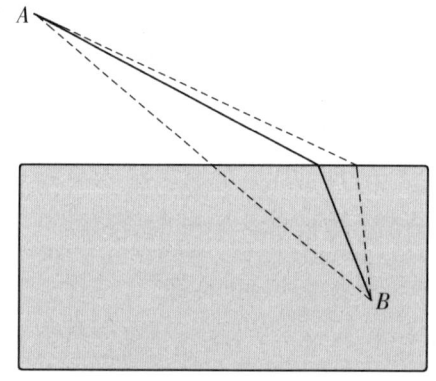

图1　光在空气中比在玻璃中传播得快。从 A 点到 B 点，光一段在空气中传播而另一段在玻璃中传播，因此最快的路径不是从 A 到 B 的直线（虚线），而是由两条直线组成的唯一的"最短时间路径"。这是最小作用量原理起作用的一种特殊情况。右边的虚线是比最短时间路径（实线）耗时更长的路径示例。

最小作用量原理使数学与物理学的联系更为明显，在整个中学阶段，这使理查德原有的对科学的兴趣更加强烈。在摆弄收音机、自己设计电路并搞清如何调节频率的同时，他不仅推出了描述这些实物行为

---

* 来自相对论的著名的"最大速度极限"是**真空中**的光速，它比空气中的光速更大一些。

的方程,而且还在其中引入了希腊字母 π ——圆的周长与直径的比值。尽管电路中有圆形的(或圆筒形的)线圈,但也可能用方形的线圈,不论线圈形状如何,π 都能引入到方程中。在物理学与数学之间还有着更为深刻的联系,这一点费恩曼并不知道,但却深深吸引着他。虽被视为数学的天才,但他真正感兴趣的却是物理学。

我们已经强调了科学在青年理查德的生活中的作用,因为实际上科学才是他生活的主体。表面看来他似乎以传统的方式经历了整个体制教育,但实际上他的科学知识是脱离体制教育通过自学而获得的(包括还在中学时代他就从一些书籍上自学了相对论的知识)。他发现学校令人厌烦,可他却能轻松地通过考试,从应试这点来看,他倒真是个模范学生。

所有一切都是如此,可理查德究竟有多聪明呢?一次琼·费恩曼偷看了她和哥哥在中学做标准智商测试的结果。[23] 她是124分,而哥哥是123分,因此她总是声称自己比哥哥聪明。智商测验只能衡量一个人做智商题的能力如何,这是众所周知的事实。很久以后,费恩曼遇到的一件大乐事是被邀请参加"山案座"团体,这样就肯定了他的智商测试成绩,该团体就是带有费恩曼看不起的妄自尊大味道的那种"俱乐部"。他谢绝邀请时回答说,他不能加入"山案座",因为他的智商没那么高。

不过,这并不妨碍他成为天才,因为有些天才是不能用智商测试来衡量的。生于波兰但生平绝大部分时间是在美国度过的数学家马克·卡克(Mark Kac)曾经说过,天才有两类,一类天才只要比你或我们聪明一些就可以做他们所做的事。在他们的思维中并没有什么神秘之处,一旦把他们所做的事情讲给我们听,我们会觉得如果我们足够聪明也一样能做;然而另一类天才是真正的魔术师,即使把他们所做的事情讲给我们听,我们也弄不明白他们究竟是怎么做的。"理查德·费恩曼,"卡克1985年赞叹道,"正是能力最强的魔术师。"[24]

然而，尽管理查德与地位和他相同的人在这一点上有明显的不同，尽管他还是个孩子时就怕被人视为"女人气的男子"，但他并不是现在说的那种"乏味的人"。他有少数很亲密的朋友，其中一些人对科学感兴趣，另一些则对人文学科感兴趣。他还是个脚踏实地的人，在大萧条的日子里，为了挣钱度日他也去打些零工。

在20世纪30年代初，他的父亲年薪5000美元，理查德之所以知道父亲的收入，是因为梅尔维尔有时让理查德带一张约为100美元的支票去银行，那是一周的薪水。这就是梅尔维尔让小里蒂了解钱的价值的方式，此法果然有效。理查德知道家里究竟有多少钱，并且知道他们生活得相当舒适。他回顾当时的想法："可谓万事如意，我们生活美满，我的愿望是也挣那么多的钱。……我知道我每年需要5000美元，这就是全部。"[25] 中学时期他一度为印刷商工作过，毕业后暑假在他姨妈开的一家旅店做跑堂，《别闹了，费恩曼先生》(Surely You're Joking, Mr. Feynman)这本书中的一些故事就发生在这里。在20世纪30年代的纽约，这是那些聪明的犹太孩子众多生活方式中典型的一种——比如，这和艾萨克·阿西莫夫(Isaac Asimov)在他的自传《人生舞台》中讲的故事相似。

费恩曼后来说，作为十几岁的青年人，他只对两件事有兴趣，即数学和女孩子(比大多数男孩多一种兴趣)。他学习跳舞，这对他的两种兴趣中的一种非常有用，他也很快明白了社交礼节与事情真相之间的差别。

理查德对于不少人在语言上耍滑弄假总感到不舒服。他把中学所学的英语视为"胡扯"，而且终生鄙视哲学，摒弃信仰，这些在他看来都纯粹是建立在主观愿望之上的东西。他直言不讳，坦诚待人，如果他的话使人不安则自己也不安。因此在他第一次约会结束时，他所约的女孩说："谢谢你带给我这么美好的夜晚。"他真以为她确实是这么想的。

他约的下一个女孩在约会结束时也说了几乎完全相同的话,他开始感到奇怪。因此第三次和女孩子外出约会,在彼此道晚安时他抢了先,在她之前说了这句套话,弄得女孩子张口结舌,不知如何应对,因为她刚才正想说这句话。[26] 这是对礼节一无所知的费恩曼的初次境遇,可他却很少为自己的这些细节而烦恼。

不久他认识了一个女孩,这使他再也不必注意任何社交细节,在成为他的第一位妻子的过程中,她使他极其快乐。当理查德第一次遇到阿琳·格林鲍姆(Arline Greenbaum)时,那时他约摸13岁,她只是他熟人圈子中的一个相识而并非亲密的朋友。他们一起长大,偶尔一起跳跳舞,可是不久她就有了固定的男朋友,在很大的程度上他在一定距离之外崇拜她(琼·费恩曼回忆理查德第一次对她提及他的"美妙的女孩"时他约摸15岁,琼6岁)。阿琳是人群中最受欢迎的女孩,每个人都喜欢她。在《你干吗在乎别人怎么想》一书中费恩曼提到,有一次她给他一个机会,在聚会上她走到他身边坐到他椅子的扶手上和他谈话。"噢,小伙子!"他心里想,"我喜欢的人已经注意我了!"(第二天他在家里的评论也许就是琼所记得的那次。)他甚至参加了一个艺术队,其实那时他根本没有那方面的才能,仅仅因为阿琳是队员而已。

阿琳与男朋友的固定关系终于结束了。在中学的最后一年,理查德更加了解她了,尽管那段时间她还和其他男孩约会。加斯特(Harold Gast)也和阿琳约会,他是费恩曼的同龄人之一,他声称到那时为止,队里的每个人都很明白"他们两人真的彼此非常喜爱,没人能影响他们。"[27] 然而,由于依旧相当腼腆和缺乏社交经验,理查德居然把加斯特想像成有力的竞争对手,直到毕业典礼上阿琳选择与梅尔维尔和露西尔坐在一起,公开承认她喜欢费恩曼时,费恩曼才松了一口气。

这对费恩曼来说当然是一次胜利,他几乎在各个方面都得到了最高的荣誉,可笑的是其中也包括英语。他在《你干吗在乎别人怎么想》

(后简称《你干吗在乎》)一书中也提到,能取得这个特殊的胜利,原因是他有自知之明,在考试中他写了一篇有关技术和航空的不会引起争议的文章,通过"故弄玄虚"吸引他的老师——用最有感染力的方式说最简单的事情,使用很长的词句和专业术语。而他的朋友们(包括加斯特)用更高的文学天赋和足够的自信去选取更有争议的主题大展其能,这可能引起与主考人的争议(对费恩曼来说,这是英语里有"胡扯"的又一个例子)。因此他们"只"得了88分,而费恩曼却得了91分(他最差的课程)。

在那些岁月里(费恩曼毕业于1935年夏),许多聪明的孩子都因经济上的原因而不得不放弃大学教育,而梅尔维尔和露西尔却决定让理查德接受他们所能承担得起的最好的教育。即便是他本人有很好的成绩以及父母的支持,上大学也并非一帆风顺。他申请了哥伦比亚大学和麻省理工学院。哥伦比亚大学要经过一次考试,申请入学者要交15美元才有资格参加考试(记住那段时间费恩曼全家每周的收入是100美元);理查德参加了考试,并且可能是通过了,然而却因为那年犹太学生的定额已满而未被录取。费恩曼并不因定额制度而烦恼,尽管在今天看来这简直不可思议,但在20世纪30年代事情就是如此。如果学校不是先收了他15美元而后再将他拒之门外,也许他会欣赏此举。

还剩下麻省理工学院。除了学术上的要求以外,他们还坚持要求每一名未来的新生都要有一名该院毕业生的推荐。这确实令人抱怨,可又不得不过这道关。梅尔维尔打通了关节,他知道有个熟人曾为别人到麻省理工学院做过推荐,于是就找到了他,其实这个熟人却对理查德一无所知。后来理查德把这个机制描述为"不愉快的、错误的和不诚实的"[28],对于申请进入麻省理工学院来说,这是他唯一不喜欢的事。当学院为理查德提供一小笔奖学金时,这种不愉快的感觉才多少有些减轻——他申请的是全额奖学金,可没得到,得到的是大约每年100美元的一小笔奖学金,这多少对他有所帮助。

1935年夏天,在去麻省理工学院之前,费恩曼在他姨妈的旅馆工作(把钱存着准备上大学时用),同时花了很多时间去更多地了解阿琳。在麻省理工学院他正式决定,由做一名数学家改为做一名物理学家。非常幸运的是,当时的物理教科书因20世纪20年代的发展而重新改写,正是此时,他走上了这个舞台。出于爱好,年轻的费恩曼阅读了这方面工作的一些新书,不久,这些工作就成了他的职业。为了弄明白费恩曼最初的科学贡献是从何入手的,就应该搞清在费恩曼走上这个舞台之前,在量子革命和稍早一些由阿尔伯特·爱因斯坦提出两种相对论理论引起的革命及其后果的背景下,物理学是何状况。20世纪的科学世界,较之在此之前200年间,即从牛顿时代(17世纪末)到普朗克(Max Planck)时代(19世纪末)的物理学家所面对的世界,乃是极其不同的。

第二章

费恩曼以前的物理学

相对论和量子力学,改变20世纪物理学观念的这两次变革都是从对光的本质的新认识发展而来的,其根基都在19世纪。20世纪初,当爱因斯坦创立狭义相对论时[1](该理论发表于1905年),他的理论基石是建立在比这早40年,也就是19世纪60年代苏格兰物理学家麦克斯韦(James Clerk Maxwell)的一个发现之上的。

麦克斯韦生于1831年,卒于1879年(爱因斯坦正是诞生在这一年),他对科学作出了许多贡献,是那个时代的大物理学家。给人印象最深的是他在电学和磁学方面所做的工作,这导致他发现光可以描述为以一定速率穿越空间传播的某种电磁波。他导出的四个联立方程,即如今说的麦克斯韦方程组,可以回答任何有关电学和磁学的"经典"(量子理论之前的)表现的问题。麦克斯韦方程组可以告诉你,在一定强度一定距离下的两电荷间的作用力;还能告诉你当一磁体以一定速率经过一导线时,导线中产生的电流的强度,如此等等。在量子尺度以上的每一个有关电和磁的问题,都可以用麦克斯韦方程组来解决。这个方程组是自牛顿发现万有引力定律以来科学上最高度统一的发现。

作为这个统一理论的一个组成部分,麦克斯韦方程组的一个解描述了电磁波在空间的运动。从该方程组自然地得出电磁波的运动速度

(常用字母c表示)是个常数,这是自然界的一个基本性质。它**不**是人为确定的。当麦克斯韦发现由他的理论得出的c值与实测的真空中光速(19世纪60年代就已相当准确)精确地相等时,他才领会到他的方程组也描述了光的行为。1864年,他写道:

> 这个速度如此地接近光速,以至于看来我们有足够的理由得出结论:光本身……就是一种电磁扰动,它遵循电磁定律,以波的形式通过电磁场传播。[2]

"场"这个词应特别注意,它和力线的概念有关。比如,力线可以帮我们形象地"看到"两个磁体靠近时的情形。此时,力线被认为是有些像拉伸的弹性带子似的东西,它始于条形磁体的磁"北极"而止于磁"南极"。当一北极和一南极靠近时,力线穿过两磁极间的缝隙而将两极连在一起;当两北极靠近时,产生的斥力使两北极分离,力线会被迫背离缝隙(见图2)。磁体周围产生这种影响的区域就是"磁场"。类似地,物理学家想到像太阳和地球这样大而重的物体,其周围也被"引力场"所

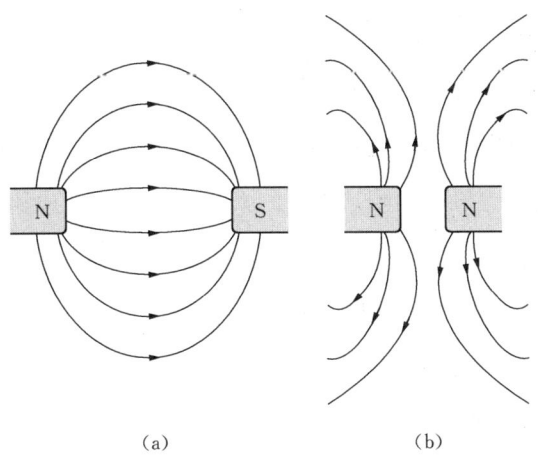

图2 场的概念和"力线"的概念有关。(a)磁北极和磁南极相互吸引,好像被拉伸的弹性带子曳往一起似的。(b)两磁北极相互排斥,好像被一大块僵硬而压缩过的橡胶隔开似的。力线密的地方磁场就强。

包围，其间充满了力线，对场内任何物体均有牵引作用。当然，像桌子、钢笔这样轻的物体也有各自的引力场，只是这些场太弱了，只有用非常灵敏的仪器才能探测到。

用场论描述诸如磁体、电荷和引力体之间的相互作用无疑是一种非常成功的方法，不过，不要以为它是描述这类相互作用的唯一方法。我们不必等到了解本故事的很多内容之后再提醒你，后来在费恩曼的生活中最困扰他的事情之一就是：几种不同的描述事物的方法怎么会同样地非常有效。麦克斯韦自己实际上是通过某种中介想像物而迈向他的场论的。这种蕴含电力和磁力的中介物像液体中旋转着的涡流那样传播，并充斥物体之间的所有空间。这种涡旋相互作用的方式就像时钟的主要部件齿和轮那样。用现代眼光来看，该理论的初期形式是那样地稀奇古怪，然而却行得通。由此所能得到的启发是，在更深刻的意义上讲，世界运作的真谛往往存在于方程之中，而不是在那些借助幻想才能想像出来的形象化的物理图像里，这里的麦克斯韦方程组恰恰如此。

这正是年轻时的爱因斯坦非常欣赏的一点。对于在麦克斯韦方程中出现的常数c，最奇怪的事情就是它居然是一个常数！它代表光速（以及其他所有电磁辐射，包括无线电波的波速），却既没说明发光物体的运动有多快，也没说明测量光速的人运动有多快。这和通常的观念，或者说，建立在牛顿的工作基础上的运动规律并不符合。可是，牛顿在17世纪完成的工作一直是非常权威的。

在日常生活中，假若你坐在一辆敞篷车里，车以50千米/时的速度笔直行驶。如果你从车内以5千米/时的速度向车外正前方抛一个球，那么，你可以预期球相对地面以55千米/时的速度向前运动（如果忽略风的阻力）。然而麦克斯韦方程组似乎是说，你若坐在同一辆车里，打开车前面的灯，则灯光的速度不仅相对于车是c（正如你所认为的那样),而且相对于地面也是c(而不是c+50千米/时)!即使你在一艘以1/2光速行驶的太空船中,遇到迎面驶来的速度也是1/2光速的另一艘太空船,那么对面那艘太空船船头的灯光速度也仍然是光速c,相对你那艘太空船的测量仪器和对面那艘太空船都是如此。

到19世纪末,有一点已经很明确:一定有什么地方是错的,要么是麦克斯韦方程组,要么是通常的观念(以及牛顿方程)。正是爱因斯坦这个天才,在他的狭义相对论中,通过麦克斯韦方程组的表面意义演绎出了它的全部内涵。爱因斯坦的狭义相对论解释了为什么不论测量仪器相对光源作何运动,测得的光速(指在真空中,在密度越大的物质中,光的速度越慢一些)总是同样的。其内涵还包括这样一些真谛:物体运动越快,它获得的质量就越大;任何物体都不能从"常速"加速到比光速还快(即使你在一艘相对地球以2/3光速运行的太空船上,遇到一艘迎面驶来的行驶速度相对地球也是2/3光速的太空船,对面那艘太空船相对你这艘太空船的运行速度也仍然小于光速c);以及著名的质能关系式 $E = mc^2$。

并非言过其实,所有这些预言都已经多次被非常精确地验证了。狭义相对论通过了每一次检验,已被证明是对这个世界行为方式的一种很好的描述。[3] 然而,只有当你处理极高速运动的物体时,即速度要大到接近光速时才需要用狭义相对论。和光速相比速度很小时,狭义相对论的预言和日常观念之间的区别是很小的。光速本身很大,为300 000千米/秒。然而对物理学家来讲不幸的是,在他们试图描述日常世界运作的方式时,有一些所谓以"相对论性"速度运动的东西必须予以考虑。具体地说,描述电子在原子内飞旋时,就必须适当考虑狭义相对论 * 效应。

---

* 爱因斯坦的第二种伟大的理论"广义相对论"是引力场理论,它与狭义相对论大不相同(除了名字相似之外)。本书后文将会谈及,但它对20世纪三四十年代物理学研究的主流几乎没产生什么影响。

费恩曼进入麻省理工学院之时，除了一些烦人的细节之外，人们根据量子力学和狭义相对论，对原子的结构以及它的作用方式已经理解得很透彻。电子已在19世纪90年代被英国物理学家J·J·汤姆孙(Joseph J. Thomson)发现，质子的角色在20世纪20年代初已被认识，中子的存在也在1932年被证实。在解释原子结构时，只要弄清这些粒子是怎样结合的就行。每个原子都有一个原子核，原子核是由带正电的质子和电中性的中子组成的一个球，被一种称为强核力的短程吸引力结合在一起(尽管带正电荷的质子相互之间有排斥的倾向)。在原子核外面，每个原子都"拥有"电子云，原子核内的每一个质子对应于核外的一个带单位负电荷的电子，电子带的负电荷和核内所有正电荷之间的相互吸引使电子云固定。此外，在20世纪30年代初，物理学家开始猜测还有另一种类型的粒子存在，且命名其为中微子。这种粒子从未被直接探测到，但是当一个中子转变为一个质子同时放出一个电子(这个过程称为β衰变)时，需要用这种叫做中微子的粒子来平衡能量收支。β衰变引入了第四种力(继引力、电磁力和强力之后)，它被称为弱力或叫弱相互作用。

再加上对光本质的认识，对于解释日常世界的运作已经足够了。但一贯接受经典思想(那种在学校学到的物理学)的人，对这种原子的绘景显然感到困惑。为什么原子外层带负电荷的电子并未被核内带正电荷的质子统统拉进原子核内呢？果真如此，那世界就将大不一样，因为原子核大约只有包围它的电子云的十万分之一那么大。原子核几乎包含整个原子的全部质量(质子和中子的质量几乎相等，均相当于电子质量的约2000倍)，而电子却决定了原子的大小，并决定了原子对外部世界(对其他原子)的"面目"。电子之所以不会落到原子核内，这要由20世纪物理学的第二次革命即量子革命来解释。正如相对论革命一样，这一次也是由对光行为的研究引起的。

直到19世纪末,世界似乎是由两个部分组成。一部分是粒子,比如新发现的电子;另一部分是波,比如麦克斯韦方程组所描述的电磁波。你可以在一碗水的水面上轻轻摇晃手指来产生波,也可以来回地轻轻晃动一个带电粒子而产生电磁波。因此很清楚,光是电子在原子内以某种方式晃动产生的。然而不幸的是,即使按19世纪最好的理论来预言,这种晃动所能产生的光谱也和我们实际看到的完全不同。

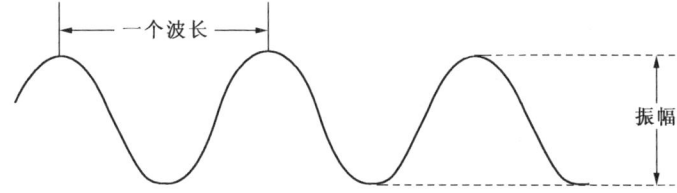

图3　一束波。如果两束波同步,它们的位相相同,则波峰相互叠加;如果一束波的波峰恰好与另一束波的波谷相遇,那它们的位相就相反,因此两束波互相抵消。在可能的其他中间状态,两束波部分地互相抵消。

理论物理学家所要做的事,就是解释光从一种被称为"黑体"的理想化光源发射出来的方式。这个看起来希奇古怪的名字(如果它是黑的,又怎么能辐射出光线来呢?)来自这样的事实:当这样的物体冷却时,它吸收所有落在其上的光线,而不反射任何光线。在这一点上,它对所有的颜色(每种颜色对应光的某一特定波长)都相同。但如果逐步地把它加热,它将首先开始辐射不可见的红外线,接着将开始发出红色的光,随着温度不断升高,接着是橘黄光、黄光和蓝光,最后达到白热。你可以通过测量黑体所发射的光线波长精确地说出它的温度。所发的光线形成某种连续的谱("黑体曲线"),辐射的大部分能量集中在这个温度(对应红光、蓝光或其他什么光线)的特征波长处,形成一个峰,但也有一些能量以波长比峰值处更短、或比峰值处更长的电磁波的形式辐射出来。这种黑体曲线的形状像一座光滑小山的轮廓,随着黑体温度的升高,峰的位置会从长波向短波移动。

然而,按照19世纪的物理学,上述任何情况都不会发生。如果你真的用处理吉他琴弦的振动那样的方法来试着处理电磁波的行为,结果乃是,不管温度如何,一个电磁振子在较短的波长辐射能量应该较为容易——实际上是如此容易,以至于以热的形式注入黑体的所有能量应该以波长很短的辐射形式倾泻出来。这种情况发生在光谱的蓝色部分以外,即在紫外区段,故称"紫外灾难",因为上述预言无疑与现实世界并不相符,维多利亚女王时代的人就早已熟知诸如炽热的火钳(它的行为在某些方面与黑体很相似)之类的东西了。

在19世纪的最后10年,这个难题由德国物理学家普朗克解决了,每一点都解决了。普朗克生活于1858—1947年,他花了几年的时间研究黑体辐射的本质问题,最后在1900年,作为艰苦的工作、明智的见解以及好运气的混合产物,他得出了关于事情原委的数学表述。关键的是,他能找到正确的方程,只因为他知道他所要找的答案——黑体辐射曲线。如果他只是试图预言炽热黑体所辐射的光的性质,他就不可能产生实际上出现在他的计算中的这一关键性的新思想。

普朗克的新想法或者说诀窍,就是假设原子中的带电振子不能随意发射任意数量的辐射,而只能发射有确定大小的小块,即所谓量子。同样,它们只能吸收分立的能量量子,而不能吸收量值介乎其间的能量。为了构造与黑体曲线相符的普朗克公式,每个量子的能量必须由一种新的法则来确定,它们与辐射的频率 f 有关。频率只不过是波长的倒数,普朗克发现,对于像光这样的电磁辐射有:

$$E = hf,$$

这里 h 是一个新的常数,现在称为普朗克常数。

对于很短的波长,f 很大,因此每个量子的能量就很大;对于很长的波长,f 就很小,每个量子的能量也就很小。这就解释了黑体曲线的形状，并且避免了紫外灾难。在黑体光谱的每一部分辐射的总能量，是由相应于那一部分光谱的频率（或波长）辐射的所有量子组成。在长波处，原子容易辐射很多的量子，然而每个量子只有很少的能量，因此总共也只有很少的辐射能量。在短波处辐射出的每个量子携有大量的能量，然而只有很少的原子能产生如此高能量的量子，因此总体上也只有很少的能量辐射。在光谱的中部辐射的是中等能量的量子，这里有很多的原子，其中每一个都有足够多的能量产生这样的量子，因此这么多的量子加起来就产生出大量的能量——即黑体曲线中的峰值很高。自然，随着黑体温度的升高，就有更多的原子能够产生高能量（短波长）的量子，辐射能量峰值处的波长因而随之向短波移动。

尽管物理学家为有了合适的黑体公式而高兴，可最初这仅仅被看做是一种数学技巧，而没有看出（至少普朗克自己是如此）光能以小块的形式即量子而存在。最初是在1905年，由于爱因斯坦的天才发挥，才提出量子也许是真正的实体，而光既可以用极微小的粒子流来描述，又可以用波动方程来描述。尽管爱因斯坦的量子思想诠释简洁地解决了物理学中的一个有名的难题（在光电效应中光照在金属表面释放电子的方式），最初所遇到的却是并不友好的反应。一位美国的研究者密立根（Robert Millikan）非常恼怒，因此花了10年时间试图证明爱因斯坦是错的，而结果却只是说服了他本人（及其他所有人）：爱因斯坦是正确的。

密立根的决定性的实验结果在1916年发表后，因这些贡献而获得诺贝尔奖就只是时间问题了。结果首先是普朗克（在1919年 *）获奖，接着是爱因斯坦获奖（在1922年，实际上是1921年的奖延迟了一年发）。可是，直到1926年，这种"光粒子"才被美国物理学家刘易斯（Gilbert Lewis）命以现代名称光子。那时，印度物理学家玻色（Satyendra

---

* 应为1918年。——译者

Bose)已经证明,描述黑体曲线的方程(普朗克公式),不必采用电磁波的理论,只要将光看做是基本粒子组成的"气体",就完全可以推导出来。

因此,到了20世纪20年代中期,存在着两种同样准确、同样有效的描述光的行为的方法——不论是用波的理论还是用粒子的理论都行。但这只是故事的一半,我们还没有解释原子中的电子为什么不会坍落到原子核上。

第一步,即提出一个原子结构的图像,也就是学校里还经常讲的那种图像,这在20世纪的第二个10年中由玻尔(Dane Niels Bohr)完成了。玻尔生于1885年,卒于1962年,1911年获得博士学位,一年后开始在曼彻斯特工作,直到1916年,这个时期他一直在生于新西兰的物理学家卢瑟福(Ernest Rutherford)领导的小组里。

玻尔的原子模型像一个微型的太阳系,原子核居于中间,电子以一定的轨道环绕着原子核,非常像行星环绕太阳的轨道。按照经典理论,这种在轨道中运动的电子会不断地向外发出电磁辐射,从而损失能量,并迅速地沿着螺旋形轨迹落到原子核上。但玻尔推测它们并不会如此,因为只要沿袭普朗克的思想,电子就只"允许"以分立的能量块即量子的方式辐射能量。因此电子不能持续地沿螺旋形轨迹往内运动,当它失去能量时它只能从一个固定轨道向里跃迁到另一个轨道——就好像火星突然跳到现在被地球所占据的轨道上一样。可是玻尔还说,电子并不能都聚集到最内层的轨道上(那就好像太阳系的所有行星突然都跳到水星的轨道上一样),因为每个轨道上所允许的电子数目是有限制的。如果内层轨道填满后,原子中的其余电子就只能呆在离原子核更远一些的地方。

玻尔描绘的图景是建立在经典思想(轨道)与新的量子思想的奇异结合之上的。他运用的猜测与新规则解释了为什么所有的电子不能呆在相同的轨道上,这也适用于另一件重要的事情——它解释了在光谱中产生亮线和暗线的方式。

大多数热的物体并不是单纯按黑体那种光滑的山峰状谱辐射光线的。比如,用一个棱镜可将太阳光展开成彩虹似的光谱,这种光谱在许多特定的波长处(对应特殊的颜色)有着很锐的光谱线,其中有些是暗线,有些是亮线。这每一条谱线都对应于某种特定的原子——比如,当钠原子被加热或加电压时,光谱中产生两条黄橙色的亮线,就是如今我们所熟悉的某种街灯的颜色。玻尔把这样一些谱线解释为原子内的电子从一个轨道(一个能级)跃迁到另一个轨道的结果。你可以将此想像成在楼梯上从一个阶梯跳到另一个阶梯。亮线处是许多相同的原子(像街灯中的钠原子)中的相同电子以适当的步幅一齐向内跃迁,每个电子以光量子的形式释放相同数量的电磁能,光量子的频率则由普朗克公式 $E = hf$ 给出。暗线处是电子吸收了恰好能向高能级跃迁的能量,于是电子从一个稳定的轨道向离原子核较远的另一稳定轨道(即楼梯中的"上一个阶梯")跃迁。

然而,为什么只有一些轨道是稳定的,而其他的不是呢?正是这个疑问使法国物理学家德布罗意(Louis de Broglie)在20世纪20年代实现了量子理论的又一个突破。

德布罗意生于1892年,在第一次世界大战中服完兵役才开始他热衷的科学工作,他于1924年获得博士学位,32岁相对来说年龄是比较大了(可他更是高寿,活到了1987年)。德布罗意猜想,电子只能占据围绕原子核的确定轨道的这种方式,与其说是粒子的行为不如说是波的行为。比如说,如果你弹一下未用手指按住的小提琴的弦,就能产生波;只需轻轻触及相对应于弦长的简单分数(1/2、1/3、1/4等等)倍的不同点,所产生的波的1个、2个、3个或其他任意整数个波长就等于弦长,它们分别对应于不同的音调(和声)。但如果不用手按住琴弦就不能弹出像其波长的4.7倍等于弦长的这样的音。要弹出这样的音,就必须改变弦的长度,顶住小提琴的颈部,用手指使劲按住琴弦。德布罗意说,如果电子真的是波,那么原子中的每个轨道就可能对应着如下的式样:整数个电子波正好与此轨道相匹配,并产生所谓的驻波。由一个能级向另一个能级的跃迁更像是一个音调向另一个音调的转换,而不再是粒子从一个轨道跃迁到另一个轨道。

德布罗意的提议是如此新颖,以至于他的论文指导者保罗·朗之万(Paul Langevin)本人也没有把握认定该文是否有价值,于是就给爱因斯坦寄去了一份复印件,爱因斯坦的答复是,他认为这项工作是可靠的。德布罗意得到了博士学位。科学界也不得不认同这个事实,正如光习惯上被视为波,但也可以当做粒子来描述一样;电子虽然习惯上被视为粒子,却也可以当做波来描述。1927年,一个美国的物理学家小组和英国的乔治·汤姆孙(George Thomson)都通过电子在晶体中散射的实验证明了电子的波动性。用这种方法来测量带有确定能量的电子的波长(频率),与普朗克公式 $E = hf$ 完全符合。证明电子是波的乔治·汤姆孙是 J·J·汤姆孙的儿子,30年前,正是 J·J·汤姆孙第一个证明了作为粒子的电子的存在。

在20世纪20年代中期发展起来的量子理论中,"波粒二象性"这个概念成了其关键的组成部分,理查德·费恩曼还是大学生的时候就已经学过这些。实际上,那时量子理论有两项发展,而且几乎是同时的,一项主要是以粒子方式,另一项则是以波的方式。以粒子方式取得进展的突出人物是海森伯(Werner Heisenberg),量子竞赛中这一最主要的参与者生于20世纪(1901年12月5日生于德国乌兹伯格)。这一理论的另一种形式(在很多方面更为完备)是由另一名年轻的物理学家狄拉克(Paul Dirac)独立完成的,他仅比海森伯小几个月,1902年8月8日生于英格兰的布里斯托。

奥地利物理学家薛定谔(Erwin Schrödinger)生于1887年,早在1910

年就获得了博士学位,他是另一位发展新量子理论的先驱者。他从德布罗意电子波的思想出发,建立了量子理论的一种形式,试图避开所有那些神秘的、电子在原子中从一个能级向另一能级的跃迁,以重新回到波动理论的经典思想上来。

狄拉克证明了所有这些思想实际上是彼此等价的,即使是薛定谔的形式,其方程中的其他内容也仍然包含着"量子跃迁"。薛定谔很反感,并对他曾经参与和发展的理论有个著名的评论:"我不喜欢它,我真希望我不曾做过与之有关的任何事情。"颇具讽刺意味的是,由于大多数物理学家在求学的早期就学习了波动方程,而且习惯于用它,因此自从量子力学在20世纪20年代建立以来,在解决实际问题,比如解释光谱时,正是薛定谔的形式应用最广。

此处我们不想回顾在20世纪20年代量子理论发展的整个故事,[4]而是直接跳到最后的绘景,为了能对此绘景有个最好的理解(只要量子物理学中的东西是能被理解的),这里举一个在很久之后被费恩曼称之为量子力学的"核心秘密"的例子。这就是著名的"双缝实验"。

在这个例子中,你可以设想发射一束光或是一束电子流,使之通过屏幕上的两条狭缝——实验检验了这两种情况,而我们将要讨论的每一件事都是由实验来证实的。当波以这种方式通过两条狭缝时,在屏幕的另一面波纹从每条狭缝成扇形展开,并结合而形成所谓的干涉图案,就像你同时向静静的池塘中扔两颗石子所见的水面上的干涉图案一样。对光来说,早在19世纪,这个基本的实验就作为一种技术用于证明光是波——把第二个屏幕放在带有双缝的屏幕之后就可以显示用这种方法产生的亮和暗的条纹图案,即"干涉条纹"(见图4a)。

但如果发射的是单个粒子(比如电子),通过双缝实验每次发射一个,基于日常经验你可能认为会积聚成两条,一条缝后面一条。在另一侧放一个(像电视机屏幕那样的)适合检测的屏幕,如果电子是粒子,那么对应于电子通过每一条缝的轨迹,屏幕上理应显示出两条。然而事实上并非如此。究竟发生了什么事呢?当单个粒子按实验要求从这边发射后打到对面检测屏上时,你自然会认为每个粒子只能通过这一条或者那一条缝。的确,每个粒子在检测屏上只出现一次闪光,表明它已到达检测屏。然而,当成千上万个粒子一个接一个地进行实验后,检测屏上就形成了异乎寻常的闪光图案。粒子的行为并不像你基于日常经验所想像的那样,不是在两条缝后面有两条,而是为人熟悉的只有波才有的干涉图案(见图4b)!我们需要强调这种实验确实是做了,而且电子和光子两者的表现都是如此。这就好像是每个粒子一次通过两条缝,与它自己发生干涉,它想到干涉条纹的哪个地方,就到那里为图案的形成作出自个的贡献。看来,量子的本质,在行进中是波,而在到达(和离开)时却是粒子。

像波粒二象性一样,这个例子表明了量子世界的另一个特点——概率的作用。在量子世界中,没有任何东西是确定的。比如,在被发射

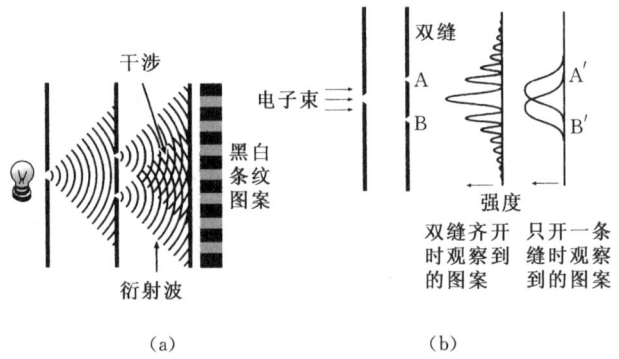

图4 (a)当光从第一个屏幕上的一条狭缝传播出去通过第二个屏幕上的两条狭缝时,从第二个双缝屏幕上通过的光线形成的图案是明暗交替的带纹,恰如光像波那样彼此干涉。(b)当电子(或者实际是光子)经过类似装置发射出去而只开一条缝时,它们像粒子一样,在单缝的后面积成一条。但如果屏幕上有两条缝,这些"粒子"就彼此干涉形成一个与波的干涉相同的图案。双缝实验是量子力学的核心秘密。电子是怎样预先知道是开单缝还是开双缝,再来相应地调整它们的行为的呢?

的单个电子通过双缝实验之前,不可能让实验者说出电子到达另一个屏幕的精确位置。你只能根据量子法则计算概率,即它落在干涉图案的某个具体位置的机会。它也许会出现在图案中的某一亮处,而不是出现在某个暗条纹中,但是你也只能说这些了。量子过程所遵守的概率法则和在拉斯维加斯的赌桌上掷骰子一样,这使爱因斯坦在评论中表现出他对这一理论的反感:"我不能相信上帝是在掷骰子。"

既然如此,我们怎么能认为"呆在"原子中的一个电子一定是在它的"轨道"上"运行",而不是"到达"了探测器呢?在过去的70年中物理学家们使用的标准绘景是说,电子不能在靠近原子核的空间中的任何一点有确定位置,每一个电子的位置被扩展到原子核周围空间的一个区域——其扩展不只是沿单一轨道(有如行星环绕太阳的轨道),而是从一个围绕原子核的"壳层"向外扩展,一个壳层就是一个"轨道"。这个轨道被认为是某种"概率云",代表找到电子的可能性。如果进行某种测量的精确程度足以确定电子的准确位置,且在某一时刻电子的确到达这一轨道内的某些确定位置,那就表明电子本身是个粒子。它所能到达的位置完全是随机的,因为它可以自由地随意选择。但一旦观察完成,电子又立刻融为概率的迷雾。而且,这种行为被认为是代表了所有量子的本质。

在测量时,诸如电子这样的实体表明它本身是个粒子,这种方式称为"波函数的瓦解"。因为所有的量子系统都被认为是以某种不确定的概率状态存在着的,所以,只有在实施某种观察或测量时,才出现波函数的瓦解。

这引起了对有关测量是由什么构成,以及波函数何时瓦解这类问题的各种辩论,幸好,此处我们不必深入进去。[5]听起来是这么稀奇古怪,然而确实如此。量子理论表明在原子和亚原子"粒子"的尺度上,实体被认为是既有波动性又有粒子性,没有任何东西是确定的,在严格的数学意义上讲,实验的结果取决于机会。但所有这些奇异的混合物却有着实际的应用。由于原子对外界的其他原子来讲,其界面是它的电子云,而化学正是建立在不同原子的电子云相互作用的方式之上的。与其他东西相比,正是这种电子行为的量子力学观点加强了对化学来讲非常成功的现代理解,并因这些发现而使化学得到发展。[6]

这种新的量子力学尽管不可思议,却很有效,由这一阶段最重大的成果就足以证明这一点。1928年,狄拉克发表了一个方程,这个方程将狭义相对论的要求与量子理论结合起来,以便能全面地描述电子,这就是相对论量子力学。狄拉克方程描述了电子的所有已知的东西,并做出了与所有实验结果相符的预言。它还做出了另一个预言,这一点连狄拉克本人也不能马上将它解释清楚。正是这个预言对后来理查德·费恩曼的生涯产生了影响。狄拉克得出这个公式时,费恩曼才10岁。

狄拉克的方程并不只是解释了与电子有关的每一件事,而且起到了双重的作用。原因是这个方程有两个解。如今对此并没有什么好奇怪的。如果你见到方程$x^2 = 4$,你会知道方程的解是$x = 2$,因为$2 \times 2 = 4$。但实际上同样还有另一个解。因为两负数相乘得出正数(正如所说的"负负得正"),同样有$(-2) \times (-2) = 4$,因此-2也是方程$x^2 = 4$的一个极恰当的解。如果你是个数学家的话,就会知道这种"负根"常在方程中出现,问题在于它们是否有实际意义。狄拉克方程的第二个解描述的粒子与电子完全相同,但是具有负能量。很多人很可能因此将它视为毫无意义的数学怪诞而舍去它。而狄拉克的天才却引导他去思索"如果"——如果这些具有负能量的电子真的存在将会怎样?

在这个问题上隐伏的最大困难是,如果允许电子具有负能量,那首先想到的就是似乎所有的电子都应该具有负能量。就像水往山下流,任何物理系统都在寻找可能的最低的能级。如果电子有"负能级",那么很明显,即使是其中最高的能级也应比最低的正能级低,于是所有电子都会跌入负能级,而在它们这样做的时候,则会辐射出一缕电磁能。狄拉克辩解道,可以假定所有的负能级都已被填满,就像大海已灌满了水那样。水往山下流,如果原来那里没有海的话,那就可以一直流下去流到底。但现实世界中河里的水往下只能流到海的顶部,因为海已经灌满水就不能再向下流了。如果所有负能量的"海"都已经填满电子,其他电子就只能呆在正能级上面了。负能量电子海可能根本无法探测,或者根本见不到,因为它到处都是同一个模样。

然而此时狄拉克更进了一步。在日常世界里,一个处于低能态的物体可以通过注入能量而被踢到较高的能态——也许是确确实实地踢,像一个球被踢到楼梯的某一高度一样。但如果负能量电子海在各处并不十分相同又会怎样呢？假设某种能量的相互作用——也许是太空宇宙线的到达而将能量传递给了负能量海中不可见的某个电子,并将它踢到具有正能量的某个状态,这会怎样呢？这时,这个电子就像普通电子一样能被物理学家们探测到(即"可见")了。但是,它会在负能量海中留下一个"空穴"。电子带负电荷,因此,正如狄拉克在20世纪20年代末指出的那样,负电荷海中的"空穴",其行为会和带正电荷的粒子一样(缺少负的就等同于存在正的)。例如,如果这个空穴靠近一个可探测的可见电子,那么海中的负能量电子就会被这个可见电子排斥,且试图跳进那个空穴而逃走；当临近空穴的一个不可见的电子跳进时,原来的空穴就会被填充,而在这个不可见电子原来的位置上留下一个空穴。结果空穴就像一个带正电荷的粒子那样,将向这个可见的电子移动。现在我们来看,这个空穴遇到这个可见电子时会发生什么情况,请接着读下去。

在这一点上,狄拉克有胆识上的不足。从他的方程的表面意义来看,理所当然地,这个空穴除了带有正电荷这一点之外,唯一的物理意义就是一个与电子极为相似的粒子。不过,记住在1928年,物理学家们只知道两种粒子,即电子(带负电荷)和质子(质量大得多,但带有与电子的负电荷等值的正电荷),甚至连中子也还未曾发现。因此狄拉克在他的论文中提出,负能量电子海中的空穴或许等同于质子。这实在毫无意义,部分出于这个原因,以至于最初并没有人确切知道对负能量电子海这个概念以及它的空穴该如何理解。后来,在1932年,美国的安德森(Carl Anderson)在宇宙线(宇宙线是从太空来到地球的粒子)实验中发现了与电子的行为恰好相同却带有正电荷的粒子的径迹。他得出结论,这种新粒子是电子的带正电荷的配对物,并命名其为正电子(现称之为反物质的一例);正电子的性质恰好与狄拉克的空穴的性质相符。同年,查德威克(James Chadwick)在英国证认了中子。

物理学家们所知道的独立粒子的种类几乎一下子就多了一倍:从两种到四种。他们对物理世界的看法也有了转变。从诺贝尔委员会对此事做出反应的速度,你就可以了解这些发现对物理学界所产生的戏剧性的影响。1933年,狄拉克得到诺贝尔物理学奖(他无论如何都该当此殊荣,而对正电子的成功"预言"则是决定性的一举);1934年未发奖(以现代眼光来看这是一个令人惊讶的决定!);1935年轮到查德威克;1936年安德森荣获该奖。

从那以后,大量其他的亚原子粒子被发现,并且每一种都有各自的反物质配对物。所有这一切都可以用空穴理论的各种变体来解释。一个粒子(比如电子)遇到与它配对的反粒子(此时是正电子)后湮灭而化为乌有,只留下一股能量;这种能量是怎样释放的,这一理论仍能为其提供一幅最好的绘景。电子跌入正电子空穴,同时释放能量,电子和空穴两者都简单地消失在日常世界中,彼此消灭掉了。或者说,如果能获得能量(也许是从有能量的光子),一个负能量的不可见电子就可从它自己的空穴中被踢出去而变为可见的,该创生物连同它所留下的空穴,就成了一个正—负电子对。

尽管物理绘景既简单又相当诱人（前提是你承认不可见的负能量电子海的思想），但作为描述粒子相互作用的空穴理论的数学却显得相当麻烦。在狄拉克荣获诺贝尔奖时，能够证明有一种非常简捷的方式来描述包括电子和质子在内的相互作用的那个人，才刚刚在法罗卡威开始他中学最后一年的学习。当时，这些新发现的细节还未来得及写入通用的教科书，也没开始在大学课堂中讲授（即使在麻省理工学院也是如此）。尽管如此，理查德·费恩曼的确是接受了新物理学教育的一代大学生，并且准备在时机到来时将其再推进一步（或者两步）而对科学作出自己的贡献。当然，这有助于他成为天才。像费恩曼这样的天才无论生于何时，都将在科学中留下他的印记。作为受到了量子力学教育的第一代人，是他使这一虽然尚未完善却是成功的理论达到它的最辉煌的境界。

即使大学通用教科书还不可能把量子力学的全部内容都写进去，狄拉克本人却在他的《量子力学原理》(The Principles of Quantum Mechanics)一书中做了详细的叙述，此书于1930年在牛津大学出版社首次出版，它是这方面的第一本综合性教科书。费恩曼进入麻省理工学院这一年，该书再版了，它（后来做了更进一步的修订）对严肃的科学家而言仍然是最好的导引。1935年的版本可能对麻省理工学院的这位年轻物理学家产生了深刻的影响——在他刚上大学的时候，他根本不知道他会成为一名物理学家。

第三章

学院生

在麻省理工学院，新生入学后必须加入某个大学生联谊会，联谊会为他们提供住处和社交团体，使他们能更好地适应大学生活。这个体制基本上是好的，在联谊会里高年级学生可以照顾会里的新生，把大学的规定告诉他们，并关照他们的利益。偶尔，也会发生联谊会之间敌对的事以及高年级学生对低年级生的过分恶作剧，但在费恩曼那个年代，这似乎并未成为麻省理工学院的一个问题。

对很多学生来说，要想参加某个联谊会，常常是先要把自己介绍给几个不同的联谊会，表明自己正是该会所需要的。而对于像费恩曼这样的好学生则并非如此。联谊会会找到你，并劝你加入。可实际上，对费恩曼来说这种选择（或说竞争）很有限。在麻省理工学院只有两个犹太大学生联谊会，那时，理查德要想加入非犹太大学生联谊会是没门的。这种"犹太联谊会"并不搞宗教活动，对此费恩曼也早已放弃了，这只不过是从家庭背景来说而已。这两个联谊会都在寻找聪明的学生，并且都含有叫做"吸烟者"的社交集会，来结识那些从纽约来麻省理工学院的男孩。

费恩曼此时还把自己视为是搞数学的，两个"吸烟者"集会他都参加。在名为"斐·贝塔·德尔塔"*的联谊会里，他和两个年长的学生讨

---

* 这里"斐"、"贝塔"、"德尔塔"分别是希腊字母 φ、β、δ 的音译。——译者

论科学和数学。他们告诉他,既然已掌握这么多数学知识,他可以一到麻省理工学院就参加考试,通过后就可以跳过第一年的课程而直接进入第二年的课程。斐·贝塔·德尔塔和它的竞争对手西格马·阿尔法·谬*这两个联谊会都想吸收费恩曼,很明显费恩曼会成为那种给他们增光的学生(不过别以为联谊会只对学术能力感兴趣,对有其他才能的学生,比如运动员,他们也同样乐于吸收)。或许是经不住友好的劝告,费恩曼同意加入斐·贝塔·德尔塔联谊会。

然而,到了该离开法罗卡威去麻省理工学院时,西格马·阿尔法·谬联谊会的一些学生邀在一起,他们要开车去学院,并请费恩曼搭他们的车,他愉快地答应了。和所有这种情况下的母亲一样,露西尔以一种复杂的心情注视着这一天的到来。准备就绪后,她的儿子就和一群陌生人一起驱车踏上了去波士顿的旅途。天下起雪来,路也不好走了,可是费恩曼却颇为得意,他被看作是个成年人:"这是一件重要的事情,你长大了!"[1]

然而事情并非这么简单。其实,西格马·阿尔法·谬此举是要引诱费恩曼,他们要在对手斐·贝塔·德尔塔知道实情前就吸收费恩曼加入他们的联谊会。到达波士顿时天已晚了,他们建议费恩曼在他们的住处过夜,费恩曼同意了,但他并不知道自己是这次激烈竞争的对象。早晨,来了两名斐·贝塔·德尔塔的成员,声称费恩曼是属于他们联谊会的。经过讨论,最后费恩曼成了斐·贝塔·德尔塔的一员。能成为所有人注意的中心,他感到十分欣喜。由于过去每个人都嘲笑他是个女人气的男孩,所以他马上开始克服害羞的习惯。不久联谊会的成员也帮助他提高社交能力,不过在社交中他从来也没能成为一位绅士。

就在费恩曼正要加入斐·贝塔·德尔塔联谊会之际,该会差点儿因会员间的兴趣不合而解散。联谊会的哥们儿差不多有一半热衷于社

---

* 分别是希腊字母σ、α、μ的音译。——译者

交,他们有轿车,知道女孩子们的所有事情并组织舞会。其余人则属于严肃的学究型,整天学习,不善交际,从不参加舞会。在《别闹了,费恩曼先生》一书中,费恩曼回忆道,为避免彻底分裂,联谊会的会员们集合起来并且同意彼此帮助。每个会员的功课必须达到一定的成绩,如果爱好社交的人有困难,那么学究型的就要帮助他们达到所要求的标准。反过来,包括那些学究在内的每一个人,都必须参加每一场舞会。社交型的应该通过教跳舞和其他社交礼仪来帮助他们,甚至承诺帮每个人促成一次晚间的约会。显而易见,这样的体制运作得妙极了,对费恩曼学习社交来讲,这是一种称心如意的方法。他说:"这是一种很好的平衡。"

在这个过程中,费恩曼并非没有任何困难。比如,联谊会的成员们不得不向他解释,邀请女侍者们去舞会不合适,尽管在这一点上他还缺乏漠视他们的意见的信心,但仍然忍不住要扮演老式布鲁克林地区的人来逗弄他的新朋友们,以至于后来他扮演得相当的精彩。一次,为他安排了与一个名叫珀尔(Pearl)的女孩约会。在和她见面之前,他想出了一个大花招,在同伙们面前把她的名字说成"波尔"(Poil),他们担心他会在这么重大的场面上令大家失望。于是,当他见到这个女孩时——当然是把她名字的音发得完美无瑕,便向她解释说,由于联谊会其他成员付费,他打算开一个小小的玩笑,而后在整个晚上他都把她作为"我的戈尔,波尔"*介绍给舞会上的朋友们。

除了进一步证明他爱搞恶作剧和热衷于显示自负,这件事突出了费恩曼的另一侧面——他善于吸引人,尤其是女子,即使是刚刚相识也能附和于他,就像在"波尔"事件中一样。不难想见,对于一般的小伙子,即使能够想出这么个恶作剧,但是在给女孩子解释时他所受到的冷遇却是不难想像的。但迪克决不会是这样,当他如今被他的朋友们所

---

* "戈尔"与"女孩"(girl)谐音,"波尔"则与"男孩"(boy)谐音。——译者

了解时，谁都会这样想。他足够高，接近1.83米(6英尺)，肤色黝黑而英俊，富有吸引力，而且很风趣，只要他愿意，他就有魅力。

以"波尔"事件为典型的这种行为，只不过有助于费恩曼确信，从他到麻省理工学院的时候起，就从没被人认为是个女人气的男孩。他到该校不久的另一次偶然的机会使其加倍确信了这一点。一群二年级的学生袭击斐·贝塔·德尔塔宿舍，打算将新生绑起来，把他们带到树林里之后扔在那儿，让他们走很多路才能回宿舍。为了不至于像个女人气的男孩，费恩曼没有安静地等着被他们绑走，而是极力地反抗，以至依靠好几个高年级学生才制服他，他立即赢得了硬汉的名声，再没有人敢妨碍他。他所需要的就是夸张的布鲁克林地方口音，除此之外，就是保持这种荣誉。

在麻省理工学院那段时间，费恩曼真正的"戈尔"(girl)还是阿琳。他们彼此同意，当她不在身边时，他可以和其他女孩子们一同外出，她也可以和其他小伙子们出去。他们彼此通信，阿琳几乎成为费恩曼家的一员。她到法罗卡威的费恩曼家作客，教琼的钢琴课，和梅尔维尔一起画画儿，还陪露西尔一同去上烹饪课。偶尔她也到麻省理工学院去看望费恩曼。在费恩曼大学一年级的寒假，他们彼此相会并决定等费恩曼完成学业后就结婚。从那时起，他们就认为是订婚了。

但即使是在阿琳生病前，这段浪漫史也并非一帆风顺。一个夏天，费恩曼留在波士顿为克莱斯勒做暑期工，并研究"摩擦"。为了离他近一些，阿琳在离波士顿30多千米远的锡楚埃特找好了一份工作，却因梅尔维尔·费恩曼的劝说而放弃了。尽管她是理查德的女朋友，也是这个家庭的朋友，但梅尔维尔似乎认为她也许会对理查德的学业产生不利的影响。在那个时期对一个学生来说结婚是不可能的，而且梅尔维尔所做的一切，不仅仅是在经济方面，更主要的是在感情上的投资，都是为了使他的儿子能成为一名真正的科学家。他决不想让任何事情妨碍这件事。然而，这对人儿在那个夏天还是相聚了几次。

到了这个时候，理查德不再是个数学家了。在麻省理工学院的第一年，他有时开始自问，数学究竟有什么真正的用处，得到的结论是，以数学为职业所能做的唯一的事情就是把它教给别人。作为最初的过激反应，他要寻找更实用的事情，于是就把专业定为电机工程；后来他感到他偏离得太远了，于是又将专业定为物理学这个介于两者之间的领域。这使得他能够有机会做他喜欢"动手"的实验室工作（大学期间他最喜欢的一个实验是光速的测量），同时也使他对有关事物本质的抽象思考得以自由发挥。在麻省理工学院的那段时间，不管规定的课程是什么，费恩曼都坚持从许多书上学习比普通大学课程更多的科学知识，并且和其他聪明学生讨论。他还得益于麻省理工学院的灵活性，在那儿，不管开设的课程被认为是多么高深，只要有足够的聪明，任何学生都可以任意选修。

在大学一年级，记得那时费恩曼已经开始学习数学专业第二年的课程，在联谊会的寓所里与他同宿舍的是两名大学四年级的应届毕业生，科恩（Art Cohen）和克罗斯曼（Bill Crossman）。他们正在学一门物理学的高等课程，这门课程是刚刚由斯莱特（John Slater）为大学四年级学生及研究生开设的。这门课以他本人所著的《理论物理学导论》（*Introduction to Theoretical Physics*）一书为基础。斯莱特是麻省理工学院物理系的主任，在欧洲工作过，在那儿他学习了有关新量子力学的第一手资料；这门课程虽然并不那么深，但确实介绍了在量子物理中变得相当重要的新原子理论以及波的概念。然而斯莱特和他同时代的一些人不同，他并不担心量子理论的那些看起来神秘的方面，比如，一个实体同时既是粒子又是波的这种方式，或者是某个光子在通过仪器之前似乎就预先知道双缝实验的装置方式。他是一个实用主义者，他只要求理论能在适当精度下预言实验的结果，并试图将这一哲理传授给他的学生。光子究竟如何从 A 点到达 B 点无关紧要,只要这个理论能告诉你,它从 A 点出发,以一定的方式最终确实会到达 B 点,这就行了。

费恩曼常常听到科恩和克罗斯曼讨论在斯莱特的课程中所布置的问题。两三个月后当他们为如何解决某些问题而着急时,他已有足够的信心插嘴了。"嗨,"他说,"你们为什么不试试用巴罗纳里(Baronally)方程呢?"可是,科恩和克罗斯曼从没听说过"巴罗纳里"。问题出在哪儿呢?由于费恩曼是自学并且只是在书本中见过这个名字,他把"伯努利(Bernoulli)"的音全发错了。不过,最终还是相互沟通了。他们试着用一下这个方程,发现确实有效。从那时起,这两个大四的学生总是动辄就和费恩曼一起讨论他们的问题。尽管费恩曼并不能做所有的事,但他总有些技巧,就像用伯努利方程那样,帮他们找到正确的方法。当然,通过谈论这些问题,他也学到了更多的被称为高等物理学的知识。到这一学年末,他认定自己已经有足够的知识能在大学二年级来应付这门课(记住,他瞄准的是大四以及研究生的课程)。[2]

当费恩曼决定去为这门课程注册时,他穿的是预备役军官集训队的制服,这是大一和大二的学生必须要穿的。所有大四学生和研究生都是穿他们的日常衣服。他们注册时交的是和他们的年级相对应的绿色或棕色的卡片;费恩曼的则是粉色的卡片。另外,他看起来比他的实际年龄还要小。这一切都使他感觉良好,他喜欢被人看做是有天赋的男孩。但这一次,他并不是唯一的一个。还来了一个身着预备役军服持粉红色卡片的,就站在他后面。这是另一个大二的有天赋的男孩,名叫韦尔顿(Ted Welton),他也很自信地为这门高等课程注册。

这两个神童好奇地彼此结识,字斟句酌地相互交谈着,看他们是成为对手呢还是朋友。费恩曼注意到,韦尔顿手里拿着一本微积分的书,这正是他想从图书馆里借的那本;韦尔顿发现,他在图书馆里四处找的一本书已被费恩曼借出来了。费恩曼声称他已经自学了量子力学,用的是狄拉克的书；韦尔顿则宣称他已学习了所有有关广义相对论的东西。彼此都被对方深深地打动了。他们一致认为，"在和一伙看来爱挑衅的大四生和研究生的斗争中彼此合作会对双方都有利"，³不久他们就成为很好的朋友。

即使是在那些看来爱挑衅的大四生和研究生中，费恩曼也很出色。第一个学期，课程由斯特拉顿(Julius Stratton)讲授，他是一名精通业务的年轻物理学家(后来他当上了麻省理工学院的校长)，但有时他没有认真仔细地备好课。每当讲课中他讲不下去时，他就会转向听众问："费恩曼先生，你是如何处理这个问题的？"，此时迪克就会接替他把课讲完。"我注意到，"很多年以后韦尔顿回忆道，"斯特拉顿从不把讲课的事委托给我或是其他任何学生。"⁴

在这门课的第二学期，量子力学正式开课，由另一位年轻物理学家莫尔斯(Philip Morse)讲授。费恩曼和韦尔顿那时已经通过一些介绍文章而双双获得了一些这方面的知识，他们狼吞虎咽般学完这些又急切地想学到更多的东西。他们请教莫尔斯从哪里可以了解到真正的量子本质。结果，在三年级时，莫尔斯邀请他们去他那儿，每周有一个下午和一个大四生一起听这门课的特殊指导。最后莫尔斯给他们出了一道要用量子力学去解决的实际问题，即在氢原子中电子能级的分裂。这使他们清楚地认识到，这并不仅仅是些抽象的理论，而是真能解决实际问题的实用的科学。

费恩曼对化学、冶金学、实验物理学以及光学也狼吞虎咽似地学习——任何科学对他都是肉和饮料。一门准备为研究生开的理论核物理新课第一次在麻省理工学院开设，他就去注册了。教室里已经有一大群学生，莫尔斯就坐在窗台上。他看了看费恩曼，接着问他是否注册这门课，费恩曼回答是的。莫尔斯问韦尔顿是否也一起来，费恩曼说对。好极了，莫尔斯说，这意味着可以开课了。原来按校规要求，开设一门课至少要有三名学生正式注册。只有一名研究生愿意注册，其他人都怕不及格而影响本年的平均成绩，但如果开课他们都很愿意旁听而不必考试。这门研究生的新课，正式注册的三人中竟有两人是大学生。最后，费恩曼发现这门课很简单，并且非常出色地通过了这门研究生的课程。

费恩曼在麻省理工学院搞科学的方式非常奇特，后来他能在科学上出人头地也正是基于此。他喜欢通过解切题的方程而"恰当地"解决问题，比如，球在空气中飞行这个问题，就要解牛顿运动方程。有一种叫做拉格朗日法的简易方法，麻省理工学院的学生正在学，该方法起始于法国数学家拉格朗日（Joseph Louis Lagrange），他在世的时间为1736年至1813年，并被拿破仑（Napoleon Bonaparte）封为伯爵。拉格朗日法的美妙之处在于，在此例中，运动物体的飞行是一个瞬间接着一个瞬间的，用这种方法不必再计算变力以及加速度的影响，只需考虑所涉及的总能量和流逝的时间即可。

这听起来是不是很熟悉？其实拉格朗日法正是基于最小作用量原理，巴德在中学给费恩曼介绍这个原理时，他就深深地喜欢上了它。为什么他在大学时代要避开这种方法仍是一个谜，但最可能的解释也许就是他既喜欢解题（宁可从第一性原理出发）也喜欢炫耀。当他的大学生同伙们包括韦尔顿用拉格朗日这种简便方法解题时，费恩曼却（几乎在所有的情况下）用费力的方法更快地解完了，这是在牛顿制定的积分方程中使用了一个技巧，即人们熟知的哈密顿法，它起始于19世纪爱尔兰数学家哈密顿（William Hamilton）。这种包含有"哈密顿算符"的操作，是一组能恰当地描述所研究系统的微分方程。

"我的方法需要独创性，"费恩曼后来说道，"而拉格朗日法的诀窍是你可以盲目去做。"[5] 往日的校际代数竞赛在此已相形见绌！给一般大学生出拉格朗日法这种本科生水平的问题，对费恩曼来说还是太简单了,这几乎不能操练他的大脑,所以他不愿意使用这种方法。不论是学哪种方法,主要是将它与诸如哈密顿方法之类的常规方法进行对照,看看在各种情况下究竟哪种方法确实最快。几年后,当他面临一些真正需要诀窍的问题时,他非常高兴能用这种技巧去解决它们。

不论怎样,只要费恩曼对麻省理工学院教的课感到太简单,他就会自己设置困难以便使解题更加有趣,但科学之外的事则另当别论了。他到麻省理工学院不久,在给朋友的一封信中对他所上的课程是这样写的:"物理学、数学、化学、预备役军官集训、英语,为了增加一些乐趣,我摆脱了它们。"[6] 不久他发现有些事比英语更糟糕,但为了全年的总成绩和能够毕业,他不得不去努力。

麻省理工学院相当正确地要求它的所有学生都必须参加(并通过)三门社会科学的课程,以使得他们毕业时成为至少比市民更全面的人。不论喜欢与否,英语都是必修课。令费恩曼高兴的是天文学也被算作社会科学课程,因此这就没有问题了。但选第三门时,除了诸如法国文学一类的课,只剩下哲学,这至少听起来还应该带一点与科学有关的东西。可他错了,至少在20世纪30年代麻省理工学院为毕业生所讲的哲学并非如此。

在《别闹了,费恩曼先生》一书中,他讲了他是如何勉强通过了英语和哲学的考试而没给联谊会丢面子。这种时候当然与平常大不相同,为了达到联谊会成员所要达到的标准,需要寻求帮助和建议的乃是费恩曼。

比如,一次英语课程的任务是写一篇"论歌德(Goethe)的《浮士德》(Faust)"。费恩曼感到绝望,他不知所措,很害怕根本就交不了什么东西。他的联谊会的兄弟们劝他一定要写一些东西——任何东西都行——只要证明他并不想逃避这件事。于是他写了一篇题为"论理性的局限"的作文,讨论了伦理价值的涵义和推理的科学方法等等。不过,没有任何东西与《浮士德》有关。联谊会的一名会员读了这篇作文,建议费恩曼加上几句话,把他所讨论的内容和《浮士德》联系起来。听起来似乎很可笑,在其他同伙的压力之下费恩曼只得照做,加了半页纸说魔鬼墨菲斯托代表理性,浮士德代表精神,而歌德写《浮士德》的目的其实是揭示理性的局限性。教授完全被欺骗了。他评论道,开场白的材料很好,即便是对《浮士德》的直接评论略微短了些,结果判给费恩曼一个 B^+。尽管这使费恩曼更加确信英语是一个"荒谬"的科目,但分数却达到了联谊会所要求的等级。

然而,哲学就不仅仅是荒谬了。按照费恩曼所言,上这门课的教授是个长络腮胡子的老头儿,说话含糊得让迪克一个词也听不懂。为打发上课时间,费恩曼常在鞋底上钻洞,他用的是放在兜里带进来的1/16英寸(1.6毫米)粗的钻头,靠手指拧着钻。这样嘎吱嘎吱地混到了课程的结束,到了要写一篇作文的时候。费恩曼回忆几周来听的课,只能记起"意识流"几个字。他决定作文就写意识流:当你入睡时意识会发生什么情况?它又是怎样被关闭的呢?

照这条路走,这件事就变成了一个科学实验。在交作文之前还有四周时间,每天下午(当然,还有每个夜晚),费恩曼就到自己的宿舍躺下来并准备入睡,同时企图用精神来观察,看看究竟发生了什么。他注意到了一些情况,当他入睡时,思绪的流动似乎还是与他的意识在逻辑上相联的,尽管思绪已变得含混不清。他观察了他的大脑如何"关闭",并写了一篇有关这个实验的作文。为了给文章润色,他以一首小诗结尾:

> 我想知道这是为什么。我想知道这是为什么。
>
> 我想知道为什么我想知道这是为什么。
>
> 我想知道究竟为什么我非要知道
>
> 我为什么想知道这是为什么!

在这门课的最后一次课上,这位教授没有讲课而是挑出几篇好作文读给学生听。对于坐在那儿正拧着钻头往自己鞋底上钻孔的费恩曼来说,这堂课照旧是莫名其妙。教授仍含糊地咕哝着"妈姆—爸姆—伍伽—妈姆—爸姆……",这篇作文讲什么,迪克一无所知。教授又拿起另一篇,继续读:"姆伽—伍伽—妈姆—爸姆—伍伽—伍伽……"迪克和他的钻头同样不清楚这篇作文是讲些什么,直到结尾处,教授吟诵起来:

呜—伍伽—伍。呜—伍伽—伍。

呜—伍伽—伍伽—伍伽。

呜—伍伽—**伍**—呜—伍伽—伍

呜—伍伽—伍伽—伍伽。

直到此时,费恩曼才明白原来他的大作中选而受到表扬了。[7] 他的这篇作文得了 A,但对教授在本课程中企图传授的知识却一无所知。而在英语课中,至少他还知道《浮士德》中的情节,并且在作文中努力地提到它。他的"哲学完全是胡扯"的信条得到了强化,尽管他再次取得了足够好的成绩。

实际上,费恩曼在麻省理工学院的这段时间,除非不得不去做的,他没有做任何科学以外的事情。预备役军官集训队是强制性的,因此他参加了;但他没再参加任何其他的俱乐部或者社会团体。联谊会的舞会也是必须参加的,因此他也跟着去了,并且从这样的经历中得到了极大的好处。而在其他零散的时间里,他总是在和韦尔顿讨论物理学。他意识到家庭在经济方面的压力,并尽可能地挣钱来帮家庭摆脱困境。但他并不在杂货店站柜台或是用打气筒打气,而是在麻省理工学院为一些教授当助手做各种零活,还做些多少有点科学味道的暑期工。他终生的嗜好之一——咚咚地敲呀敲,就是从麻省理工学院开始的(另一个嗜好——艺术,则到很晚才开始)。他敲墙,敲桌子,敲罐子和敲盘子,敲任何能敲出调子的东西。他还热衷于听非洲打击乐,尽管他从未欣赏过"普通"音乐,并说自己是分不清音调高低的人。

作为一名大学生,特别是在大二这一年,费恩曼的科学成就相当出色,甚至于在他大学毕业之前就已有两篇科学论文在《物理评论》(*Physical Review*)上发表(有关这些工作的内容详见第四章)。他喜欢麻省理工学院,想留在那儿做研究工作,攻读博士学位。这儿是他所知晓的唯一的一个科学世界,而且他认为即使在全世界算不上的话,那至少在这个国家要算是搞科学的最好的学校了。但斯莱特不赞成这种看法,那时他就已经很了解这个雄心勃勃的学生了。斯莱特告诉费恩曼,他必须去另一个学校完成他的学业,后来费恩曼对他的这个劝告非常感激。"斯莱特是对的。我了解到世界其实更大,还有很多好地方。"[8] 1939年费恩曼从麻省理工学院毕业后所去的"好地方",就是普林斯顿大学。

1939年1月初,斯莱特和莫尔斯就给他们在普林斯顿大学的同事打招呼说,有件特别的事就要发生了。打这个招呼非常必要,因为费恩曼的学习成绩是个相当怪异的混合体,既有相当完美的又有确实糟糕的。惠勒(John Wheeler)后来成了费恩曼在普林斯顿大学的论文指导老师,他讲述了普林斯顿的研究生录取委员会对费恩曼的标准化水平测验成绩是多么地困惑。[9] 物理测验,他确实是相当好——100分。数学成绩也几乎是同样地好——这两门都是该委员会所见过的最好的。但他们从未录取过历史和英语成绩这么差的考生(如果没有联谊会兄弟们的帮助,简直不能想像他的这些课的成绩会是多么地糟糕)。他在化学以及摩擦研究方面的实践经验使这种对比有所倾斜。在麻省理工学院为教授们做的零活,以及为克莱斯勒做的暑假工,给了费恩曼从未指望过的红利,他于1939年秋天被正式获准上普林斯顿大学。

几乎一直没有提到,还有另一个需要克服的障碍。普林斯顿大学实际上没有正式的犹太学生限额,另一方面他们又不想让犹太人占位置。普林斯顿大学物理系主任史密斯(H. D. Smyth)向麻省理工学院询问时,斯莱特和莫尔斯回答说,尽管费恩曼是犹太人,但他并不注意这些,并且他有吸引人的个性,是这么多年来他们所见过的最好的学生。[10]斯莱特告诉史密斯:"我保证你会喜欢他。"莫尔斯也同样热情,把费恩曼描述为"和他一起工作是一件乐事。只要给他几个提示,他就能一直研究下去;他的能力足以使他在很短的时间内涉猎很多领域。"有了这样的推荐,即使是在1939年那样的文化氛围下,具有犹太背景也不再成为真正的问题了。

在20世纪30年代向40年代过渡的美国,即使是其他人也为犹太人的就业问题而担心。在莫尔斯的自传中,[11]莫尔斯提到在迪克即将毕业时梅尔维尔对他的一次拜访。在讲述了家里还能为理查德支付另外四年学习的费用之后,为了保险起见,梅尔维尔问这样做是否值得,理查德是不是足够好?在1939年,物理学方面的工作很难找,梅尔维尔询问的言外之意是,犹太背景的年轻物理学家能否找到工作。莫尔斯在自传里写道,他让梅尔维尔放心,并告诉他理查德确实相当好,为他的教育继续投资是正确的。不过,这个故事还蕴含着比这更多的东西。

琼·费恩曼解释道,事后才明显地认识到,梅尔维尔有此顾虑的主要原因是他的健康有了问题,他知道他的高血压意味着他不会活很久了,也许难以看到琼大学毕业(实际上,琼上大学一年级时他就去世了,那时他的年收入已超过10 000美元;从那时起她的教育费用主要靠奖学金和其他的资助)。如果发生不可避免的事,家里的积蓄已够露西尔的家用和琼的教育费用,因此,梅尔维尔挂念的是理查德有没有很好的前程。[12]不论怎样,在那已很艰难的时期,梅尔维尔产生顾虑的额外因素,正是对那些年代几乎下意识的反犹太主义的悲哀的反映。

普林斯顿委员会终于被费恩曼深深地打动了,不仅录取了他,并且给了他研究助理的位置,这意味着他可以从协助更高水平的科学家的研究中和为大学生讲课中得到报酬,同时为取得博士学位而工作。这对梅尔维尔势必是极大的安慰。给费恩曼指派的科学家是惠勒。他们初次见面时,他28岁,费恩曼21岁。也许是意识到相对来讲自己过于年轻,惠勒(他是第一流的科学家,而且已经在哥本哈根的玻尔的小组中工作了两三年)从一开始就试图建立起那种他认为恰当的师生关系。

费恩曼和惠勒初次相遇的全部情景在有关费恩曼的书中并不多见,但这确实是一种意味深长的心灵撞击,为这两位科学家之间硕果累累的合作提供了机会。他们两位对物理学中的新思想都同样开放,而且不管它们是多么"疯狂"。费恩曼具有的这种奇怪天赋,即使在对他并不熟悉但稍有了解的人看来,也都显而易见。但惠勒从外表上看总像是相当严肃的那种人。他穿西装系领带,沉着稳重而令人尊敬,不像费恩曼会敲邦戈鼓或者撬保险箱。可在这种外表里面却藏着这60年来有着最佳思维的大脑之一,他是研究诸如黑洞(他根据其天文学含义而杜撰了这个词)之类的奇异事物的专家。读惠勒的一些科学论文,很难相信那些奇特的想像会出自这个看起来像旧式银行老板的人的头脑。

作为一个颇为自负且多少有些妄自尊大的28岁的年轻人,尽管惠勒当时还未在科学上有所建树,但也认为自己的时间太宝贵了,不能在一个新来的研究生身上过多地浪费。他约定每周与费恩曼会面一定的次数,并且告诉费恩曼每次见面会持续多长时间。不难想见,随心所欲的费恩曼对这种严格的时间表有着怎样的内在反应。第一次,当这种正式会晤一开始,惠勒就掏出贵重的怀表并且把它放在桌上,以便知道费恩曼的时间何时到点,也让费恩曼知晓自己在社会等级中的位置。好吧,迪克想,那咱俩就玩一下吧。在下次会晤前,他给自己买了一只便宜的怀表,随即带去就掏出来放到桌上,搁在惠勒的表旁边,似乎是说他的时间和惠勒的一样宝贵,虽然用的是一只便宜表。

如果惠勒确实是一个他所装成的那种自负的傻瓜,或者费恩曼一直这样自负地做下去而毫不反省,那么他们间的关系就不可能发展到超乎寻常。实际情形是,两个人都感到这种状态的滑稽,突然都禁不住哈哈大笑起来,这使人联想到在法罗卡威上演的一幕圆餐桌边的戏——一个演员使另一个演员出丑,让演员们不能按剧情继续演下去。每次他们想回到工作上时,总有一个又激动起来,使另一个也激动起来了。两人成了很好的朋友,后来费恩曼毫不犹豫地选择了惠勒做他的论文指导教师。他们初次会晤的这种方式始终贯穿在他们的师生关系之中:"讨论转为大笑,大笑转为玩笑,玩笑再转为讨论,如此往复越多,产生的想法就越多。"[13]

　　普林斯顿的研究生在工作上有充分选择的自由,对论文的指导者(如果他所选的教授愿意指导他的话)和自己想学的课程都可以选择。实际上,在这儿根本没有正式的必修课(相对他在大学期间花了很多精力来学英语和哲学来说,这儿绝对是个天堂),尽管学生必须通过费力的预考,要在原始研究的基础上完成一篇符合要求的论文,并且要在严格的口试中做论文答辩。费恩曼打算选择的是生物学中的一门研究生课,这在他后来的生涯中,在更高的水平上把它作为兴趣作过尝试。相当坦率地讲,对物理学的研究生课程,他没有任何可学的东西。这些搞研究的学生遇到问题时彼此帮助,因此,他们得以了解到物理学很多方面的一般进展,而不局限于自己论文的这个方面。费恩曼初到普林斯顿时,有一次得以用量子理论计算某个参数的值,而另一个研究生正需要用它来解释原子核俘获电子这一过程的细节,这个过程就是逆 β 衰变。这是他第一次在开辟物理学疆域方面把一项计算和一个流行的实验联系起来。

　　正如他并不介意希腊人在他之前就发现了几何定律一样,费恩曼也不在乎他的同学把他的计算用于何处,假若有其他用法的话。"重要的是我做了它,这是真正的开始,而且感觉良好。"[14] 和以前一样,对费恩曼来说,解决问题才是重要的事情。在他整个生涯中,他几乎完全不在意发表他的那些发现。重要的是他**已经做**了。他不能拒绝解题,每当碰到一个问题时,他几乎意识不到他在对谁讲话。作为一个搞研究的学生,他有疑问时会毫不犹豫地发问,甚至对阿尔伯特·爱因斯坦也是如此。当时爱因斯坦正在普林斯顿大学的高等研究院,他在学校作了一个学术报告。费恩曼提问时根本不把名誉和声望当一回事。一些年轻科学家的演讲,如果他所讲的有什么听起来不对头的地方,费恩曼就会质问他,一直问到讲明白了为止。

费恩曼对于权威缺乏尊重的另一种原因(最可能的原因)和他很爱解题有关。他想让自己从第一性原理开始,来解出**每一个**问题。[15] 这样,他就可以确信他做对了,免得浪费宝贵的时间去深入其他人的思想,而最终也许只是发现这些思想在一开始就是错的。他的这种态度受到1935年出版的狄拉克论量子物理学的书的最后一句话的鼓励,这句话是:"看来这里需要全新的物理思想。"这句话成了他尔后生活的一个信条。每当费恩曼受到他所做的物理问题的困扰时,哪怕到了20世纪80年代,他都会踱来踱去地小声说:"看来这里需要全新的物理思想",同时努力去找出摆脱困境的办法。[16]

当费恩曼第一次读这句话时,其影响相当大,因为狄拉克本人也承认,在20世纪30年代对于量子理论的理解既不彻底也不完美,而且需要新的思想。因此的的确确,最后一件要做的事就是尝试用这些旧的思想作为量子物理新模式的出发点。费恩曼想,最好是从头开始,建立他自己的量子理论,看看如此困扰狄拉克及其同时代人的问题能否用这种方式来解决。这个想法当费恩曼还在麻省理工学院时,就已经深深地在他头脑中植根了,继而在普林斯顿开花,而且将要结果。我们将会看到他在第二次世界大战之后的这一杰作。

不过,当这位年轻的研究生正为立身于普林斯顿的社会舞台而奋斗时,所有这一切都还是遥远的未来。普林斯顿从建筑上和社交方式上,完全都是按牛津和剑桥这种老式学院的模式设计的,连英语发音也模仿它们。费恩曼被分配在研究生院的一个房间,这是一个给人以深刻印象、有名牌大学派头的建筑,有一个带彩色玻璃窗的大厅,还有一个看守学院大门的门房。此时的费恩曼对于自己想要做的事,远不是有点紧张而已,特别是因为麻省理工学院的同学们逗弄他说,对他这块从布鲁克林来的未经雕琢的玉石来讲,普林斯顿将是多么地可怕。在他刚到那儿的那个星期日,当他被邀请参加系主任家的茶会——普林斯顿的一种常规仪式时,他在房间里几乎安定不下来。这件事非常正式,费恩曼非常紧张而且他谁也不认识。到了那儿,他的脑子里总是想着该去哪儿,是否该坐下。是时,系主任的妻子给他倒茶,问他喜欢放奶油还是放柠檬。"都要,"他心不在焉地说。这样一说,则引出了这一著名的回答:"别闹了,费恩曼先生!",后来这成了他第一本畅销书的书名。

但普林斯顿也并非所有方面都很正式并模仿英国的方式,那儿有个第一流的物理学派,费恩曼是由于在《物理评论》的论文中看到这个地址如此频繁地出现而被它吸引了。他把普林斯顿的回旋加速器(一种早期的粒子加速器)想像成巨大而给人极深印象的仪器:被仔细地磨光,由穿着闪光的白大褂的助手(很像当今在电视中的皂粉广告中见到的"科学家")照应。那天在系主任家喝完茶,他独自到物理楼亲眼看过这个大机器后,发现完全是另一回事:一台简陋的设备安顿在基座上,被电线、电缆和水管所围绕,一些要固定的东西是用蜡粘的,水从一些管子里往外流。这正是他自己孩提时代的"实验室",只是尺寸放大为一台真正的研究仪器,人们在这儿轮番鼓捣着,并让机器表演着它的把戏。看来普林斯顿的外表没有什么比典型的系主任茶会更不同,费恩曼当场就喜欢上了这台回旋加速器,并且愉快地感到,他确实到了一个做他那种物理实验的好地方。

研究生院也有它的优点,由于来自各学科的人生活在一个屋檐下,使得费恩曼可以和其他领域的研究者做深入的讨论。餐桌上,有时他和哲学家(由于证明他们的辩论之肤浅而使他们很紧张)坐在一起,有时是生物学家,而常常是数学家。他知道他可以通过在心里默数而精确地记录一段很长的时间,他和后来成为著名统计学家的图基(John Tukey)比赛,在做其他事诸如阅读或上下楼梯时表演这个把戏。他们发现他们在默数时所采取的方式不同。费恩曼是在脑子里"听"一声数一秒,而图基是"看"时间数数目。结果,费恩曼在默数时可以读书,而图基却不能,因为他脑子里的阅读这部分正忙着。可是,图基默数时可以说话,费恩曼却不行(他不能放声读),因为他大脑的语言部分正忙着。[17] 以后费恩曼才了解到,这是一个有关大脑如何工作的重要发现,表明了用不同的方法是如何取得相同结果的,这也是相当原始的,有关内容已经发表在20世纪40年代的心理学杂志上。[18]

费恩曼经常和惠勒一起工作,在惠勒的家里,他用笑话和一些小花招逗弄惠勒的两个小孩,包括给他们做些演示,比如怎么把罐头盒扔到空中,通过观察它飞行时的摆动情况而说出罐头盒里装的是液体还是固体。[19] 当一个心理学教授参观普林斯顿并作一个有关催眠术的演讲时,迪克是接受催眠的第一个志愿者(使他吃惊的是,居然成功了)。此外,他咚咚地敲也敲得益发娴熟。

费恩曼是快乐的,他的工作进展顺利(正如我们要在下一章中讨论的),而且从多方面来看他的未来都是有保障的。尽管梅尔维尔很担心(理查德在普林斯顿期间他拜访过惠勒,这次他直接问反犹太的偏见是否会影响到理查德的生活,他被肯定地告知:"不会"),很明显,理查德获得博士学位后找一份工作没有问题,而且一旦他不再是学生,他就和阿琳结婚。理查德到普林斯顿的第一年,离年底还远,权威们就清楚地意识到在他们身边有某种特别的东西。1940年5月17日,数学物理教授罗伯逊(H. P. Robertson)在费恩曼申请监试人职位的证明批件中把他描述为"最有前途的学生",还说"在他们生涯的相应阶段",理查德表现得"比巴丁(John Bardeen)还要出色"。[20] 后来巴丁成了第一个两次获得诺贝尔物理学奖的人。由此可见,费恩曼在研究生中显得多么特别。看来,他从事物理学肯定是没有问题的,可是,在地平线上却冒出两朵乌云。

1939年秋天,几乎是与费恩曼进普林斯顿同时,第二次世界大战在欧洲开始了。接下来的几个月,美国很快就以英国政策的所谓"中立"支持者的角色日益卷入这场战争,而且看来在某个阶段,美国会正式加入到这场反希特勒的战争中去。费恩曼的同学中几乎无人怀疑这正是目前所要做的事。许多著名的犹太科学家(包括爱因斯坦在内)此时都已定居美国,恰恰是因为他们不得不从希特勒德国逃走。这场战争能从正反两个方面来理解(实际上,政府的宣传机构就是这样描述的),即"好人对抗坏人"。

和许多同时代的人一样,费恩曼日渐认识到,他应该做些什么而为这场战争出力。还是在麻省理工学院时,他就多次去过贝尔实验室试图找份暑期的工作,由于他的犹太背景这一未明说的客观原因,几次都失败了(事后看来似乎是这样)。1941年春天,在第四或第五次请求时,他被接受了,他感到非常高兴。可后来一位将军访问普林斯顿,他在报告中讲了在现代化的军队中物理学的重要性,主张年轻的物理学家去从事军事工作。被爱国热情所激励,费恩曼放弃了在贝尔实验室工作的机会(尽管他们为他提供了一份与战事有关的工作),取而代之的是在费城的法兰克福兵工厂消磨了整个夏天。他在这里是做一种机械探测器(一种初级的计算机),供火炮专家预测当大炮发射的炮弹到达目标时飞机的位置。他做得相当成功,以至于在夏末时,军队为他提供了一份长期的工作,并让他做他所在设计组的头头。可是9月份他就回到了普林斯顿以完成他的博士学位。他不喜欢军队中做事的那种官僚方式,觉得当初还是应该去贝尔实验室。但是,1941年夏天的军用研究经验,不久就对他大有裨益。

当然,完成博士学位仅仅是个手续问题。早在一年前的1940年秋天,他就完成了初步的要求即资格考试,整个夏天他几乎都在麻省理工学院(在那儿的图书馆里,他的工作可免受打扰)学习,为这件大事作准备。和惠勒一起,他确实已经完成了原始研究工作,剩下的只是写出符合要求的论文而已(费恩曼明白他能够充分地进行答辩)。然而,外界干扰了他。日本袭击珍珠港把美国卷入战争,1941年12月8日美国对日本和德国宣战。

12月的一个早晨,普林斯顿的一位物理学家威尔逊(Robert Wilson)来到费恩曼的办公室。他告诉迪克,他要宣布一个秘密,有些事他并不愿同迪克讲,但他还是要讲,因为他知道,一旦迪克听到这个故事就会参加威尔逊的绝密工程。他讲解了制造原子弹的可能性,担心德国可能已经在搞这一工程,还讲了要寻求一种技术,以便将该弹所需要的带放射性的铀-235从更普遍更稳定的同位素铀-238中分离出来。威尔逊工程包括了实施这一分离的技术(但最后,制造第一颗原子弹实际应用的并不是这种技术),而且他想让费恩曼参加这个小组。[21]

费恩曼的第一反应是拒绝。他已经受够了军队的官僚主义。他会保守这个秘密,他在考虑做任何其他事情之前必须完成他的论文。威尔逊站起来,静静地离开迪克的办公室,最后告诉迪克说,如果他改变了主意,就请他去参加那天下午3点在威尔逊办公室开的会。费恩曼极力想回到他的论文上,可是做不到。他想到了希特勒得到一颗原子弹的可能性,并想到这意味着什么。同时,他想起了一些从希特勒德国来的流亡者那儿听到的故事。3点钟,他参加了威尔逊办公室的会议。到4点,他在另一个办公室有了自己的桌子而且已经开始了工作,论文被暂时抛进旧桌子的抽屉里。这是个正确的决定。在战争期间,美国所有的科学都停顿下来,除了已成为曼哈顿工程的这件事——"那并不是真正的科学,几乎全是工程。"费恩曼在《别闹了,费恩曼先生》(后简称《别闹了》)一书中如是说。

费恩曼花了几个月的时间来做铀的分离工程,但进展并不如预期的那么快,因此在1942年春天,在惠勒[当时他正在芝加哥和费米(Enrico Fermi)一起设计并建造世界上第一个人工核反应堆,他提醒迪克说,也许这是在他完全卷入这场战争之前的最后一次机会来完成他的博士学位]力劝下,他暂时离开工程几个星期去完成他的论文。后来,在提交论文之后,他又回到威尔逊小组工作。这篇论文的评委是惠勒和维格纳(Eugene Wigner),他们说它有"罕见的原创性",校方通知他答辩定在1942年6月3日举行,将他的成绩评为"出色"。[22] 在1942年6月的普林斯顿毕业典礼上,费恩曼正式获得博士学位,为他而自豪的父母也出席了这个典礼。但一个重要的人没有来。阿琳生病住院,她最近(可已延误了)被确诊为结核。按惠勒所言,负担过重的生活方式也许加剧了她悲惨的疾病,她像一支两头燃烧的蜡烛,白天是纽约全日制搞艺术的学生,晚间教授钢琴课以支付课程的费用,只要可能她还去普林斯顿看望理查德并共赴周末舞会。[23] 不管她的病有多么严重,这对恋人还是在6月底以前结了婚,实现了长期以来彼此的许诺。

理查德和阿琳的关系自始至终一如既往,不论在普林斯顿还是在麻省理工学院,他俩的交往方式都完全一样。假期中他们有很多时间聚在一起,在普林斯顿她看望他的次数更加频繁。这段时间,阿琳用他多次对她说过的话反过来提醒他:"你干吗在乎别人怎么想呢?"试图以此动摇理查德的任何一点承诺。这句话成了他20世纪80年代出版的第二本畅销书的书名。但就在这对年轻人的前途看来有保障的时候,阿琳的脖子上长了一个肿块。虽然并不痛苦,但她开始感到益发疲倦——琼·费恩曼回忆道,[24] 一次费恩曼全家到大西洋城度假,周末迪克也来了。每个人都在池中游泳,玩得非常高兴,只有阿琳一人因为疲倦而不得不到外面去躺着。

后来,这个肿块消了些,可阿琳发烧被送进了医院。其病情最初被误诊了,先诊为伤寒,后又诊为霍奇金氏病。费恩曼在普林斯顿医学图书馆查阅了这些病的症状,他认为阿琳的病和淋巴腺结核相符。可书上写着"这极易诊断",因此他认为可能不是这种病,否则医生会发现的。[25] 不论是霍奇金氏病还是结核病,在那个年代都几乎肯定是致命的。费恩曼想告诉阿琳实情,但为她的家人所劝只得"善意地谎称"是腺体引起的发烧,不久她就可以康复。

一度,阿琳确实有轻微的好转并回到家里,当她听到母亲的哭声时,她猜到她的病会严重得多。由于有巨大的信心,理查德告诉了她实情(即医生当时的诊断结果),这对人儿按照新的变化开始重新计划他们的未来。

此时,理查德接近他在普林斯顿的最后一学年了,他已经得到了一份奖学金,而该奖学金按规定是不给已婚学生的。对阿琳被宣判死刑的消息——她被确定最多能再活两年,他第一个反应就是立即同她完婚,在她最后的岁月里照顾她。不可思议的是,当费恩曼请求学校在这种极特殊的情况下放弃"未婚"这一条校规时,他被拒绝了。他只得在奖学金与婚姻之间做出选择,而且,若没有奖学金,在攻读博士学位时他就没法维持生活。费恩曼认真考虑过后,打算放弃论文,去贝尔实验室或是其他什么类似的地方找份工作。但就在此时,对阿琳的病情终于有了最后的正确诊断,确实是淋巴腺结核。

当时的情况是那么令人绝望,以至于尽管费恩曼恨自己未能向医生再三强调这种结果的可能性(虽然很难想像他们对他的话会引起多大的重视),这对年轻人仍都把这种诊断当做好消息。毕竟,照医生看来,这也许意味着阿琳还能再活5年。因此要立即完婚的这种压力减小了,随后,理查德保住了奖学金,完成了他的博士学位,并开始走上把他引向洛斯阿拉莫斯的曼哈顿工程之路。

费恩曼开始承受来自家庭和朋友们希望他不再履行婚约的巨大压力。主要的反对者梅尔维尔甚至认为即使是健康的新娘也会毁了理查德的发达前程,而露西尔更担心的是,她的理查德可能也会得结核病而死。但在理查德看来,自己毫无疑问做得很正确,尽管他和阿琳都明白他们间只能是一种极有限的接触关系,因担心传染甚至连亲吻也不可能。得到博士学位后就马上结婚的这个决定,导致了理查德与父母亲之间的隔阂,而且这种隔阂从未真正消除过,但他从不为这个决定而后悔。

到迪克拿到博士学位时,阿琳正在长岛的州立医院长期住院。他安排她搬到新泽西州靠近普林斯顿的布朗斯米尔斯(在迪克斯堡附近)的一所名叫德博拉医院的慈善医院。他从普林斯顿的朋友那儿借了一辆旅行汽车,并装修了一番。他在车后面铺上床垫和床单供阿琳在上面休息,就像他在《你干吗在乎》一书中所描绘的那样,"像个小型救护车"。1942年6月29日,这对恋人到斯塔滕岛渡口做了一次浪漫的旅行,并在里士满结了婚(以纯洁的脸颊亲吻举行了婚礼),然后新郎把新娘送到德博拉医院,把她留在那儿,以便每个周末能去看望她。

有一段时间,刚得到学位又新婚不久的费恩曼博士仍留在普林斯顿,做现在被称为曼哈顿工程的一些边缘工作。具有不屈不挠个性的阿琳,每天在医院里给迪克写信以保持精神振奋。她开始了解这个令人狂热的工程(详情见第五章),憧憬着明知是幻想的未来的正常婚姻生活。一次,她寄给迪克一盒铅笔,每一支笔上写着金色的字迹"亲爱的理查德,我爱你! 珀西(Putsy)"。他既高兴又感到为难。这个信息很好,而且(正如阿琳所知)他需要铅笔。这个小组供给不足,浪费实在太可惜。但他并不想让任何一位教授注意到这个题铭。因此,他找了一把剃须刀片,把他用的铅笔上的铭文整齐地削下去。可阿琳比他更高明。

第二天一早他收到一封她的来信,开头是"把名字从铅笔上削下去怎么样?",结尾是"**你**干吗在乎别人怎么想?"他让余下的铅笔保持原状,不再在意同事们拿起铅笔时的善意的玩笑。他把这句话铭记在心,让它伴随自己去往洛斯阿拉莫斯,去往其他各地,直到他参与的"挑战者"号航天飞机事故调查。但在细讲这些故事之前,该先估量一下先后作为麻省理工学院大学生和普林斯顿研究生的费恩曼给他本人带来最初声望的科学工作。

第四章

早期的工作

在麻省理工学院时,作为大学生的费恩曼虽然未能从被迫选修的英语和哲学课程中得到智力的发展,但通过攻读那些他有兴趣的课程,得以有充分的机会拓展他的思维,即便这些课程对他的学位来讲并不算数。大学四年级时他上的一门课由巴利亚塔(Manuel Vallarta)讲授,此人对宇宙线感兴趣。所谓宇宙线,就是从太空来到地球的高能粒子流。这些"射线"均等地从四面八方而来,乃是各向同性的,但我们所在的银河系中的恒星在空间的分布却远不是均匀的。有鉴于此,一个明显的结论就是宇宙线并非来自我们银河系内部,而是来自超出银河系范围的整个宇宙。即使宇宙线确实各向同性地均匀到达银河系,但在巴利亚塔看来,它们仍应被银河中的恒星所散射,最终在天空中形成不均匀的模式。他和费恩曼讨论这个疑谜,并猜想这个聪明的大学生也许会喜欢研究宇宙线各向同性这一谜题。

费恩曼能用一种相当直接的方式解开这个谜,他能够证明,如果来自整个宇宙的宇宙线确实各向同性地进入我们的银河系,那么它们到达地球时仍会如此。原因是银河中恒星的影响太小了,不足以扰乱这种模式。费恩曼的证明中有趣的一点是,他不仅对从外面来到银河系的宇宙线粒子,而且还对一种假设的从银河系射向更深太空的镜像粒子做了数学处理。巴利亚塔所担心的那种散射主要涉及恒星的磁场，而这种磁场只与带电粒子发生作用。因此，一个电子（带负电荷）沿特定路径进入银河系的概率，与一个正电子（带正电荷）沿相同路径离开银河系的概率相同。

实际上，现在所知的一些宇宙线产生于银河系内，但这并不影响费恩曼论证的正确性，因为那些的确产生于银河系外的宇宙线（实质上携有很大能量，这就是它们首先被研究的原因）到达地球的方式，恰如他计算的一样。巴利亚塔被费恩曼的证明深深地打动了，他提议把它整理一下投《物理评论》发表，他们联合署名。他向费恩曼解释说，尽管他对论文只作了很少的贡献，但他的名字应放在第一，因为他是级别更高的科学家。这是费恩曼对这种图谋学术声誉行为的第一次体验，但他的处境使他无力违抗，论文发表在1939年3月1日的《物理评论》上，署名为"巴利亚塔和费恩曼"。

然而费恩曼获得了最后的胜利。1946年，海森伯出版了一本论宇宙线的书，其中讨论的就是那些有关该课题已发表的每一篇有价值的文章。巴利亚塔和费恩曼的文章放在哪儿都不太合适，但就在书的结尾海森伯讨论了因恒星磁场的影响而改变宇宙线方向的可能性，并在最末一句话总结说："按照巴利亚塔和费恩曼所言，这种效果并不是预期的。"后来费恩曼再遇到巴利亚塔时，便兴奋地问他是否看过海森伯的书。巴利亚塔已经知道是怎么回事。"是的，"他回答说，"你在宇宙线方面有最终发言权。*"[1]

费恩曼在大四时有时间做研究工作，尽管是以有节制的方式，因为那时他只是消磨为挣学位而必须耗费的时间。校规要求获得学士学位前要做四年大学生。费恩曼早就学了物理系大学生该学的所有知识，

---

* 这是个双关语，在海森伯做结论的那句话中，"费恩曼"恰好是最后一个词。——译者

甚至更多,但他仍未用完四年。实际上,费恩曼当时并不知道,莫尔斯已经向麻省理工学院的负责人建议过,说费恩曼只要读三年而不是四年,应该允许他提前一年毕业,但此提议被否决了。对费恩曼来说,在20世纪30年代末这段时间,除了写他的毕业论文之外就无事可做,当时学生们总是等着导师布置某一特定问题的原创性工作。导师被认为能够掌握科学发展的概况,并能准确地指出一个很小的范围,以使学生们能真正地作出贡献,为知识的大厦添砖加瓦。费恩曼的毕业论文就是这样开始的,然而却是以一件意义更加深远的工作而告终。

斯莱特布置费恩曼研究的问题是,为什么石英被加热时膨胀得远比诸如金属等其他物质慢。费恩曼很快就被物质如何膨胀及其根本原因这一想法所吸引,于是着手研究晶体中原子间力的作用方式。

在晶体中,原子是以三维数组或称为晶格的方式以一定的间隔定位的。它们靠电磁力固定在一定的位置上,但有轻微振动的趋势。当晶体被加热时,振动加剧,原子间的空隙略微增大,因此晶体会膨胀。

当他开始思索晶体膨胀时原子间的力究竟如何改变时,他马上被另一件事所吸引,即当晶体被压缩、原子被挤压得更紧密时,原子间力的行为。他认识到,可以将一对对原子之间力的作用(不仅在晶体中,在分子中也同样)视为类似于小弹簧的行为。弹簧被拉伸时有阻力,而被压缩时同样也有阻力。这项工作所涉及的一些课题已经有别人做过了,但费恩曼对此一无所知,他仍以他惯用的方式从第一性原理出发,由自己来搞清每一件事。费恩曼方法的基础是根据原子核电荷和核外电子云电荷的分布来计算分子或晶格中原子核所受的力,此时,只要知道电子云的分布,仅从经典静电学就可计算出电荷分布。所以,利用量子力学计算出电子云中的电荷分布之后,相对来说,其他的事就会一帆风顺。

通过用优美而熟练的技巧解有关方程组,费恩曼能够证明,作用在每个原子核上的力能从比较简单的表达式计算出来，节省了做原来那种繁琐计算所需的巨量劳动。他的长达整整30页双面纸的毕业论文"分子中的力和压力"，深深地打动了斯莱特，因此他鼓励费恩曼以略为不同的形式写下来投给《物理评论》，当年（1939年）的晚些时候，此文以"分子中的力"为题发表。这一大大减轻了化学家负担的计算分子和晶体中原子行为的简化方法，也被另一研究者独立地发现了，现被称为费恩曼-赫尔曼（Hellmann）定理。这个定理至今还在沿用，对于始于半个世纪之前的一名大学生的论文来讲，这确实算得上很不错了。

然而，这篇毕业论文的最动人之处乃是，作者用清晰、精练而又不拘泥术语的文字来表现解方程的优美技巧，从而传送出可信赖的费恩曼的"声音"，读起来几乎像与作者讲话一样。费恩曼不仅清楚地知道如何搞物理，更知道如何去讲解物理，这一点在他很小的时候就是如此。

费恩曼到普林斯顿大学时，他不仅是做好了整天投入研究工作的准备，同时也从惠勒身上发现，他正是那种能激发自己形成更多有关世界运作方式的原始思想的导师。他们相处之初，惠勒给费恩曼布置一些相当直接的问题去研究。该生在这些方面的成功使惠勒认识到，他遇到了一个特殊的天才，而他当初似乎并未了解到这一点。同时，费恩曼也了解了惠勒对量子力学的理解到底有多深。此时，费恩曼正被他从麻省理工学院做学生以来一直断断续续研究的一个想法所困扰。不久，他准备和他新的导师一起来解开这个谜。

正如费恩曼1965年在斯德哥尔摩做他的诺贝尔奖获奖演说时所强调的，[2] 他的起点就是狄拉克1935年那本书的结论——"看来这里需要全新的物理学思想。"没有任何地方对于新思想的需要比在那个称为电子"自能"的谜题中更为明显。就大学时代的费恩曼来讲，必须要处理的是力场这个概念。一个诸如电子那样的带电粒子，被认为是通过围绕它的力场而与其他带电粒子相互作用的。离电子越远场就越弱，因此电子和邻近的带电粒子的作用就最强。但令人困惑的是,离场源足够近时场的作用能有多强并没有限制。实际上,相互作用的强度反比于距离的平方。但电子是个点电荷,即它的半径为零。因此,电子自身的场强应该是1除以0,也就是无穷大。换句话说,每个电子应该具有无穷大的自能,仅就这一点来讲,电子就该具有无穷大的质量,才能和爱因斯坦方程 $E = mc^2$ 相一致。

即使不是由量子力学引起的,这种问题也会出现;而在量子理论里,出现的这个问题会更为严重。当费恩曼还是大学生时,他猜测这个问题的答案必定是电子根本不作用于自身;尽管场的概念是物理学的核心,但这一猜测使他差一点就放弃整个场的概念。按照流行的场论,如果所有电荷结合起来,产生出一个单一的共同的场,而这个共同的场又反过来作用在所有的电荷上,那就无法避免每个电荷作用于它自身。

费恩曼的思想又回到了超距作用这个老概念,即电荷之间直接发生相互作用,却有着一个推迟。* 在这一绘景中,一个电子振动,结果过一定时间之后另一电子也振动(推迟的时间取决于与第二个电子的距离以及光速)。但第一个电子无法同它自身相互作用。费恩曼到达普林斯顿时,他的思路就是这种状况。他沿着这些线索还没有找到一种合适的理论;这只是个考虑得不太成熟的思路而已。然而,正如他1965年在斯德哥尔摩所回忆的,他已经深深地眷恋着这个想法,并且"尽管困难重重,我仍以年轻的热忱,深深地被这一理论吸引着"(当然,这种"年轻的热忱"概括了费恩曼对他所有的工作和日常生活的态度,而无论他年龄如何)。但是,正如他在那次诺贝尔奖获奖演说中指出的,这一想法有一个"极为明显"的错误。实际上,一个诸如电子这样的带电

---

* 不幸的是,"作用"这一词被物理学家用于两种不同的场合。此处"超距作用"与最小作用量原理中的"作用"一词毫无关系,而只是"超距相互作用"的简写而已。——译者

粒子必然会在一定程度上作用于自身，这样才能说明辐射阻尼现象。

所有物体都反抗被推动，这就是所说的惯性。在没有摩擦的情况下，比如在沿着绕地球的轨道自由下落的太空船内部，任何物体均静止不动（相对于太空船的壁），直到它被推动为止，接着它就会沿一定的直线以一定速率（即以恒定的速度）保持运动，直到再受到另外的推力为止（也许是被墙反弹回来）。关键是以某一个力使某个物体加速——对物理学家来说，这意味着改变它的速率或其运动方向，或两者兼而有之。这已包含在牛顿运动定律之中了，并在300多年前就已成为经典力学的基础，而且能够对绝大多数日常事物的运作方式给以十分恰当的描述，不论是设计一座不致倒塌的大桥还是一艘将要飞往月球的太空船，都是如此。

只是物质为什么有惯性，惯性"从何而来"？这点未被牛顿定律所解释。爱因斯坦试图将惯性纳入他的广义相对论中，也没有完全成功（见第十四章）。但现在这没关系。问题是如果你要加速一个带电粒子，也许是用磁场使之来回晃动，此时你就会发现它有一种额外的惯性——超出质量与之相同但不带电荷的粒子的惯性。这一额外的惯性使得移动带电粒子更为困难。

这并不只是物理学家们感兴趣的异乎寻常的现象。按照常理，电子来回晃动就会按麦克斯韦方程组确定的方式辐射电磁能。这就是在电视台和无线电台的广播天线中所用的方法。需要能量才能使天线中的电子振动并发射你要传播的信号，并且这能量要比使得同样数量而不辐射的非带电粒子振动所需的更多（需要一个更大功率的发射机）。于是才有了辐射阻尼这个名字。辐射阻尼的影响会列在每个电视台和无线电台的电学清单中。

对电子（对所有其他带电粒子也同样正确）和电磁场所做的经典描述的一个奇异特征是，每个电子与场（自相互作用）之间的相互作用实际上由两部分组成。第一部分看来应该代表普通的惯性，但对点电荷来讲为无穷大。而第二部分精确地给出了辐射阻尼力。因此，费恩曼关于电子根本不能作用于自身这一原始想法中隐伏的障碍是，如果这一想法有效，就会把表达式中的这两项都取消了，即摆脱的不仅是不想要的无穷大，而且还有辐射阻尼。当他在普林斯顿大学开始再一次仔细地思索这一想法时，就是处于这种状态。

费恩曼需要某种相互作用反过来作用于电子，并在它被加速时能给它辐射阻尼。他想要的这种反作用会来自何处呢？与其说是来自于"场"，还不如说是来自于其他电子（严格地讲，是任何一种其他带电粒子）。正当物理学家们千方百计地研究这个问题时，费恩曼考虑了一个可能而又最简单的例子。在这个例子中，宇宙里只有两个电子。当第一个电荷振动时，它对第二个电荷产生作用，作为响应，第二个电荷也振动（当然，这就是你的电视机和收音机的工作方式，其中的电子响应广播天线中电子的振动）。而现在，由于第二个电荷的振动必然会有一个反作用，这又迫使第一个电荷振动起来。也许这可以解释辐射阻尼。费恩曼计算了这个作用的大小，但结果并不适合于解释辐射阻尼。对他的这个想法，他既感到困惑又依旧眷恋不舍，因此，他带着这个问题去和惠勒讨论。

费恩曼哪里知道，惠勒对超距作用这个想法，其实兴趣已久，另外，这一思想作为物理学上的一潭死水也颇有来由。[3]因此，这位教授并未把它当作异想天开而忽视学生的想法，而是着手和他一起开始计算。令费恩曼难为情的是，惠勒指出了他计算中的一个大错误。第二个电子要花一定的时间才能响应第一个电子的振动，而第一个电子对第二个电子的振动做出响应之前也需要相同的时间。因此第二个电子对第一个电子的反作用应发生在滞后于第二个电子开始振动的某一时刻，而非正好是引起辐射阻尼的时间。尽管是以非传统的方式，但费恩曼所真正描述和计算的,不过是通常的反射光而已。

但惠勒并不就此住手。他指出,麦克斯韦方程组实际上有两组解。一组对应于顺着时间以光速从波源往外传播的波;另一组(常常被忽略)则对应于逆着时间以光速(如果你喜欢的话,或者说以**负**的光速 $-c$ 顺着时间)会聚到"光源"上的波。这非常类似于量子力学方程有一个解对应于正能量的电子,另一个解则对应于负能量的电子。1928年发表的狄拉克方程在20世纪40年代初仍是量子力学的荣耀,因此两位年轻物理学家认真地对待麦克斯韦方程的第二组解看来并不完全是异想天开。对应于方程普通解的波叫滞后波,因为它们到达某处是在它们出发后的某个时刻(旅行的时间被光速"推迟"了);另一个解对应的叫超前波,到达它们行程的某处比出发时刻还早(旅行的时间被光速"提前"了)。惠勒认识到,如果第二个电子的反作用仅引入超前波,那么它对第一个电子的作用正好与引起辐射阻尼同时发生,因为它将以相同的速度通过相同的距离,而在时间上则是往回传播。

惠勒让费恩曼计算超前波与滞后波如何混合才恰好产生符合要求的辐射阻尼。惠勒和费恩曼也证明了在充满带电粒子的真实宇宙中,所有的相互作用都可以恰恰以他们已对这种简单情况计算过的产生同样的辐射阻尼的那种方式相互抵消。

他们这一模型的一个关键点是,一个波既有量值大小又有"位相",这就是说,如果两个波大小相同,但一个恰好和另一个不同步,以致第一个波的峰值处恰为第二个波的波谷,这样两个波异相,并会互相抵消。如果两波恰好同步,即位相相同,则两波的波峰彼此一致,产生一个结合波,其大小是原来波的两倍。结果表明需要用到在时间上完全对称的麦克斯韦方程组的两组解的混合物,它由每个电荷每次振动所产生的恰好一半的超前波和恰好一半的滞后波混合而成(见图5)。

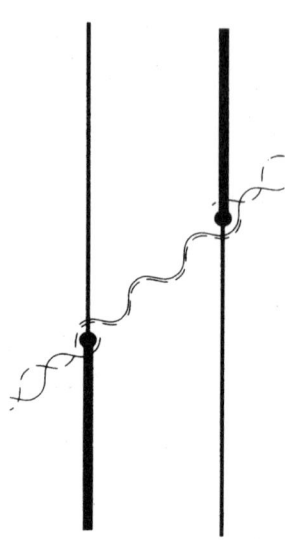

图5　惠勒–费恩曼辐射理论描述了在两个带电粒子之间的相互作用,它是通过波在时间上向前和往回传播的方式来表现的。由于带电粒子位相的改变,在两个粒子之间的时空区域以外的波恰好互相抵消了,而在时空区域以内的波反而互相加强了。亦见图3。

惠勒发现,荷兰物理学家福克尔(Adriaan Fokker)在1929年至1932年间发表的一系列论文中已得出了类似结论,但费恩曼的描述要直接得多,理解起来也容易得多,而福克尔再也没有进一步发展他的这一思想。滞后的那一半波从第一个电子出发在时间上向前传播,同时超前的那一半波则在时间上往回传播。当第二个电子因响应而振动时,便产生另一半滞后波,它正好和第一个波异步,因此在往后的一切时间都恰好和原来留下的那半个滞后波相抵消,同时也产生另一半超前波,它和第一个波同步并沿第一个波的轨迹向第一个电子传播回去,与原来的那一半波叠加在一起而成为一个完整的波,正好符合麦克斯韦方程组的普通解。当然,这一半超前波在第一个电子开始振动时到达,并且产生辐射阻尼。接着它继续向后传播,抵消掉最初从第一个电子发出的那一半超前波。结果,在两个电子之间只存在一个恰好与麦克斯韦方程组的普通解相符的波,而其他地方的波全都相互抵消了,同时辐射阻尼自动地从方程中出现,而无穷大的自能再也不会有了。

"如果我们假定所有的作用都是借助于麦克斯韦方程组的一半超前解和一半滞后解得以实现,并假定所有的源都被能完全吸收它们发射的光的物质所包围,那么我们就可以用吸收物质的电荷的超前波对源的直接作用来解释辐射阻尼了。"[4] 由于吸收物质在决定发射辐射的方式中的重要作用,这一理论有时被称为辐射的"吸收体理论"。

1940年秋天,费恩曼和惠勒用了几个月的时间完成所有这些工作。正如此处我们所描述的,在理论的初期形式中仍包含有电磁波,这种对场的仿效是费恩曼想摆脱掉的。然而,让费恩曼高兴的是,他和惠勒还发现根本不需要借助麦克斯韦方程组,直接用所涉及的粒子的运动和适当的时间推迟,并应用最小作用量原理,就可以描述一切,而且根本没有一点场的痕迹。这只在相互作用是一半超前和一半滞后时才起作用,而且,这种相互作用只在沿着光锥时才出现。经典电动力学里的一切都可以用这种新颖而简单的数学形式写出来,根本不用引入电磁波或电磁场。此时,你得接受这种在时间上往回传播的相互作用的现实——即当一个电子振动时,作为响应,另一个电子会在第一个电子振动**以前**就振动起来。而且,正如费恩曼在他的诺贝尔奖获奖演说中指出的那样,若不考虑引力,电动力学"实际上代表了整个经典物理学"。物理学的基本特点可以用截然不同的方式描述而给出相同的答案,这是这一点的又一例证。

正当费恩曼和惠勒都忙于研究这一切时,1940年秋的一天,费恩曼接到惠勒打来的电话。惠勒告诉他说:"费恩曼,我知道了为什么所有的电子都有相同的电荷和相同的质量。"费恩曼问他:"为什么?",他回答:"因为,它们都是同一个电子!"他解释了他最新的光辉思想:一个正电子可以被简单地看作一个电子在时间上往回运动,即由将来返回过去，而宇宙中所有的电子和所有的正电子其实都对应于某种被切开的世界线线结的截面，在某个截面里，单个粒子通过一个复杂的扭结穿越时空，通过宇宙。当他这一激情的第一个火花消逝时，惠勒发现这一思想实际上行不通，并不是因为在宇宙中应该有和电子相同数量的正电子，而是因为对应于每条在时间上向前的世界线，还要有相应的在时间上向后的反向世界线。实际上，看来在宇宙中并不存在正电子，即便有，也只是产生于粒子的相互作用中，且很快又会碰上电子而湮灭。但惠勒的光辉思想中包含了一个重要概念的萌芽，即改变某个电子在时间上的运动方向等价于改变它所带电荷的符号，费恩曼后来用另一种方式发展了这一概念。因此一个电子在时间上向前运动就是一个正电子在时间上往回运动，反之亦然。在所有的量子力学计算中，都可以将正电子简单地代之以从未来向过去运动的电子，就像麦克斯韦方程组中通常被忽略的超前波的解一样，这也是同样的事情可以用不同的方式来描述的又一例。[5]

1941年春天，惠勒觉得应该让费恩曼做的下一件事是作一个演讲，让他介绍一下在超距直接作用和时间对称的电动力学方面的工作。学会在讨论会上如何在同事面前介绍自己的工作是培养研究生的一个重要方面。为演讲人着想，第一次演讲通常是在学生会这样的相当非正式的场合举行，尽管如此，对大多数学生来讲还是相当伤脑筋的。费恩曼不仅仅是要介绍一个极易引起争议的新思想，更有甚者，还有那些不寻常的听众。在那些日子里，在普林斯顿大学即使是开内部研讨会，其听众必然有量子理论的带头人之一维格纳，当时最伟大的天文学家之一罗素（Henry Norris Russell），同辈人中最聪明的数学家冯·诺伊曼（John von Neumann），正好从瑞士来普林斯顿访问的量子理论的一位先驱者泡利（Wolfgang Pauli），在附近高等研究院工作的爱因斯坦。

费恩曼在《别闹了》一书中描述了他为这次演讲所做的紧张的准

备,以及演讲之初当他从棕色信封中抽取放在其中妥善保管的讲稿时他的手是怎样地颤抖。

> 但接下来奇迹发生了,正如在我的一生中一次次出现的那样,对我来讲非常幸运:我一开始考虑物理学,精力就集中在我要讲的东西上,头脑中就不再有任何别的东西,就完全不紧张了。所以,只要一开讲,我就根本不知道有谁在场。我只是阐述我的想法,仅此而已。[6]

报告结束之后,泡利就开始评论,说他觉得这个理论可能不正确,并转头问爱因斯坦是否同意他的看法。"不同意,"爱因斯坦温和地答道,"我只是觉得要为引力相互作用找到一种与之对应的理论,应该是很难的。"但他并不认为这是否决惠勒-费恩曼理论的理由,这一理论尚有可能发展。

虽然说不上热烈地赞同,但这一理论从第一次尝试就立住了脚,而且爱因斯坦没有立即否定它。费恩曼的下一项任务是努力寻找一种方法将这一理论发展为量子力学的形式。最初,费恩曼处理这个问题时还有些犹豫,因为惠勒一直声称他本人正在这个方向上大步前进。惠勒的努力看来是走入了死胡同,结果给费恩曼留下了一块空白的领地。费恩曼对量子理论形式的发展,首先是他摆脱了场而仅用了超距作用的想法写成了他的博士论文,接着又用了几个月时间对此论文做了深入研究,而后由于有关战争事务的打断而延续多年才完成。辐射的吸收理论正式发表在1945年的《现代物理评论》(Reviews of Modern Physics)月刊上,联合署名为惠勒和费恩曼,但实际上是惠勒以一种费恩曼认为并不需要那么复杂的形式写成的。[7]

等到费恩曼登上这个舞台时,量子力学的研究已发展到采用哈密顿方法,我们在第三章中已经讲过。这种方法包括了描述像电子和光子这样的量子实体的行为的波函数,也包括了描述波函数从某一时刻到另一时刻如何变化的微分方程。这种方法在概念上类似于用以牛顿定律为基础的运动方程描述一个球被抛起来通过上层的窗户时,其位置沿运动路径从某个时刻到下一时刻的改变。在经典力学中,正如费恩曼在中学时跟随巴德所学的,你可以用最小作用量原理来确定球从你的手到窗户的实际路径,而不用计算它沿路径上每一点的速度和其他性质是如何改变的。实际上,费恩曼在做大学生时就不重视这种拉格朗日方法,也许是因为相对于他所研究的问题这种方法看起来过于简单。若按粒子的方式而不按波的方式来考虑,所涉及的主要特征量就是粒子的位置和速度(严格地讲,是它们的动量,但这种区别在此并不重要)。

如果你只对某一系统在某一特定时刻的状态感兴趣,用一种称为拉格朗日函数(一种数学表述)的方式来描述它的行为就相对容易一些,因为拉格朗日量只依赖于那一时刻所有粒子的速度和位置。从拉格朗日量出发,对那些需要它的人来讲,能直接转化为哈密顿形式,并能用20世纪40年代早期人们惯用的方法得到量子力学。然而,这种含有超前和滞后(或者即使只有滞后的)相互作用的作用量,所涉及的关键的变量是属于两个不同时刻的,这只是因为当一个电子振动时,第二个电子的振动有个推迟。对于如何构造一个涉及两个不同时刻的合乎拉格朗日方程的量子力学形式,费恩曼(或其他任何人)并不完全明确。

在费恩曼正为这一难题而奋斗的1941年春天,一天晚上他去参加普林斯顿拿骚酒馆的一个啤酒晚会。正如他在诺贝尔奖获奖演说中回忆的,在那儿他和一位刚从欧洲来的物理学家耶勒(Herbert Jehle)交谈。耶勒问费恩曼在研究些什么,费恩曼告诉了他,最后费恩曼问道:"你知道有什么方法能从作用量出发来构造量子力学吗?这是指作用量的积分出现在量子力学中。"耶勒回答:"不知道。"但他确实知道8年前狄拉克发表了一篇晦涩难懂的论文,其中用了些拉格朗日量。他答应第二天把那篇论文指给费恩曼看。

第二天这两位物理学家一起去了普林斯顿大学图书馆,找到了《苏联物理学杂志》有关的那一卷(若没有人指出正确的方向费恩曼几乎找不到那个位置!)并一起看完狄拉克的那篇文章。这正是费恩曼要找的东西。在题为"量子力学中的拉格朗日量"的论文中,狄拉克指出,拉格朗日方法之于量子力学,类似于哈密顿方法之于经典力学,接着说拉格朗日方法似乎更基本,并指出在量子力学中找到经典力学拉格朗日量的对应物是多么地重要——这恰恰是费恩曼求之不得的。狄拉克在论文中接下来所描述的,是把量子系统某个时刻的波函数在时间上向前变动一点点,即把它变成在时间上相差一个无穷小量的另一时刻的波函数。这本身并不能说明很多东西,但物理学家们已习惯于处理这种无穷小量。这种无穷小量出现在微分方程中,从而能通过积分使它们在时间或空间上形成很大的(宏观的)量。狄拉克并没有做这些,他只是发现了一种将波函数在时间上做一无穷小变动的方法。但真正引起费恩曼注意的是狄拉克在论文中反复说他所用的函数"类似于"经典力学中的拉格朗日量。这里的用语不准确,并且晦涩难懂,很难让人明白狄拉克的用意。

"他是什么意思?"费恩曼问耶勒,"它们是类似的,这里的**类似**又是什么意思?这样一个词到底有什么用呢?"耶勒也不知道。"你们这些美国人!"他笑着说,"你们总是想找出每一件东西的用处!"费恩曼认为也许狄拉克是指这两种表达方式彼此等价,但耶勒不同意。为了搞清楚,费恩曼假定两表达式彼此相等,并用狄拉克文章中有关方程的最简形式来计算。这还是不太管用,他只好再放上一个比例常数,使得这两个表达式彼此成比例而不是恰好相等。果然,这么一来每件事就都顺当了,计算的结果使他最后得到了人们在量子力学中熟知的薛定谔方程。于是,他从黑板前转过身来说:"好了,你看,狄拉克教授的意思是指它们成正比。"对费恩曼这样的物理学家来说,"等价"和"成正比"一词或多或少是可替换的,因为两个数学表达式只要是成正比的,那么,一种表达式只是另一种表达式乘以一个常数,一个常数对方程的影响是如此平常,以至可以忽略它。

耶勒教授眼前一亮,他拿出一个小笔记本迅速地把这些从黑板上抄下来,并说道:"啊,啊,这真是一个重要的发现。你们美国人总是试图去找到有用的东西,这是发现新事物的一种很好的办法!"因此,我想我找到了狄拉克所指的东西,事实上,我发现狄拉克所想的类似,其实是等价。到此为止,至少我找到了拉格朗日量与量子力学的联系,但仍然用到波函数和无穷小时间。[8]

1946年,费恩曼有机会弄清楚狄拉克"类似"一词的真正含义了。1946年秋天,狄拉克和费恩曼两人都出席了普林斯顿大学200周年校庆,费恩曼抓住这个机会向狄拉克提到了1933年的那篇论文。狄拉克还记得那篇论文吗?"是的。"狄拉克回答道。费恩曼讲述了其中涉及的函数。"你知道吗? 它们不仅是类似,而且是等价,或者说是成正比。"狄拉克回答:"是那样吗?"费恩曼说:"是的。"狄拉克接着说:"噢,那太有趣了。"在费恩曼告诉他之前,他确实不知道他在1933年的那篇论文中所描述的量正是所要找的拉格朗日量,它乃是重新理解量子物理学的理论基础。[9]

和耶勒一起读完狄拉克的那篇旧论文之后没几天,费恩曼头脑闪现的一个念头,促使他用这种拉格朗日量去解决涉及复合时空中事件的路径问题,即用一个有限间距取代一个无穷小间距。这些四维的轨迹即是所知的世界线,通过想像能把它表示成一个二维图,此时,三维

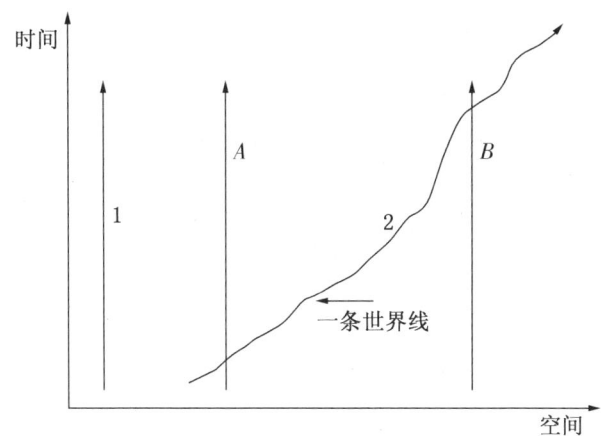

图6 这是一个时空图。用"纵轴"表示时间、"横轴"表示空间,物理学家可以用简单的几何形式表示粒子如何通过时空运动。粒子1固定在一个位置,只沿时间方向运动(变老)。粒子2的旅程是,在不同的时刻通过A点和B点。

空间被压缩成"横越纸页"的单一方向,而把时间分出来用"沿纸向上"的竖线来代表(见图6)。这个图上的一条线代表粒子经历一定的时间从A运动到B以及此前此后的历史。一天费恩曼躺在床上难以入睡,[10]他的这个想法使你不得不考虑一个粒子能从A走到B的每一条可能的路径,即每一种可能的"历史"。A与B之间的相互作用可以表示成联系这两个事件的所有可能路径的贡献之和。

理由很明显,这就成了人们所知的量子力学的"历史累加"或者"路径积分"的方法。有助于思考这个问题的一种方法,虽说不完全精确,是将它与最小作用量的思想做一比较。最小作用量原理是沿着单一轨道积分(或说累加),而路径积分方法是扩展到它所包含的一切可能的轨迹,把所有这些路径累加(积分)在一起,而不只是沿一条路径积分。我们将在第六章介绍费恩曼后来的工作时更充分地解释这种技巧。正如费恩曼在诺贝尔奖获奖演说中提到的:"某一时刻的波函数与另一个有限时间间隔后的波函数之间的联系可以通过无限多重积分而得到。"这种无穷大对数学家来讲不成问题,因为(这不像被零除)建立微积分就是为了处理这一类东西。因此,当你把无穷多个无穷小量累加(积分)起来之后,方程会给你一个有限的答案。"终于,"费恩曼说,"我成功地直接用作用量表达了量子力学。"尽管这种表述是用波动方程的思想为指导建立起来的,但一旦结构就位,脚手架就会消失得踪迹全无,留下一个全新的量子力学表述。

这种新的世界绘景是建立在振幅的思想之上的。粒子从时空中的一点运动到另一点的每一条可能的路径对应于一个数,费恩曼称之为振幅。这个数涉及乘以某一确定常数的作用量,而该常数则包含着数学上的i,即-1的平方根,因此称为复数。

对于一个复数,重要的是它有两个部分,这可以用小箭头的形式来思考。一个箭头有确定的长度,并指向确定的方向。对复数而言,长度和方向就是它的全部,其中一部分附加上i这个数而使两部分保持分立。一个小箭头代表一个复数。通过将小箭头首尾相连你可以把它们加起来,但每一个连接的箭头要转一个适当的角度(以便它指向正确的方向),然后从第一个箭头的尾部向最后一个箭头的头部画一个新的箭头,这就给出了代表所有小箭头之和的这个箭头的长度和方向。箭头的方向也和波的相位有关。如果你将箭头想像成一个轮子的条辐,它绕着一个固定的点旋转,轮子旋转时,箭头的尖端所指的方向就像波一样时而上时而下。当箭头垂直向上时,对应于波峰。当轮子转90°后,箭头变成水平的。又转过一个90°之后,箭头垂直向下,对应于波谷。再转90°之后,又成为水平方向,再转过最后的90°,就形成一个圆圈而回到初始的位置。因此两个波彼此同步的程度,即它们在步幅上有多么接近,可以用两个指向略有(或相当)不同的小箭头的方式来描述,或者也可以用复数形式来描述。

粒子遵循某一特定历史进程的概率由振幅的平方给出,粒子从A到B的概率可由振幅之和的平方得到。

不管耶勒评论"你们这些美国人"的态度如何,费恩曼并没有立即试图去找到其中任何有用的东西。他没有把他的发现用于他论文中的实际问题,而是写下了他的量子力学新方法的普遍原则,并发展了他的数学形式。正如我们所看到的,此时他的大脑中有许多其他的事情,包括阿琳的健康状况以及他的有关战争的事务,到1942年春天他的论文写完之时,他主要关心的就只是在论文中写下足够的东西以使博士学位的评委们满意。基于以上所有这些因素,直到1948年,量子力学的路径积分方法才在《现代物理评论》月刊上发表,而为那些对此感兴趣的人所周知。正如我们将在第六章中讨论的,就在20世纪40年代末期,这种新方法在解决量子电动力学问题中取得了可喜的成功。也许是由于这些原因,费恩曼的博士论文[11]本身的重要性有时被忽视了,在我们进一步察看所有那些使量子电动力学理论推迟完成的事件之前,值得在此强调一下它的价值。

量子力学的奇特处之一是,就在20世纪20年代中期从它一开始被发明(或说发现)的那一刻起,对量子世界就有两种截然不同的描述。一种是薛定谔的方法,基于波;另一种是海森伯的方法,基于粒子。[12] 量子力学的这两种形式已被(许多人,其中也包括狄拉克)证明彼此完全等价,但大多数物理学家采用波动方程的形式(而且现在仍是如此),因为对那些一直接受波动方程教育的人来说,这种方法看起来既舒服又熟悉。现在,费恩曼找到了量子力学的第三种方法:基于作用量;可以论证,仅此一项就足以将费恩曼与薛定谔、海森伯和狄拉克这些物理学巨匠相提并论。在所有能够做比较的方面,这种方法能得出与其他两种形式的理论相同的答案,它甚至还能用来处理用波函数的方法所不能解决的问题。它应用起来比较简便,而且,通过拉格朗日量,对于理解从牛顿时代发展而来的经典力学,有着清晰的衔接。惠勒甚至称费恩曼的博士论文标志着"量子理论变得比经典理论更简单"的那一刻的到来。[13]

这绝不是事后才认识到的。在同样的回忆中,惠勒讲述了在费恩曼即将完成博士论文时的情景。一天,惠勒拜访爱因斯坦,他几乎情不自禁地告诉爱因斯坦一个消息:

> 费恩曼已经找到理解一个动力学系统从某一时刻的某一特定位形到稍后时刻的另一特定位形的概率振幅的优美图案。他把由初态到末态的每种可以想到的历史绝对同等地对待,而不管在这两者之间的这种运动是多么奇特。这些历史的贡献……在位相上不同。若撇开狄拉克因子$\hbar$,那么这种位相就是经典作用量的积分,而不是其他东西。这一方案进而又产生出标准量子理论中的一切。人们何曾奢望通过如此简单的方法来了解量子理论的全部呢!

确实,正如我们将在第六章中看到的,费恩曼的路径积分方法在描述经典力学时同样有效,以至于惠勒本人在那一年讲授经典力学这门研究生课程时都介绍了费恩曼的这一思想。这并不是说量子力学当真变得比经典力学更简单了,而是说使它们成为了同一系统或同一种世界观中的一部分。采用费恩曼的基于最小作用量原理的路径积分方法,在经典力学与量子力学之间,除了有数学上的微小调整之外,就不再有任何区别。实际上,用历史累加的方法,就有可能在从头(从在学校时起)讲授经典力学时,就把量子力学作为我们已熟悉的思想的一种直接而符合逻辑的发展来讲授。

但这种方法从未流行过,即使是在费恩曼提出这个见解半个世纪之后的今天,在世界各地的大学里,学生们仍是按老方式来学习经典力学,然后强迫他们的大脑接受一种新的思维模式,通过哈密顿方法和薛定谔方程来学量子力学。很多人到了知道费恩曼的方法的时候(如果他们知道的话),他们的大脑已被诸多这种或那种的力学所充斥,从而很难欣赏到它的简洁性,或者懊悔自己没有首先以费恩曼的方式来学习量子理论(以及经典理论!),否则就能节省很多时间而且事半功倍。费恩曼的方法并不是讲授物理的标准方式,就像贝塔麦克斯(Betamax)系统不是家用电视的标准模式、麦金托什(Macintosh)苹果机也不是个人电脑的标准一样。因为一个次级系统首先要立足市场,然后像其他事物一样通过克服惯性和阻抗以取得支配地位。当费恩曼得到了博士学位,离开普林斯顿去洛斯阿拉莫斯参加曼哈顿工程之时,任何一个物理学家在1942年所能想到的,即使再先进,也很难如此深远。

◇ 第五章

从洛斯阿拉莫斯到康奈尔

一旦决定研制原子弹，要做的第一件事就是获取足够数量的有爆炸潜力的物质——放射性物质。当一定种类的重元素原子核分裂为两个或多个较轻的原子核并释放能量时，这种突发的核裂变过程就会成为一颗原子弹。爆炸性链式反应的关键是，当一个原子核发生裂变时，它同时会放出两个或多个中子，这些中子又和其他原子核碰撞而使连锁分裂呈急剧增长之势。计算表明，对铀-235和钚-239这两种放射性元素，不论用哪一种，只要以恰当的方式和足够的数量放入一颗炸弹中，就应该发生爆炸性链式反应。

钚只能通过用亚原子粒子轰击铀的另一种更稳定的同位素铀-238来人工制造。铀-235和铀-238的区别仅在于铀-238的原子核中比铀-235多3个中子，但这足以使铀-238的原子核相对稳定。铀-238虽然也是放射性元素但它的寿命很长。铀-235的放射性极强且颇具爆炸性，但在自然界中总是以痕量与铀-238混合而存在，在1000个铀-238原子中，才有7个铀-235的原子。曼哈顿工程中采取了两种办法来做核弹：一是人工制造钚-239，二是从自然存在的铀中分离出铀-235。

在完成论文之前，费恩曼所参与的由威尔逊领导的普林斯顿工程小组，像其他几个小组一样，都是力图找到一种方法，以分离出足够数量的铀-235。由于工程进展很慢,使得费恩曼在1942年春天和初夏的那段时间能抽身去完成他的博士论文并得以完婚。1942年末,普林斯顿工程小组分离铀的方法被淘汰了,因为在加利福尼亚州的伯克利开发的一种技术得到赞许,而且取得了更快的进展。不过,和其他参加原子弹工程的研究者一样,普林斯顿小组的所有人都应邀搬往洛斯阿拉莫斯,那儿是为实际研制原子弹并准备投入使用而新建的秘密的研究中心。他们都签约参加工作,但在洛斯阿拉莫斯的实验室刚刚筹建的那几个月,他们只能坐等,真闲得无聊。

为了更好地利用时间,威尔逊找了几个较次要的问题让组里的成员来解决。他还派费恩曼去参观芝加哥的冶金学实验室,当时那是曼哈顿工程的核心,费米小组正在那儿建造当时称为原子反应堆的世界上第一个核反应堆。威尔逊希望费恩曼能得到这一绝密工程的尽可能多的信息。费恩曼就他的军事工作的回忆写过一篇题为"仰视洛斯阿拉莫斯"的文章。[1] 在那篇文章中,费恩曼回忆了威尔逊如何教他,让他到芝加哥的每一个研究小组去说,他自己将要和他们一起工作,请他们向他详细地解释某个问题,直到足以使他能着手工作。他的良知使他感到内疚,因为他原本就打算离开芝加哥,却没有任何东西回报他们。但实际并不是如此,威尔逊在挑选费恩曼做这个差使时就胸有成竹。费恩曼不仅获得了威尔逊需要的所有信息,而且所到之处,他都提出了有助于芝加哥工作的有价值的建议。在1988年发表的费恩曼的讣告中,[2] 费米的芝加哥小组的一位成员莫里森(Philip Morrison)回忆道,"我们都来会见了这位活跃的斗士,"他"没有令我们失望;他当场讲解了如何快速解答一个难为了一位聪明的计算人员达一个月之久的问题"。费恩曼讲这个故事时,是说他碰巧知道能解决这个问题的一种数学技巧,实际上相对其他人来讲,费恩曼除了具有数学天才以外,还具有一种一接触到某一问题就能马上领悟其要害的能力。这两种能力很快就在实践中得到了充分的运用。

曼哈顿工程在科学方面的领导者是奥本海默,他是位著名的物理学家,战前他的工作一方面包括对狄拉克方程的研究,另一方面是对现在称之为中子星和黑洞的这类天体的理论研究,那还是在这类天体被发现之前的30年。和费恩曼一样,奥本海默最终(于1967年)也死于癌症。据猜测,这可能与他战时接触放射性物质的工作有关,也有另一种说法,说奥本海默的喉癌更有可能是他不断吸烟的结果。

奥本海默是曼哈顿工程科学领导者的理想人选,为科学家与军事之间搭起了一座桥梁。他既有对该工程所需的科学上的透彻理解,又能密切地关心在洛斯阿拉莫斯的每一个人,而后者并不是无关紧要的。他对费恩曼也很关心,包括为阿琳在阿尔伯克基找一个供她居住的疗养院,以便离洛斯阿拉莫斯尽可能地近一些。费恩曼为他这种对个人生活的关心所深深感动,和组里的其他人一样,甘愿为"奥本"做任何事情。

离洛斯阿拉莫斯最近的火车站是新墨西哥州的拉米,普林斯顿的小组最终获准迁往新墨西哥州时,这个车站是他们的首到站。由于普林斯顿只是个小镇,因而当局担心如果所有物理学家同时离开那儿去往拉米,难免会引起公众的好奇。因此他们被告知到别处去买火车票,以免引起当地人的猜疑。和以前一样,费恩曼看待事物有他自己的方式。试想,如果别人都到别的镇上去买他们的车票,而在普林斯顿车站只有一个人——费恩曼,买一张去拉米的车票,那还会有问题吗?他这么想也就这么做了。售票处的人说:"噢,那么所有这些货都是你的喽!"这指的是从普林斯顿运往拉米的货箱,为准备托运这些木箱,组里用了几周的时间。至少,为了在普林斯顿买一张车票,费恩曼得解释所有这些货是给谁的。

费恩曼是出发前往洛斯阿拉莫斯的第一批科学家,他是1943年3

月 28 日和阿琳一起离开普林斯顿的。他们额外付款在火车上租了一个私人包间，把这个横越国土的漫长旅途当成是度假。迄今，他们的这桩婚事还未圆满，一方面是由于缺少机会，另一方面也担心会影响到阿琳的健康以及理查德染上结核病的可能性。阿琳希望这次旅行也许会有些像蜜月，但看来，也只是希望而已。[3]

费恩曼自己谈及在洛斯阿拉莫斯的时光时，主要是谈开玩笑和做游戏——他撬保险柜的英勇事迹和与保密检查员作斗争的事，都是他的典型事例。阿琳和梅尔维尔都经常用他们发明的但费恩曼却一无所知的密码给理查德写信，让他解开密码才能看懂这些信，这个游戏是让他好在工程紧张工作的间隙轻松一下。然而，保密检查员决不允许加有密码的信息出入洛斯阿拉莫斯！最终这种情况得到了解决，检查员同意这样做，前提是在每封来信中要有一个译码，以便检查员传递信件前可以读懂，而把信转给费恩曼时，是没有译码的。费恩曼在所有值得一乐的时候都会对官僚问题开有趣的玩笑。信件被进行保密检查这一事实是官方的秘密。因此，当费恩曼接到指令要他告诉阿琳不要在她的信中提及保密检查时，他马上给她写了封信，开头就是："上面指示我来告诉你，在你的信中不要提及保密检查。"当然检查员检查了这封信，结果，理查德只好亲自去告诉阿琳到底发生了什么。

这些玩笑和游戏看来未免孩子气，但这对费恩曼和他的同事们来讲是个重要的安全阀门，对费恩曼来讲尤其如此。费恩曼到洛斯阿拉莫斯时还未满 25 岁，在那儿，他有了另一个他称之为运气的机会。正巧在那段时间，很多大人物纷纷离开了那儿，工程的理论部负责人贝特正需要有人能尽快地提出一些想法。他来到费恩曼的办公室开始和他谈论物理学。像往常一样，一谈起物理学费恩曼就忘记了他在和谁谈话，对他们各自的地位也不在意。他告诉贝特，他的想法是异想天开，于是贝特为自己的意见作辩解，费恩曼又进而指出其中的错误，如此一直讨论到问题完全解决为止,就像当年他在普林斯顿和惠勒的辩论一样。对费恩曼的声誉已有所闻的贝特被打动了,他让费恩曼作理论部一个组的组长,领导另外四个搞研究的人。他是最年轻的组长,比其他组长小十来岁(1943年贝特本人37岁),在理论部里他也确实是做得最好的。

费恩曼在整个理论部成了解决麻烦问题的能手,即"万能博士"先生。由于他总是对机械的东西着迷,花了很多时间来修理计算机的机械部件(改进加法器)和打字机,直到贝特认为这是对他才能的一种浪费而命令他停下来为止。[4] 后来,工程中订了一种新型计算机,货从国际商用机器公司(IBM)装成很多箱子运来。费恩曼和一个同事把零件从箱中取出来并组装成一台台机器。一周后,IBM专门选派来组装并照看机器的一位工程师到了这里,他对贝特讲,他以前从没见过非专业人员竟能把机器组装起来而且运行得这么好。

可是,这些机器最初投入使用时,存在很多问题。用这些计算机的组长们为它们的技能而着迷,沉醉于玩它们,而计算为原子弹所需的重要数据这项真正的工作却被搁置一旁。为此,贝特采取的对策是派费恩曼去负责IBM机器,做理论计算组(当时理论部最重要的小组)的组长。"这个组很快就有效地工作了,我们迅速而可靠地得到了我们的答案。"[5]

费恩曼的能力同样为局外人所注意。最伟大的物理学家之一、量子理论的创始人玻尔来参观这一工程时,注意到了费恩曼在会上直接切入正题的实质性讲话方式。当玻尔再次来洛斯阿拉莫斯时,费恩曼接到玻尔的儿子打来的电话。他也是位物理学家,他请费恩曼在大会之前,于早上8点提前去见见这位大人物。玻尔用了几个小时,把他的想法讲了一遍。和往常一样,费恩曼用对任何物理学家都一样的方式打断了他,喊道:"你简直是发疯了!"同时指出玻尔错在何处。最终每件事都整理好了。"好吧，"玻尔说，"我想**现在**我们可以把那些大人物请来了。"小玻尔解释道，上次来访之后，老玻尔评论了费恩曼对讨论的贡献："他是唯一不怕我的人，只有他会指出我的想法是否有毛病。因此**下次**我们再讨论时，再找那些对任何事都只会说'是，是，是，玻尔博士'的人是不行的。我们下次先找那个人谈。"

做这一切的同时，理查德仍惦记着阿琳。每个星期，他搭便车（如果幸运的话，他可以借到汽车）到160千米（100英里）外的阿尔伯克基，在周六下午去看望她。他会在便宜的旅馆过夜，星期天上午再去看她一次，下午返回洛斯阿拉莫斯。他用长途旅行的时间思考量子力学，进一步发展他论文中的思想。令人惊讶的是，在如此的压力之下，只要有机会，他就忍不住会让保密检查员紧张一下，或是以别的可能的方式开开玩笑。

很多玩笑来自阿琳，有时会让理查德很尴尬。在《你干吗在乎》一书中，他讲述了她是如何提醒他注意自己的名言，别去介意别人怎么想。疗养院就在66国道边，这条路是横穿美国的干道，卡车从建筑物前面的草坪边飞驰而过。由于想尝试过正常的生活，阿琳通过邮购买来小的烧烤架，在大多数的周末，她让迪克到草坪上来，她穿戴上厨房用的围裙和帽子烤她的牛排。最初费恩曼反对这么做。可是，"**你介意别人怎么想吗？**"她用这句话来回敬他。在新墨西哥州过的第一个圣诞节，阿琳订了一批上面印有"圣诞节快乐，里克（Rich）和珀西（Putsy）贺"字样的精美贺卡，准备代表他们夫妇寄出去。可费恩曼认为，将这样不太正式的卡片寄给像奥本海默和贝特这样的要人不太合适，故持反对态度。但不管怎样，结果还是全部寄出去了。第二年，费恩曼和像贝特这样的资深科学家已经非常熟悉，阿琳拿了另外一些卡片给他看，上面写着"圣诞快乐、新年快乐，理查德·费恩曼和阿琳·费恩曼贺"。当费恩曼说他已不再在乎这些是否适当时，她又专门为这些要人做了另外一盒卡片,上面写有"R·P·费恩曼博士携太太敬贺"。贺卡寄出后,这种过于拘谨的圣诞问候让费恩曼难免受到同事们的取笑。[6]

当然,他的朋友们知道这只不过是玩笑而已。他们中的很多人都到疗养院看望了阿琳,连惠勒也在一次访问洛斯阿拉莫斯时抽时间约请了她,而且,任何能使她高兴的事他们都同样为之高兴。她总是很忙,自学中国书法,还给未来订了很多计划,设想着到那时迪克会成为真正的教授,他们还会生个取名叫唐纳德(Donald)的儿子。在《你干吗在乎》一书中,费恩曼解释说,在她那样的处境,这些憧憬毫不过分,而且他们"共度了美好的时光"。他感慨道,毕竟,谁都知道最终所有人都会死。对他们俩来讲,唯一不同的是,他们相处的时间是5年而不是50年。

"为什么我们这么不走运?上帝为我们做了些什么?我们因为做了什么该承受这些?"为什么要说诸如此类的话使自己悲哀呢?如果你明白现实如此,而且能从内心完全地接受它,那一切都是无所谓的,也是没办法的。这只是一些谁也不明白的事情。你的处境只是生活中的偶然而已。[7]

回到洛斯阿拉莫斯后,费恩曼又为自己赢得了另一个名声——教师。这主要是来自他在理论计算组的成功。他给组里的同事讲解了他们正在做的工作是怎么回事,从而使得这个组工作得相当好。操作机器的人多半是刚从中学毕业的新手,他们被召集到房间里,然后被告知用打孔的资料卡操作这些机器,根本就不知道这项工作到底是怎么回事。首要的一步是先请奥本海默准备好安全防卫特别许可证,接着费恩曼就可以放胆告诉他们有关这个工程的所有情况,以及他们所做的工作是如何重要等等,从而激发了他们的热情。他接手这个组之前的9个月,该组共解决了3个问题;而他接手以后的3个月却解决了9个问题,这可是同样的人用同样的机器,只是换了个新领导。

用于原子弹的铀已经在田纳西州的橡树岭真正地被分离出来了。同样,做此工作的那个工厂的工人们也不知道他们为何而做。而且工作进展得也是既缓慢又艰难。后来,洛斯阿拉莫斯小组的塞格雷(Emilio Segre)被派到橡树岭去查明其中的一些问题。在完成对工厂的基本检查的同时,使他震惊的是,他发现大量未经提纯的硝酸铀以溶液的形式保存在巨大的罐子里。如果纯的铀-235也如此保存,就会发生爆炸。负责橡树岭工程的军人只知道一定量的纯铀-235会导致爆炸(因此称之为临界质量),但他们却不懂得,通过水而被减速的中子在引起裂变时爆炸威力会大得多。哪怕是相当少的铀-235在这样的溶液中也仍然是危险的。

塞格雷把收集到的有关在橡树岭的铀是如何提纯如何存放的所有信息带回来了。洛斯阿拉莫斯的科学家们研究了这些信息,并制定出适当的保安程序。接下来,需要有人去橡树岭,给那儿的工作人员全都讲清楚。这件事,除了迪克·费恩曼之外还有谁行呢?他走之前,奥本海默告诉他怎样讲才能真正让人听得进去,如果在安全方面还有什么问题的话,那他只好这样说:"洛斯阿拉莫斯无法对橡树岭工厂的安全负责,除非……"这道符用起来真是效验如神。费恩曼到橡树岭讲解了每一件事,比如裂变是怎么回事、中子是个什么角色,以及它们在通过不同的物质时如何起作用等等。为避免过多的纯铀-235堆在一起,还对工厂做了重新设计。随之而来的是,劳动大军变得对此工程更加热情,工作效率也大大提高了。其中很多人感到,代表着洛斯阿拉莫斯小组的费恩曼,阻止了一场灾难性的事故,挽救了他们的生命。

从现代标准来看,洛斯阿拉莫斯小组在处理放射性物质时,对他们自身的安全并不是没有可怕的疏忽。诚然,他们小心地避免像铀-235和钚这样的物质达到临界质量。然而,当第一枚原子弹进行组装时,在处理这些高放射性的物质时只有极少的安全防范措施,在现在看来是

"违章的"。当然,那是战争年代,而且,当时放射性污染的危害也鲜为人知。可是,也许是出于需要,除了处理这些放射性物质的种种危险之外,在洛斯阿拉莫斯的一个房间里,有个镀银的小球一直放在显赫的位置上,以引起来访者注意。这个球是用钚做的,如今认为它是地球上毒性最大的物质之一。由于其有放射性,它摸起来是暖的,在海拔很高的洛斯阿拉莫斯,它比在海平面附近更暖一些,这是因为宇宙线撞击球内原子核而引起额外的裂变反应而导致的。事后来看,该小组的一些成员如果最终**不是**死于癌症的话,那倒会令人诧异。

假如早就具备现在的知识,也许费恩曼和他的同事们就会采取防范措施,从而能使他们的生命得以延长。但他们没有这方面的知识,用他自己的话说,他们的境遇"只是生活中的偶然"。同样,他也不可能做任何事情来挽救阿琳的生命。1945年初,费恩曼生活中的很多要素都到了危急的关头。曼哈顿工程本身已接近完成。与此同时,维持阿琳住院的费用开始成问题了。理查德在1945年4月24日写给"最亲爱的普齐(Putzie)"的信中,清楚地说明了他们的经济状况。他每月的收入是300美元,为了应付他自己最俭省的花费和阿琳在医院的账单,他们每月还需要300美元,而这只好取用阿琳的存款,当时存款已只剩下3300美元了。就是这样他们也只能再维持10个月,于是,理查德问道,是否到了"该卖掉戒指和钢琴的时候"了。[8] 他自己也表示要回食堂吃饭,这样每月能省15美元。阿琳变得消瘦了,事实上费恩曼已不可能再奢望她能维持到花完这点存款。

在这样的情况下,由于阿琳的恳求,他们终于圆房了。这是对不可避免的命运的最后一次抗争!阿琳这种不顾一切的努力,也许是想到,即使自己不能陪伴理查德度过一生,也要留给他一个孩子,一个他们俩一直双双渴望着的孩子!她下一次的月经恰好没有来,因对怀孕的憧憬而使她欣喜若狂。然而,她未曾怀孕,这乃是这种病的另一个症状。

她的健康状况继续恶化,以至严重到了有几个周末她请求理查德不要去看望她。5月,她的父亲经过漫长而艰难的战时旅行,从纽约来此看她最后一次。6月的一天,阿琳的父亲给洛斯阿拉莫斯的费恩曼打电话,说阿琳已近临终了。理查德从富克斯(Klaus Fuchs)那儿借了辆汽车及时赶到了阿尔伯克基,在阿琳去世时陪伴着她。第二天,他就返回洛斯阿拉莫斯埋头于他的工作。直到几个月后他在橡树岭一家商店的橱窗里看到一套漂亮的女装时,他才彻底地陷入悲痛之中:"想到阿琳会喜欢的,我心都碎了。"[9]

阿琳去世后不久,由于工程临近结束,费恩曼回法罗卡威小住了一段时间。他还住在那儿的时候,接到贝特发来的电报:"婴儿快降生了。"他飞回新墨西哥州时正好及时赶上了参加在特里尼蒂的试验,他所在的观察组离爆炸中心32千米开外。组中的每个人都发了一副深色的眼镜,以保护眼睛免受由爆炸而产生的紫外辐射的影响。费恩曼毕竟是费恩曼,他知道即使是普通玻璃也能阻挡紫外光,并且计算了爆炸产生的普通光不至于强到使眼睛受伤。因此他是通过一辆卡车的挡风玻璃来观察那次爆炸的——他成了地球上唯一的一个用裸眼观察第一次核爆炸的人。

顷刻间,组里的人欣喜若狂,他们的工作成功了。很久以后,人们才开始问一些为现在的历史学家所关注的问题。比如,时值德国已明显被击败而且并无来自日本的核威胁,再推进曼哈顿工程的道德问题,还有广岛和长崎的两颗原子弹是否该投下去的问题。费恩曼本人的逆反作用是既迅速又更具个性。这年末,年仅27岁的他在位于纽约州伊萨卡的康奈尔大学执教。他回忆道,大约在那段时间,有一次他坐在纽约城的一家餐馆里,计算了一颗与投到广岛的那颗大小相当的原子弹对这个城市的毁坏程度:

> 我沿街走过去，会看到人们正在修桥或是铺新路，我就想，他们真蠢，他们什么都不懂，他们不明白，为什么还要建新的？简直是徒劳。[10]

幸运的是，迄今为止，费恩曼所猜想的那场不可避免的核战争被证明是猜错了。可这个故事生动地表露了他作为一名"真正的教授"来康奈尔大学之初的内心世界。

他之所以选择了康奈尔大学，是因为贝特在那儿。时至1945年，他的名声足以使他有几个可以选择的职位（尽管看来他并未完全意识到他的"市面价值"）；可是在洛斯阿拉莫斯他已和贝特相处得很好，他被既是物理学家又是数学家的贝特在这两方面的技能深深打动，因为贝特比费恩曼知道更多的数学技巧和简便算法。从法律上讲，费恩曼的第一个学术职位是在威斯康星大学。在他得到博士学位后仍在普林斯顿参加原子弹工程期间，他接受过那里的一份工作，不过没有任何报酬，直到战争结束才终止。实际上他从未担任过这一职位。1943年10月底，贝特已迫使康奈尔大学与费恩曼签了约，于是他从1944年秋天起就有了一个职位，而且准许他在战争期间不在职（同样是没有报酬的）。费恩曼很高兴地接受了这个职位，后来他说，他未曾考虑过其他职位，只因他想和贝特在一起。

但这并不能阻止其他职位的接踵而来。这段往事中最为灰心的人是奥本海默，他想把费恩曼吸引到伯克利加利福尼亚大学他自己的研究基地。他的通信[11]表明了他的这一愿望是多么地强烈。在1943年11月4日他写给加利福尼亚大学伯克利分校物理系主任伯奇（Raymond Birge）的信中，奥本海默把费恩曼描述成：

> 那里最卓越的年轻物理学家，每个人都知道这一点。他是一个具有十分可爱的品格和个性的人，在所有方面都极其

精明、极其典型,他还是一个对物理学的所有方面都有强烈感情的出色教师……贝特说过,在现有工作中他宁可失去共事的任何其他两位同事也不愿失去费恩曼,维格纳也说:"他是第二个狄拉克,是当今独一无二的佼佼者。"

这还不足以让伯克利马上为费恩曼提供一个职位。6个月以后,在1944年5月26日,奥本海默仍然在用他自己的脑袋向着那里的官僚砖墙撞击:

> 大学对那些它们想在战后拥有的年轻人作些许诺,这并不是什么非常的事情……(费恩曼)不仅是个极其卓越的理论家,而且是个异常直率、富有责任心和满怀热情的人,是个才华横溢并善于讲解的教师,是个不知疲倦的工作者。他会以罕见的天赋和罕见的热情来进行物理教学……他正是我们伯克利期望已久的人,他会为整个物理系作出贡献,并将带来过去所缺乏的学术实力。

最后,伯克利真的为费恩曼提供了一个职位,可是他谢绝了,高高兴兴地去了康奈尔。尽管康奈尔校方并不知道费恩曼无意去任何别的地方,但从贝特那儿不时听到其他大学给他职位的传闻,其中包括伯克利。结果,当费恩曼还在洛斯阿拉莫斯时,就不时地接到通知,他的名义上的工资随之不断提升。到他真正到那里开始领取工资时,已涨到年薪3900美元。在1945年对这类工作来讲,这是相当高的工资了,很有希望达到年轻的费恩曼一向预期的年收入5000美元的目标。[12]

正如费恩曼在《别闹了》一书中所回忆的,他打算安定下来做个"有尊严的教授"的努力注定要失败。他离开洛斯阿拉莫斯比其他大多数物理学家要早,在1945年11月初就去康奈尔就职,在火车上他就开始备课,把他要教的东西列出了一个提纲。作为教授,他在教课方面不成问题,只是在"有尊严的"这一点上似乎从未达到过。最初,在没有他和阿琳一直期盼的家的情况下,他宁可选择过学校里的集体生活,也不去住单身公寓。他的生活方式和他在普林斯顿做研究生以及在麻省理工学院做大学生时几乎完全相同,只是现在他有很多有关战时经历的轶事可在吃饭时作为笑谈,他那"吸引人的性格"开始有了发展。仍然年轻而且看起来比实际年龄更年轻的费恩曼,试图通过参加大学生舞会来开始一种没有阿琳的新的社交生活,但使他困惑的是在那儿他和女士们的交往很少成功。原来,她们把他这位声称参加过原子弹工程的物理学教授看作是个无耻的吹牛大王,但当他不再提及战争并让她们把他看成是战争幸存士兵名单上的新大学生时,情况马上就好多了。

尽管如此,用费恩曼自己的标准看,他一度既孤独又郁闷。除了他自己,没有人这样看。很多年以后,贝特解释说:"郁闷的费恩曼比别人在如意时还要快乐一点。"[13]他的郁闷是可以理解的,一是因阿琳的去世,二是因紧张的战争岁月的结束,因为紧张的战争事务从一开始就吸引着他。在这种极端情况下,到康奈尔几个月之后的费恩曼,开始担心他已是筋疲力尽了。他认为自己再也不能考虑更多的基本物理问题了。接着,在1946年10月7日,梅尔维尔(他患高血压已很久)突然中风,第二天就去世了。在葬礼举办之后没多久,费恩曼给阿琳写了最后一封信。这封信他从没给任何人看过,直到他本人去世后,才在他的文章中发现了它。费恩曼在信中告诉阿琳,他是多么地爱她,没有她,生活是多么地空虚。他在信末加了句令人心碎的"又及":"请原谅我没有发出这封信——只因我不知道你的新地址。"[14]

在费恩曼心烦意乱并自觉精疲力竭的情况下,一些大学仍继续为他提供职位,其结果使他的薪水也不断地提高。在他给阿琳写最后一封信的几个月之后,即1947年初,一个提供给他的职位使得所有其他想提供职位的大学退避三舍。这个职位是普林斯顿高等研究院提供的。这个象牙塔止住了来自普通大学的喧哄。由于他们知道费恩曼嫌该院过于"理论化",于是就为他提供了一个特别类型的职位,让费恩曼能用一半时间在研究院搞研究,而另一半时间则在普林斯顿大学当教授。这是个理想的职位,用费恩曼的话说就是:"甚至比爱因斯坦的位置还要好"。并且,薪水也很可观。总而言之,他在《别闹了》一书中写道:"这是理想的,是美妙的,也是荒唐可笑的!"

当时,他觉得所有的事情都是荒谬的。没有人能按照别人所期望的那样去做。他当然也不能,因此他不打算再作尝试。

就在当天,也许是因为偶然听到费恩曼和同事们谈论这些,威尔逊,当时是康奈尔大学原子核研究实验室主任,打电话把费恩曼叫到他的办公室并告诉费恩曼,不要为研究的事过分担心。后来等费恩曼解释时,他说:"你的课教得很好,你正在从事一件富有意义的工作,我们都满意。我们可能有的其他期望都只是个运气问题。我们每聘请一位教授,我们都要冒极大的风险。好则罢了,如果不好的话,那就很糟糕。但你不必挂虑你在做什么,或者不做什么。"[15]

因此,费恩曼从提出辉煌的新思想的责任中正式地得以解脱。他也已给父亲送了终,还给阿琳写了最后一封信。1947年春,他回忆起他过去是多么喜欢搞物理,那纯粹是一种消遣而没有不合意的时候。他认为他所做的是一份舒适的工作,生活有保障,又能教他喜欢的课程。他不必再去找更多的要解决的大问题,而代之以从前惯用的方式,为了消遣而玩赏物理。

几天后,当一个学生与周围的人逗乐,把盘子抛到空中,像现代的塑料飞碟那样旋转时,他正在自助餐厅。和所有盘子一样,上面有红色的康奈尔校徽,费恩曼注意到当盘子一边晃动一边旋转时,校徽旋转的速度和晃动的速度不同。这引起了他的好奇,觉得好玩,他就开始着手计算晃动和旋转的关系,发现其中有一个准确的比值,2∶1,这个结果是从一个复杂的方程得来的*。他把这个消息告诉了贝特。贝特问他为什么要做这件事,费恩曼回答说,这件事一点也不重要,只是因为好玩。

可是,他错了。正如他在潜意识里始终意识到的,他在推进他的论文工作中受阻的大问题就是如何计算所涉及的电子的自旋效应。费恩曼用来计算旋转盘子的振动方程就直接和那个问题有关。当他了解到这一点时,他轻而易举地给老问题赋予新创意。他在《别闹了》一书中说:"这就像一个没盖盖儿的瓶子,每样东西都可以毫不费力地从里面流出来。"物理学又成了娱乐,而且"我获得诺贝尔奖的整个工作都得益于那个晃动的盘子之类的不起眼的小玩意。"

其实,这件事并非真是那么简单和那么迅速。费恩曼赢得诺贝尔奖的这项工作的进程实际上可用三次杰出科学家集会的有关事件来标记。三次会议先后在1947年春和随后的两年召开,每次都是由奥本海默代表美国科学院组织的。

第一次会议于1947年6月2日至4日在长岛顶端的谢尔特岛拉姆斯赫德酒店举行。会议的正式主题是"量子力学和电子问题",而在科学史上传下来时仅称为"谢尔特岛会议"。这是费恩曼在和平时期第一次有幸参加这种有诸多一流物理学家出席的科学集会。与会者仅24人,其规模小到足以做些真正的工作。这种集会的方式使人联想到曼哈顿工程中的那些产生绝妙主意的会议。在这次大人物的集会中,除了费恩曼,还有一位聪明的年轻人施温格尔(Julian Schwinger),他是哈佛大学的教授。施温格尔和费恩曼同年(他出生于1918年2月12日,也是在纽约城,比费恩曼早3个月),而且他是个有名的天才,已有一连

---

* 在《别闹了》一书中,费恩曼给的比值的顺序错了,2:1是旋转:晃动而不是晃动:旋转,而且盘子上的康奈尔校徽可能实际上是蓝色而不是红色的。和费恩曼所有的轶事一样,这些细节确切与否没有关系,其寓意都是清楚的。——译者

串他署名的论文发表。实际上,他在18岁时即在1936年(从哥伦比亚大学)毕业**之前**,就完成了后来以此写博士论文的工作。

在谢尔特岛会议上的讨论热点乃是几周前,即4月底,由兰姆(Willis Lamb)及其同事拉瑟福德(Robert Retherford)在哥伦比亚大学的实验中发现的。他们所用的微波束探测技术,是从兰姆在第二次世界大战时用于雷达的一项技术直接发展起来的。后来他们用微波束来测量氢原子中的电子的能级。实际上,他们测量了各个能级之间的能量差。按照狄拉克的理论,氢原子的一个电子可以有能量完全相同的两种量子态,类似于在同一个梯级上有一个双重的台阶。但兰姆发现,两者中有一个量子态的能量比狄拉克理论的预言值略高一些,因此在这两个能级间有个微小的能级分裂。有一个能级轻微地移位了,好比梯级中这对本应一般高的台阶却有一个比另一个稍微高了一点。后来称这个现象为兰姆移位。谢尔特岛会议上的这些信息都是直接得来的,因为兰姆也是与会者之一。几乎同样富于戏剧性的发现,即电子磁矩的精确测量,由拉比向会议作了报告,但由于兰姆的工作而显得有些黯淡。不久后,(正如我们将在第六章中看到的)这也在量子电动力学的发展中扮演了重要的角色。

从某种意义上讲,兰姆移位的发现暗示了狄拉克理论不够完善。但是物理学家们已经知道这一点了,这是从他们试图计算电子在电磁场中的自相互作用时,无穷大进入量子电动力学(QED)的方式而获悉的。如果源于自相互作用的无穷大项是真实的话,那么,不管它的意义可能是什么,它会对应一个无穷大的"兰姆移位"。因此,在另一种意义上讲,兰姆的工作表明狄拉克的理论毕竟还不太糟糕,因为与实验不符的,远不是无穷大,而是一个对应于非常小的能级移位的很小的数。如果兰姆发现的移位是零,那就意味着狄拉克完全正确,这就会让我们面对的都是已知的东西,从那种意义上来讲就是一个坏消息。可是兰姆移位告诉在谢尔特岛的物理学家,他们必须要努力去找的不是零或者无穷大,而只是一个很小的有限的而且现在已经准确知道了的一个量。他们认为,他们应该能处理这个量,能把真正的数目放在面前的桌子上,也许最终有机会从量子电动力学中弄清它的意义。

和其他与会者一样,费恩曼对会议也有贡献,讲了有关他的量子力学的时空方法和路径积分。但和其他大多数与会者一样,这份贡献(只是他论文工作的总结)和兰姆移位的轰动新闻掺和在一起并没有产生什么影响。重要的问题是,量子理论是否能预言能级改变的正确数量呢?

当时,贝特有个暑期工作,在纽约州的斯克内克塔迪的通用电器公司的研究实验室当顾问。在谢尔特岛会议散会的当即,当他还在从纽约到斯克内克塔迪的火车上时,就做了兰姆移位的第一次计算,虽然不是很好但很有启发性。看来贝特喜欢在火车上工作。还是在1938年,也是相似的环境下,参加华盛顿特区的会议后在返回康奈尔的火车上,他解决了原子核裂变反应如何使太阳保持灼热的问题(他因此项工作荣获了诺贝尔奖)。现在,他找到了一种技巧,能摆脱量子电动力学中的无穷大,只剩下一个对应于兰姆移位的小而有限的相互作用量。这里隐伏着一个困难,因为在解决这个问题的第一个回合中,他没有考虑相对论效应,只对移位做了非相对论的计算。但这仍是向正确方向迈进了一大步。

实际上,贝特所做的就是计算氢原子中电子的能量,结果是通常的无穷大加上一个因附近的原子核(在此例中就是单个质子)之存在而引起的一个修正值。然后,他从中减去一个自由电子的能量,即无穷大量,而只剩下能量移位所要求的那个修正值。这种称为"重正化"的方法,最初源自荷兰物理学家克拉默斯(Hendrik Kramers,谢尔特岛会议的另一名参加者)在解决量子理论中另一个无穷大问题时的工作,不过无济于事。无穷大是个滑稽的东西。无穷大加一个小量仍是无穷大,而且在某种程度上你可能会认为贝特所做的两数相减(无穷大加一小量再减去无穷大)应该得零。另一方面,你可以设想通过把所有现有的整数相加来"制造"无穷大,再将每个整数加倍后再相加制造另一个无穷大。奇怪的是,第二个无穷大居然比第一个小,因为它只包含了偶数,而第一个无穷大既包含了所有偶数也包含了所有奇数。如果你从第一个无穷大中减去第二个无穷大,这时你得到的又是一个无穷大,即只剩下所有奇数之和。实际上数学家可以通过无穷大与无穷大相减而得出几乎是你想要的任何结果。事实上,正如贝特所发现的,确实可以用这种方法让量子方程中的无穷大相互抵消掉,从而给出兰姆移位的正确答案。这一点,在一些人眼中是奇迹,在另一些人眼中是诡计,而在多数物理学家看来,这是贝特对这个世界运作方式的一个基本发现,尽管他们并不太清楚这个发现究竟是什么(当今的物理学大体上仍处于这样的水平上)。

这一发现突出了贝特工作的一大特色。他抓住一种合适的理论,把它给出的某一个数与实验相联系,并用其中的细微之差攻其要害,直到要么它崩溃,要么迫使它与实验一致。从这一点来看,费恩曼的主要弱点在于,他发展了处理量子理论的一种全新的方法,但从未尝试过用它来计算能与实验相比较的一些数。他仍然没有从偶然结识的耶勒那儿吸取教益。此外,这种费恩曼形式的量子理论的最大特点,就是在其中引入了相对论,用行话来讲,即它是相对论性不变的。当贝特做的事一传开,许多物理学家就试图寻找一种方法,去发展所需方程的相对论形式。费恩曼最初是在贝特从斯克内克塔迪打来的一个很兴奋的电话中听到这一消息的,但他并未马上理解到它的重要性。[16]只是在贝特返回康奈尔大学就此发现作了一个正式的报告,并在报告的结尾处指出了相对论性不变形式对于计算的必要性之后,费恩曼才完全醒悟。报告一结束,费恩曼就找到贝特说:"我可以为你做到这一点,明天我给你讲我的方法。"[17]

尽管如此,费恩曼甚至还没有用他那漂亮的新方法去算过电子的自能。第一次,[18] 他在普通电动力学中用了路径积分的方法,而没有用半超前和半滞后公式。这一理论虽已足够明晰,但费恩曼在此之前从未像这次这样尝试一下用它去做任何事。结果,当他第二天和贝特一起试图用它来解决兰姆移位问题时,他莫名其妙地犯了一个错误,当他们做重正化时,无穷大却不能抵消(换句话说,方程是发散的)。他只好回到房间,为这个问题绞尽脑汁,在接下来的几个月中,一直是钻研如何计算自能和所有那些被他忽视的问题。然后再来解决兰姆移位的问题。终于有了这么一天,计算结果是对的,无穷大也消失了,用行话来讲就是方程收敛了,而用的就是正确的重正化方法。这是1947年初秋的事。领略了这一新工具的威力之后,费恩曼开始着手计算所遇到的每一样东西。那三次重要会议中的第二次,即波科诺会议,在1948年4月召开,此时,他已做完了他荣获诺贝尔奖的那项工作的全部事情,其中包括把正电子看作在时间上往回走的电子的最新讨论,不过,对一向习惯于用哈密顿方法和薛定谔方程的物理学家来讲,这些材料的形式还不能马上为他们所理解。

1947年11月12日,费恩曼在普林斯顿高等研究院报告了他的新工作的一部分内容。狄拉克也是听众,而且与会者中有个人在给同事的信中写道:"狄拉克被费恩曼深深地打动了,并且认为他做了些有意思的事情。"[19] 但就赏识费恩曼的新工作而言,狄拉克那时尚属少数派。

对于大多数物理学家来说,在量子电动力学方面的下一个激动人心的进展来自施温格尔,他于1948年1月在纽约召开的美国物理学会年会上以相对论性不变形式介绍了他的有关兰姆移位的计算方式。他还计算出了所谓电子磁矩的重要性质,以及与狄拉克方程预言值的偏离程度。许多物理学家想听他的演讲,以至于当天下午他不得不重复讲了一遍。费恩曼也在听众席中,施温格尔讲完后费恩曼站起来说,他用不同的方法也得到了同样的结果(在一种情况下,比施温格尔还更进了一步)。后来他为此后悔了。施温格尔当时比费恩曼更为人们所熟知(因为费恩曼自本科生毕业论文后就几乎没有发表过什么东西,就是他在博士论文中的工作也只是1948年才发表在《现代物理学评论》月刊上,而这一点并非无关紧要),而且费恩曼觉得他的评论用的简直是一个小孩说"我也行"的口气,而当时他只是想说,如果两个独立的算法给出相同的答案,那么这个结果一定是对的。[20] 尽管如此,在费恩曼自己看来,这仍是一个重要的时刻,因为如果他得到和施温格尔相同的结果,这就意味着他的路子确实是走对了。当然,存在着竞争的要素,对此,费恩曼的感觉尤其强烈,因为他是两人中被人知之较少的一个。他想赶上施温格尔,还要超过他。但最重要的是,他要解决量子电动力学的难题,哪怕施温格尔先他一步都无所谓,就像很久以前他为了自我满足而解数学难题一样,从不担心古希腊数学家是否早已解决了那些问题。

然而,施温格尔的问题是,他的工作太复杂了,很难被人领会。这一方面来自于哈密顿方法本身,另一方面,很多物理学家觉得这是由于施温格尔本人对数学过于偏爱。如果有两种方法来证明数学上的某一问题,似乎施温格尔总会选择更优美更复杂的那种,以此炫耀他的博学。因此,在他的量子电动力学形式中,含有数以百计的方程和借助于高超的数学技巧所做的准确推导,但很少有贝特所热衷的那种与物理学相关联的点睛之笔。施温格尔是方程艺术的能手,但对任何缺乏他那种精湛技艺的人来说,常常很难揣测他的答案从何而来。无论如何,他的伟大胜利,是对搞量子力学的老方法的最终的无情抛弃,这一胜利是1948年3月30日至4月2日在宾夕法尼亚州波科诺山脉的波科诺庄园酒店举行的会议上取得的。

这次有28名物理学家到会。施温格尔花了几乎一整天的时间给他们初步介绍了相对论性不变的量子电动力学的整个理论。没什么人提问,因为在座的没人有足够的数学技巧来找出论题中的缺陷,所以即使有缺陷也不会有人问。但每个人都同意这是一个胜利。接着,还差7个星期就满30岁的费恩曼作了题目是"量子电动力学的另一种阐述"的演讲。部分原因是由于贝特的建议——贝特已经注意到施温格尔的方程是多么令听众吃惊从而导致沉默,费恩曼犯了一个错误,他没有从他所熟知和喜爱的物理学出发,而是从数学的角度来介绍他这种形式的量子电动力学。费恩曼的方法既新颖又陌生,没人能理解。当他讲到电子在时间上前行或倒退时,他们全都迷惑了。这没法交流。最后,他不再讲下去。他知道自己是对的,他的理论和施温格尔的一样好,可莫名其妙的是他不能把它讲得让别人听懂。他决定回康奈尔把它全部写下来去发表,以便他们可以从经过周密考虑的印刷品中来研究它。[21]

然而对费恩曼来讲,波科诺会议决非是一次灾难。在正式报告的间隙、午餐、喝咖啡以及任何可能的聚集时间,他都和施温格尔交换意见。他们两人谁也没有真正理解对方所做的工作,但彼此信任、彼此尊敬。对他们处理的每一个相同的问题,他们得到的都是相同的答案:

> 我们以完全不同的方式处理事情,可得到的都是相同的结果。因此毋庸置疑,我相信我是对的,而且一切顺利。[22]

对费恩曼和施温格尔来说,他们的方程两次示人以一个相同的东西,这意味着它一定是对的。在刘易斯·卡罗尔(Lewis Carroll)的《寻猎蛇鲨》一书中,就有"我告诉你三次的东西就是真的。"第三次讲述量子电动力学的故事,就要以一种惊人的方式开场。

奥本海默当时是高等研究院的院长,开完波科诺会议返回普林斯顿时,他发现有一封信和一包科学论文正等着他。这些东西来自一位名叫朝永振一郎(Shin'ichiro Tomonaga)的日本物理学家,他在满目疮痍的战争年代和战后的东京这种极为恶劣的条件下，又完全与西方科学家断绝联系时已得出与施温格尔的量子电动力学基本相同的形式。这个不可思议的成就已由施维伯（Silvan Schweber）在他的《量子电动力学及其创造者》一书中做了详细的描述。朝永振一郎不仅得到了比施温格尔的形式略微简单的量子电动力学（如果需要的话，这是施温格尔有时对不必要的复杂化有所偏爱的一个例证），而且他实际上还是这三位物理学家中第一个完成这一理论的人。

物理学界已经三次被告知量子电动力学的正确性，那它就真是正确的。作为一种最简洁的方式，作为一种对传统的突破，而不是旧日辉煌的最后一现，这种费恩曼形式的量子电动力学是如何迅速获得认可，这一伟大的新思想的萌芽又是如何生长起来的呢？波科诺会议后，费恩曼真正开始用一系列明晰而又深刻的论文发表了他的工作。但他的那些东西之所以能为广泛的读者所理解，主要还应归功于普林斯顿的另一位数学天才，他就是英国人戴森。施温格尔因在获得理学士学位之前就完成了博士论文的工作，从而证明了他的天才；而戴森在完成博士论文之前就（最终）成了高等研究院的一员，也以同样令人刮目的方式证明了他的不同凡响。

戴森生于1923年，从剑桥大学毕业后，他在英国战时轰炸机指挥部做对德轰炸战役战斗力的统计研究。这是双重徒劳的做法，除了是对戴森数学才能的浪费之外，不久他还发现（尽管他从来不曾有机会使他的上司相信这一点），这种轰炸效果在很大程度上被误导了，对那些被派去执行不可能完成的轰炸任务的没有经验的空勤人员来讲，这是对他们生命的一种浪费。1947年9月，他成了康奈尔大学物理系的一名研究生，在贝特手下工作，处在一个理想的位置上，注视着随后几个月里量子电动力学的戏剧性发展。他常常讲这个故事，大部分名人都被写在他的《宇宙波澜》[23]一书中，下面的叙述大部分引自该书。

贝特给戴森布置的第一项任务是重做贝特对零自旋电子(一种假设的简化物)兰姆移位的计算,这种计算是在满足狭义相对论(对应于考虑自旋)的要求下以一种特定形式进行的。这并未赋予量子世界以新的见解,经过几百页纸的计算,最终戴森以他所说的"仿制品"而结束了这一工作。这对贝特的计算并没有真正的改善,只是或多或少地给出了正确的答案。与贝特和戴森解释兰姆移位的工作很相似的是玻尔的原子模型,即在某种特定的基础上将一些思想拼凑起来,它勉强说得过去,但对其中的事理给不出更深刻的见解。可是,戴森用于计算的这段时间,正好熟睹当时量子物理学进展中的前沿,是非常值得的。戴森作为一名研究人员由于资历太浅而未能出席波科诺会议,但他已清楚地意识到费恩曼是"我们系里最有活力的人",后者"拒绝接受任何人对任何事的诺言",而且已着手"去重新建立量子力学"。

戴森不久就了解到,费恩曼用他自己的新的量子力学,能解决贝特用旧方法所能解决的每一个问题,而且都得到相同的答案。可费恩曼还能解决用旧的量子力学无法处理的许多问题。"对我来说很明显,迪克的理论一定从根本上就是正确的。我确定,在完成汉斯的计算之后,我的主要工作必定是去理解迪克,并且用世界上其他人能懂的语言来解释他的思想。"

看来戴森没有机会来做这件事了,因为在康奈尔大学一年之后,他被安排到高等研究院和奥本海默一起做一年的研究工作。这使得他只剩下几个月的时间来努力领会费恩曼的工作。他尽可能多地去会见费恩曼,而且很乐于接受费恩曼对待来访者的方式。如果他不想被别人打搅,他就会嚷:"走开,我忙着哪!"但如果他让你走进他的办公室,那就是说他确实有时间来谈话。他们谈论费恩曼的理论有时长达几个小时,等到戴森开始感到他已初步(仅仅是初步)抓住了这一理论的要点,他在康奈尔的时间也已临近结束了。

戴森领会到,普通物理学家想要抓住费恩曼的思路之所以有困难,其原因在于费恩曼是以形象化的方式来思考的。他有一种关于世界如何运作的物理绘景,这种绘景给予他一种见解,从而不必写很多方程就能解决复杂的问题。在一次和施维伯的会晤中,[24]费恩曼说:

> 这种或那种形式的形象化是我思维的极其重要的部分……那种和符号混在一起的杂乱的模糊形式。因为它并不清楚,所以很难解释。比如,我的原子,当我思考一个在原子中自旋的电子时,我就看见一个原子,同时还看见一个矢量和一个 Ψ,它们或是写在另外某个地方,或是以某种方式与那个原子混合在一起,还有一个和许多 x 混在一起的振幅……它真是栩栩如生……是以一种模糊的方式缠绕在物体周围的数学表达式的混合物。因此,我看见的始终是与我正做的事情紧密相连的形象化的东西。

在《你干吗在乎》一书中,费恩曼又一次力图说明他是如何进行物理学思考的:

> 当我看方程时,我不知道为什么看到的是彩色的字母。当我对人讲的时候,我看到了扬克(Jahnke)和昂德(Emde)书中的贝塞尔函数,它们成了一些模糊的图像,有浅棕黄色的 j、淡蓝紫色的 n 和深棕色的 x 在四周飞舞。我想,这在学生们眼中将会是何等的可怕。

另一个也采用形象化思维方式的伟大物理学家是爱因斯坦,他的那些一个人坐在一束光上或在断缆的电梯里坠落的画面,似乎比费恩曼的更明快也更现实。

康奈尔的这个学期在6月份就结束了,而此时戴森还并未真正理解费恩曼的新量子理论。多亏了贝特,他才有机会去安阿伯的密歇根大学参加一个暑期讲习班。这是自1930年以来一系列著名会议中的最近的一次，施温格尔将在此全面地讲解他那套量子电动力学。在暑期讲习班开始前，戴森还有两周的时间可以消磨，当费恩曼邀请他一同驱车去新墨西哥州时，戴森迅速地抓住了这个机会。

这次回阿尔伯克基是因为一个女孩，她是阿琳去世后和费恩曼约会过的一位年轻女子。一度，费恩曼以为有了这个女子后也许他能平静下来。戴森在写给住在英国的父母的信中，[25]提到了个中的难处："这个女孩是个天主教徒。你们可以想像由此而带来的所有麻烦，为了拯救他的灵魂他自己也得变成一名天主教徒，而这是费恩曼不能做的事。"

至于爱情之旅，那简直是浪费时间。原来，费恩曼和这个女孩不再像当初那样彼此吸引了，婚姻问题也从未认真提起过。在去阿尔伯克基的路上戴森有四整天时间和费恩曼单独在一起（也会偶尔有搭他们便车的人），两人讨论着人生和物理学。在俄克拉何马州的中部，他们遇上了大雨，汹涌的洪水使他们无法前行，只好在一个叫维尼塔的地方停下来找房间过夜。镇上住满了普通的游人，所有的旅店都爆满。可是费恩曼并不担心。他去看望阿琳的那些日子，他要找尽可能便宜又离她近的住处过夜，他知道这时该怎么办，最后在一家妓院找到一个房间，每人花50美分。

雨不停地下，附近房间的女子们不停地忙着做她们的生意，想在那样的晚上睡觉是没什么指望的，但这两个旅行者仅仅因为暖和和干爽就很高兴了。他们谈了个通宵，确切些说，是费恩曼讲而戴森主要是听。他讲他的阿琳，讲他的原子弹的工作。接着他们谈到物理学以及迪克将时空中的量子过程形象化的方式。戴森明白了费恩曼的历史累加理论"正是年轻的爱因斯坦的精神"。但"除迪克本人之外，没人能使用他的这种理论，因为在运用这一理论时，他常常要借助他的直觉来制定游戏规则。在这些规则没有整理好且未达到数学上的精确之前，我几乎不能称其为理论"[26]。

第二天雨小了，路也通行了。在阿尔伯克基他们彼此道别，戴森乘"灰狗"汽车返回东部，踏上了去安阿伯的舒适的旅途，陶醉于初次独自穿越美国的体验之中。在安阿伯的五周中，他在听演讲的同时结交了很多新朋友，还设法与施温格尔在一起详细地讨论后者的理论。最后，"对于施温格尔的理论，我和其他能理解它的人一样理解了它，只不过可能不是以施温格尔本人的方式。"戴森从安阿伯乘"灰狗"穿越美国又返回旧金山度假。到了9月初，是再次向东去普林斯顿的时候了。经过三昼夜连续的旅行，他才到芝加哥。没有人可以谈话，路也颠簸得厉害，叫人难以入睡，于是他：

> 向着窗外望了一会儿，渐渐就舒舒服服地迷糊起来了。这是在我穿越内布拉斯加悠闲地打发时日的第三天，有些事突然间发生了。我已有两周没思考物理学了，此刻它就像爆炸般地突然涌进我的意识之中。费恩曼的图像和施温格尔的方程开始以前所未有的清晰在我的脑子里自动地理顺了。我第一次能将它们放在一起。经过一两个小时，我把那些片段调整好。接着我明白了它们完全是彼此相符的。我既没笔也没纸，但一切都清清楚楚，根本没有必要把它写下来。费恩曼和施温格尔只是从两个不同的方面来看待同一套思想而已。

于是，戴森写了一篇题为《朝永振一郎、施温格尔和费恩曼的辐射理论》的论文，在奥本海默结束他夏日的欧洲旅行之前就投寄了《物理评论》。最终，是这篇论文[27]使得新的量子电动力学能为普通物理学家所接受，也使戴森有了声誉，尽管奥本海默要求要有大量令人信服的证据，但这是完全值得花精力的。这时，费恩曼也正抓紧时间把他的工作写下来准备发表，而且已经把他的思想整理成易懂的形式，比在波科诺会议上他所作的那个非常糟糕的报告要清楚得多。由于戴森对整个这一领域的有影响的综合评论,以至一些人最初竟然搞不清究竟是谁发现(或说是发明)了现在所称的"费恩曼图"(这是我们将在下一章讨论的内容),它在某些地区一度被称为"戴森图"。不过这无关紧要。费恩曼和施温格尔都很高兴的是能看到他们的工作得到了应有的注意。正如史蒂文·温伯格(Steven Weinberg)所评论的:"随着戴森论文的发表,最终有了一种物理学家便于使用的通用而系统化的形式,这为后来应用量子场论解决物理学问题提供了一种共同的语言。"[28] 或者像戴森自己所说的那样:"我的主要贡献是把费恩曼的理论翻译成一种别人能懂的语言⋯⋯当费恩曼的工具第一次变得有用的时候,这是一种莫大的解放——你可以用它做所有你以前不能做的事。"[29]

几乎是立刻,费恩曼自己运用这套东西时,它的功效给了戴森一个证明。10月底,戴森完成他的论文时,和研究所的另一位叫莫雷特(Cecile Morette)的物理学家一起访问了康奈尔大学,讨论了量子电动力学,并确信他的举动并没有让人感到难以忍受,这一举动是指在费恩曼发表自己的理论之前,他就写了有关费恩曼理论的报道。戴森曾经把他的论文的一个复印件寄给费恩曼,费恩曼交给了他的一个学生去看。后来费恩曼问这个学生他是否有必要自己看一下,学生说不用了,因此他也就没再看。[30] 戴森和莫雷特在一个星期五到了康奈尔,费恩曼用轶事和鼓声招待他们到凌晨1点。第二天,他把他的理论给他们做了"熟练的讲述"。晚上,戴森提到还有两个尚未解决的问题还没有用他的理论试过,这两个问题用旧理论是很难处理的,除非是由许多物理学家集中起来干。它们涉及到电场对光(光子)的散射和光子对光子的散射问题。"费恩曼说'咱们来看看',并开始坐下来,我们眼看着他仅用了两个小时就得出了这两个问题的有限而又合理的答案。这是我所见过的最让我惊奇的闪电式计算的场面",戴森给他父母的信中如是说,"除了一些未料到的复杂性之外,结果证明了整个理论的一致性。"几年后,在一次电视采访中,[31]戴森对这件事是这样描绘的:"这是我所见过的费恩曼能力的最令人眼花缭乱的表演。这些问题曾花费了大物理学家们几个月的时间也未能解决,而他只用两三个小时就解决了⋯⋯用的是这种非常经济的方式,没有用什么重型的设备,甚至在把方程写下来之前就把一些答案串起来了,并且直接从图形中得出结果。好了,这以后再也没有太多的事要做了,只剩下宣告这一理论的胜利。"

此时费恩曼正处在他的能力的顶点,快乐地用他的新理论解决问题。这种特殊的技能深深打动了戴森;而费恩曼却是用他的下一个绝技深深地打动了自己。这件事发生在1949年1月美国物理学会的会议上。会上,一位叫斯洛特尼克(Murray Slotnick)的物理学家给出了描述电子从中子上反弹的方式的一些新结果。他是用老方法计算的,花了好几个月时间。费恩曼错过了这个报告,但一位同事告诉了他。他问斯洛特尼克是如何处理这个问题的,于是他认为检验他的理论的这个"机会来得正好",看两种方法是否能给出相同的答案。在他的诺贝尔奖获奖演说中,费恩曼讲了那天晚上他是如何解决了这个问题,又于第二天如何找到斯洛特尼克告诉其结果。当时,听完费恩曼的话后,斯洛特尼克说:"你说你昨天晚上算了出来是什么意思,它可花了我6个月时间!"核对结果时,他们发现费恩曼不仅是得到了和斯洛特尼克相同的特解,而且他得到的是这个问题的一种普遍形式的通解,因为他考虑了电子与中子两者之间的动量转换(被电子击中时中子的反作用);而斯洛特尼克只解决了零动量转换(没有反作用)情况下的问题。

费恩曼在他的诺贝尔奖获奖演说中回忆说,正是这一时刻,一切对他都清楚不过了。"这终于使我确信,我确实有了某种方法和技巧,懂得如何去做其他人还不知道该怎么做的事,这是我的胜利的时刻。"

在后来的三年中,关于这项工作发表了一系列论文,到了1949年初，所有的工作都完成了。圆满完成量子理论新发展这一壮举的标志是第三次会议，也就是战后三个著名会议中的最后一个。这个由奥本海默组织、由美国科学院提供资金的会议于1949年4月11日至14日在纽约城北80千米的纽约州皮克斯基尔的哈德孙河畔的欧德斯通召开。至此，戴森已有足够的知名度而名列与会的二三十人之中，就像施温格尔的理论曾形成波科诺会议的中心点、兰姆移位曾成为谢尔特岛会议的热点一样，量子电动力学的费恩曼方法在欧德斯通会议上居于舞台的中心。差一个月满31岁的费恩曼，成了他那一代领头的物理学家，用他的新思想在前面指路。

欧德斯通会议后不久，戴森于华盛顿在美国物理学会的一次会议上作了一个报告，他在报告中说道：

> 我们有了宇宙的钥匙。量子电动力学是有效的，而且能用它做任何你想做的事。我们懂得了如何计算关于电子和光子的每一件事情。现在剩下来的只是用同样的思想去弄懂弱相互作用，去弄懂引力，并且去弄懂核力。[32]

这些看来有些过分的断言已在很大程度上被证明是正确的。尽管引力不如戴森在1949年所指望的那么容易屈服，但物理学的其余方面，如今全都能用像量子电动力学的费恩曼形式这样的方式来理解。在我们去领略费恩曼1949年以后的日常生活和科学生涯如何发展之前，值得观察一下量子电动力学，特别是其费恩曼形式，是如何在20世纪后半叶的整个理论物理学（引力方面的研究除外）中起核心作用的。

第六章

杰作

量子电动力学(以下简称QED)是描述包含光(光子)和带电粒子,特别是光子和电子的所有相互作用的理论。由于原子之间的相互作用取决于电子在原子核周围的电子云中的分布,这就意味着,除了别的学科之外,QED是所有化学过程的基础。它解释了弹性是如何消长、甘油炸药是如何爆炸、眼睛是如何工作以及草为何是绿色的等问题(费恩曼在本科生毕业论文中描述的分子力就给出了这样的解释)。实际上,对于日常世界,QED能解释引力未能解释的所有其他现象。此外,还有另外两种自然力,它们只在很小的尺度内起作用,实质上只在原子核内负责核的结合和核的放射性。而在原子核外,在原子尺度以上的所有现象都只与QED和引力有关。

QED和(爱因斯坦广义相对论形式的)引力理论,两者都是非常准确而又易于理解的理论。从在地球上实际完成的实验角度看,QED是成功的理论的范例,因为它非常精确地预言了实验的结果。我们在第五章提到过的所谓电子磁矩的性质,加上兰姆移位,乃是新理论取得如此成功的典型例子,它们全都能用费恩曼的技巧来简洁地解释。利用狄拉克的电子理论,你可以择定单位,使电子磁矩的值精确地为1。可是,量子电动力学却预言电子磁矩的值为1.001 159 652 46,而实验测得的值为1.001 159 652 21。实验测量的不确定性约为末位数字±4,理论计算的不确定性约为末两位数字±20。因此理论和实验的一致性精确到小数点后第10位上为2,或者说是0.000 000 02%。在费恩曼的《QED——光与物质的奇异理论》[1]一书中,费恩曼指出这个精确度相当于从洛斯阿拉莫斯到纽约的距离与人的头发丝的粗细之比。QED与实验精确吻合的例子很多,这只是其中的一个而已。最近,通过研究脉冲双星这种天体的性质,广义相对论获得了精确度与此类似的检验,但无论如何,这和真正在地球上做的实验并不完全相同。从这方面来讲,QED是所有科学理论中最成功也最精确的理论,尽管这两类观测实际上是同样有效的。

我们在第二章讨论过著名的双缝实验,现在最好是从这个实验出发,来看看QED中应用路径积分的费恩曼方法。暂时用波的思想来看的话,有关双缝实验重要的一点是,实验上沿某一路径到达检测屏的波与沿另一路径的波可能不同步。彼此同步传播的波称为同相,如果两个波的强度相同且同相,它们就会叠加成一个两倍强的波。如果两个波强度相同但反相(也就是,它们恰好异步),那它们就会互相抵消掉。即使所有的波强度都相同,这种波的叠加与相消也会在双缝实验的屏上产生亮和暗的条纹图案。也正是因为位相不同而不是因为波强度不同,才使得辐射的吸收理论中的超前波和滞后波以这种方式相叠加和相抵消,从而能解释带电粒子的相互作用(见图5和图7)。当然,正如完全叠加和完全抵消一样,也有可能处于中间的情况:两个波既不同相又不完全反相,此时它们只是部分地抵消。

对所有这些情况,都可以换用量子力学的另一种描述,这时光被视为由量子概率决定其轨迹的客体(光子、电子或别的什么)。这些量子概率是由薛定谔方程来描述的,其行为恰恰像波一样,其位相非常重要,它决定了两个概率是相互叠加而产生一条光子(或别的东西)非常

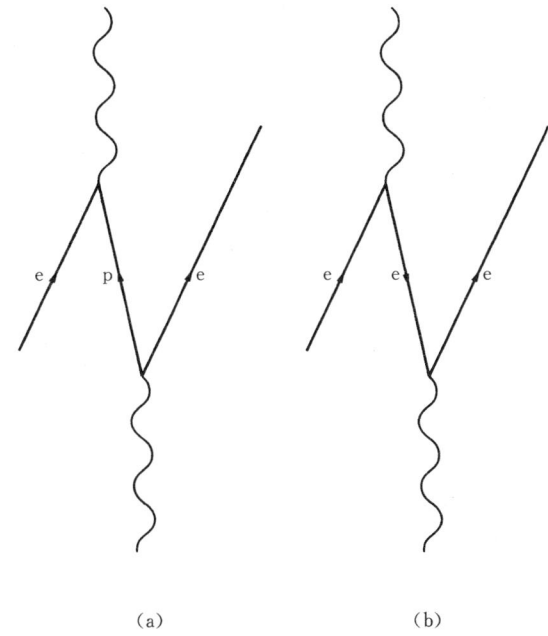

图7 (a)时空图可用来示意一个高能的光子(γ射线)如何释放其能量来产生一个电子(e)和一个正电子(p)。正电子不久遇到了另一个电子而湮灭,从而产生γ射线。(b)可以换一种同样有效的说法,即只有一个电子(e)从左侧出发走向未来,然后遇到一个在时间上向回传播的高能光子,它使电子在时间上往回走,直到遇到另一束γ射线把它反弹为走向未来。正电子就是时间上往回走的电子。

可能沿其运动的特定路径,还是相互抵消以确保光子不再走第二条路。稍微有点复杂的是,实际的概率是由波的振幅的平方给出的,即首先要将概率振幅相加(用诸小箭头首尾相接),所得答案的平方就给出了客体沿某一特定路径运动的实际概率。

双缝实验表明,即使对于我们习惯于看作粒子的客体(比如电子),有些东西(或者是粒子本身,或者是概率波)仍以这种方式通过实验中的双缝而和自身发生干涉,从而决定屏上的图案。但是,倘若我们是做四缝实验,而不是双缝,那么很明显,现在"有些东西"就必须通过所有这四条缝而形成适当的干涉图案,这可以用我们刚才概述的法则来计算。这对三条缝的或是对一百条缝的,或是对任意数目的缝的实验,都同样是正确的。你可以想像做越来越多条缝的实验,直到根本不再剩有阻挡电子或光子通路的任何东西。是做一个无缝的还是单缝的还是无限多条缝的实验,这由你自己看着办。费恩曼的一个关键的见解是你仍然可以把电子或光子(或任何别的东西)看成是通过了无限多条缝,用通常的办法把对应于每一条路径的概率叠加起来。对实验中从光源或电子源到那一边的探测屏的每条可能路径的概率积分(累加),得出的结果势必是这样:粒子最可能走的路径是从源到探测屏的一条直线。对于更复杂的路径,相邻轨道的位相正好彼此相反(箭头指向相反方向),它们全都抵消了,只剩下由经典物理学所预计的路径。只有靠近经典路径(最小作用量路径),它们才因同相而使概率叠加起来并互相加强。因此,费恩曼的量子力学路径积分方法,确实也从同一组方程给出了经典力学和所有经典光学的结果。

这是一个如此富于戏剧性的发现,以至于值得举出一例,看看它是如何让我们重新思考诸如"光沿直线传播"这种熟知的世界的性质。在图8中,我们显示了经典光学是如何告诉我们光从镜面反射的。这是如此的熟悉乃至是一眼就能明白的常识,像图9所示的那样,你在镜中看到的像,是光从光源向四面射来后,经镜面以各种角度反射到我们眼中的结果,按照费恩曼的理论,这正是实际发生的情况。可是,从古怪角度传播的光被邻近的强度相同、位相相反的光所抵消,因而你不会意识到这一点。由于位相的不同,只有在从光源到你眼睛所经历的时间最短的路径附近,因最小作用量原理在起作用,其振幅才彼此叠加而加强。正像费恩曼引入QED中的那样,"时间最短的路径也就是附近路径的时间几乎与之相同的路径",因此那里的概率才相互叠加。

你自己就可以证明,来自镜子边缘的光线,确实以某些像图9所示的古怪路径到达你的眼睛。在这种实验的更具科学精确性的方式中,首先,除了靠边的一点儿之外,你把整个镜子蒙住,使得它不能反射。

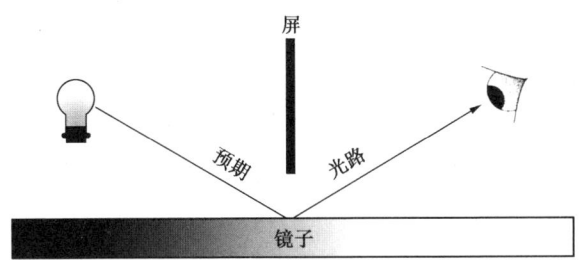

图8 常识(以及物理教科书)告诉我们"光沿直线传播"。

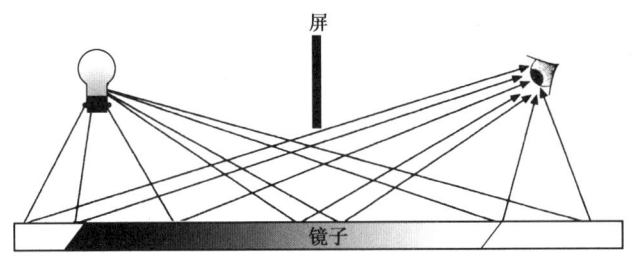

图9 费恩曼说,光线以一切角度从镜面反射,从而以所有可以想像的(甚至根本不经过镜面反射的)古怪路径从光源传播到你的眼睛。

在镜边以外的地方,尽管相邻路径的概率抵消了,你仍然可以找到镜子的窄条,在那儿概率全部叠加。问题是,这些窄条被同样的窄条彼此隔开,它们正好与第一套窄条异相,因此你从镜子的边缘上看不到光线。你必须去做的就只是蒙住镜子上的交替的条纹。此时你只剩下一半的有效镜面,可现在所有的路径同相,你将真的确实看到从这些古怪角度射来的光线(图10)。

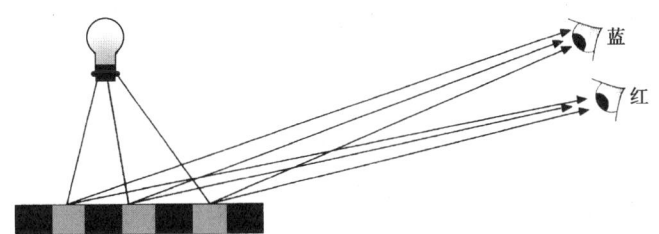

图10 我们一般看不到从镜面的古怪角度反射的光,因为除了最小时间路径附近的以外,其余各处的光均抵消了。但如果把镜子上的条纹仔细地涂黑以防光线抵消,就确实可以看到来自各种古怪角度的反射光了。

这种装置叫衍射光栅。因为在某种程度上这一效应取决于光的波长,如果你用普通的光做实验,那就可以见到某种五颜六色的彩虹图案。而且你甚至不必劳神去设计一面镜子并用仔细剪成精确宽度的布条蒙住它。用普通光来产生这一效应的间隔和一个普通的激光唱片条纹间隔是相同的。只需拿一个CD盘放在光线下,你自己就可以看到光子以"错误的"角度从光盘上反弹出来而产生的彩虹图案,于是,量子电动力学在你自己的家里就变成可见的了。不论是采取最短时间路径还是围绕"古怪"角度的反弹,"光线并非**真**的只沿直线传播,"费恩曼如是说,"它能'嗅到'四周邻近的路径,并利用附近空间的一个小小的核心。"

这就把我们带到了著名的费恩曼图上。原始的费恩曼图是表示有光子交换的两个电子之间相互作用的时空图。电子彼此靠近,交换一个光子,然后再分离(图11)。但在这种图中,含有比你乍一看多得多的东西。首先,由曲线代表的光子交换不应看做"经典"粒子走的单一时空路径,而应视为光子从一个粒子到另一个粒子的所有可能路径的历史累加。曲线不只是表示一条路径,而是表示所有可能的路径之和——路径积分。其次,在费恩曼图的连接点即不同线的交叉点处,所发生的事情由量子电动力学的法则精确地决定。每一种交叉点,即每个顶点,各自代表不同的相互作用,有它自己准确的含义和一套描述其进行过程的方程。在这种意义上讲,区区几个费恩曼图就成了施温格尔或朝永振一郎用于QED的几百个方程的某种速记。在1988年1月,费恩曼强调说:

> 这些图试图代表物理过程和用于描述它们的数学表达式。每个图代表一种数学表达式。数学量对应着时空点。我能看到电子往前走,在某点被散射,接着又走到另一点,在那儿被散射,发射一个光子,而光子又从那儿走到另一处。对于

所有发生的过程，我能制作出一幅幅小小的图像。它们是包含数学关系的物理图像。这些图像是在我的头脑中逐渐形成的……它们成了我试图用物理和数学描述各种过程的一种速记……我意识到，在《物理评论》中见到这些看来很滑稽的图像会是多么可笑。[2]

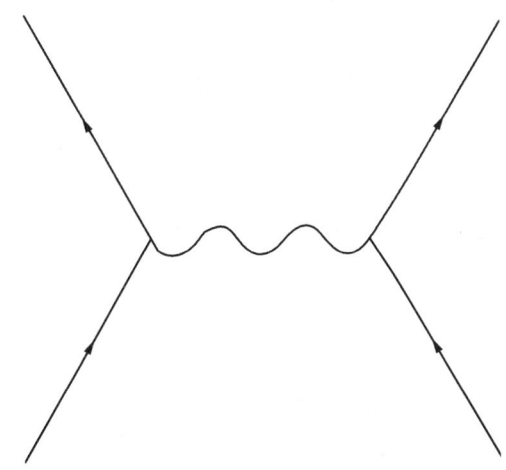

图11　原始的费恩曼图。两个粒子(也许是两个电子)彼此靠近，通过交换某种携带力的粒子(此处是光子)而相互作用并偏转。

这些图的最重要的特点之一是他们以同等地位看待粒子和反粒子，这使得费恩曼理论是洛伦兹不变的，并且符合相对论的要求。由于以相同的方式对待粒子和反粒子，使得在QED中出现的无穷大的本质变得清楚了(至少对数学家是如此)，而且戴森证明了这样一点：在费恩曼图描述的相互作用中出现的无穷大往往是能通过重正化消除的。这个戏剧性的结果，在鼓励其他物理学家认识费恩曼方法的价值上起了很大作用。如今，用来衡量粒子物理中的某个新思想是否值得继续进行的一个主要判据，就是看这个理论是否能重正化，也就是看它是否能用费恩曼图来描述。如果不能，那它立即就会被排除。

费恩曼的"看来滑稽的图像"变得如此重要，这有两个原因：一是由于它们确实体现了所有复杂的数学规则,二是由于它们对所发生的事情给出了一种直接而实用的见解。为了充分地使用它们(从中计算出数值来和实验比较),你需要懂得数学。但如果只想了解发生了什么事,那你有这些图就够了,在描述如何在相当高的精度下计算出电子的磁矩时,我们所要涉及的全部东西也仅此而已。有了这些图所显示的物理见解,费恩曼图甚至可以给出一个复杂得难以计算的过程的图像。不过,要想细究它的明确的物理意义,就得靠一个专业数学家从施温格尔的长达几页纸的方程中推导出来。对学究来说,物理学的这种平民化也许是不必要的。很多年以后,施温格尔把费恩曼图的作用描述为"带给大众的计算法";[3]他并未将此作为一种赞美。

电子和磁场间的相互作用的最简单形式如图12所示。磁场中的一个光子被电子吸收。如果情况真的这么简单,那么计算得出的电子磁矩就应该是1。而事实上,正如我们已提到过的,它实际上要大一点儿,约为1.001 16。而电子也介入一种自相互作用,其间它发射一个光子继而又重新吸收同一个光子(称为"虚"光子),同时电子和从磁场中来的光子彼此相互作用。这一过程用费恩曼图表示即如图13所示。当你做相应计算的时候,要计及所有可能的这类相互作用,所得到的磁

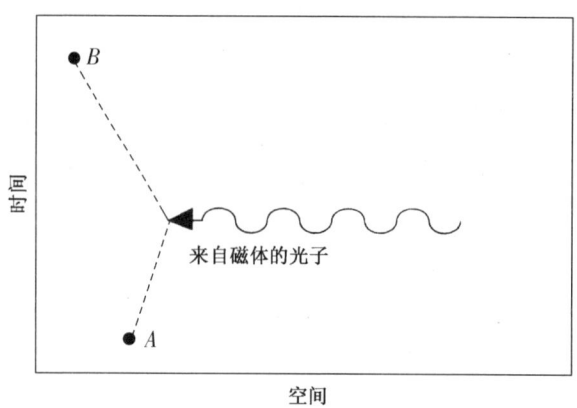

图12　费恩曼图也能表示一个从A走向B的电子和磁场发生相互作用(当它遇到一个来自磁体的光子)时,如何发生偏转。

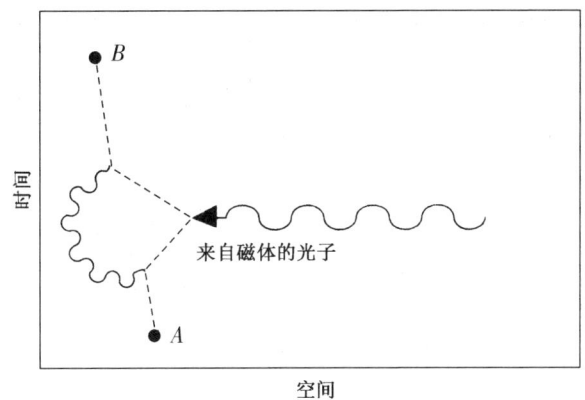

图13 事情并不像在图12中的那么简单。电子能发射一个虚光子,然后再重新吸收它,同时和来自磁体的光子相互作用。可以加进许许多多复杂的圈图进行计算,幸好在这种情况下它们对相互作用的影响小之又小。

矩的值,比1略大一点,但仍不像实验值那么大。在20世纪40年代,正是这种单个虚光子的计算形式,表明了物理学家们走的路是正确的。

当然,这个过程的下一步是显而易见的。你必须考虑电子一个接一个地发射2个光子,然后再重新吸收它们的概率。毫无疑问,做这个计算时你会得到一个和实验值略为接近的结果。但此时计算变得非常困难,要花2年的时间才能把涉及2个虚光子的所有概率计算出来。直到20世纪80年代中期,最多包含3个虚光子的计算才告完成,给出了我们在本章开头引用的那个磁矩值,这个值和实验符合得很好。同样值得注意的是,为什么该理论仍未给出与实验精确一致的结果呢?这很容易回答,就是因为我们还未把4个虚光子、5个虚光子以及更多虚光子的效应计算进去。幸好,在计算中每增加一个虚光子,引起的修正值就越来越小,计及3个虚光子的结果就已为大多数人所满意了。

更多数目的虚光子,对应于计算更高的"阶",这时修正值也正好变得更小。因为确实还有应该计及的更复杂的情况,即使不做计算,至少也应该有个思维图像,看看围绕电子或其他任何量子客体所发生的事情。产生一个虚光子的能量从何而来,这点是容易理解的。单一的光子不能携带许多能量,无疑电子会抽出一些动能或其他什么能量来产生这个光子。但这并不是非常正确的图像。

量子力学的一个关键环节我们还未讨论,这个环节被称为不确定性。在量子世界里业已证明,对于像光子或电子这样的量子客体,要同时确定它的所有性质是不可能的。这一限制是20世纪20年代由海森伯首先得出的,称为海森伯不确定性原理或者就称为不确定性原理。重要的一点是,这和我们试图测量像电子这样微小的东西的性质时的笨拙无关;这是它们本性中所固有的。[4]因此,比如电子,不能**同时**知道它在空间的精确位置和它的精确动量(某个确定的方向)。它可以有一个很确定的位置(比如,当它在探测屏上产生一个亮斑时),但这时**电子自己**并不能"说出"它下一步将要去哪儿。或者,它可以有非常确定的动量,比如当它沿一条确定轨道行进,但这时**电子自己**却不能准确地"知道"它在该轨道上的什么位置。

不确定性也适用于产生虚粒子所需要的能量。按照狭义相对论,你需要一定数量的能量 mc^2 来产生一个电子。实际上,由于量子规则只允许产生电子—正电子对,因而你需要 $2mc^2$ 的能量来产生这个正负电子对。但量子的不确定性说,在足够短的时间内(一段**非常**短的时间!)宇宙并不能确定在全然空无一物的空间中的哪个微小体积内就一定不具备那么多的能量。因此电子—正电子对可以在任何地方、可以在每一个地方产生,**只要它们几乎立刻又回到一起并彼此湮灭**。你所"借的"能量越多,你就必须还得越快。

这就是虚光子实际上"来自"的地方。它们不必从介入相互作用的电子那儿借任何能量。它们是从全空的空间来借,即从一无所有处借。在某种意义上说,此时宇宙并未留神这些全空的空间。由于光子携带的能量很小,虚光子能以这种方式而大量产生,而且能持续相对来讲比较长的时间。但量子的不确定性说,在它存在期间,低能光子能够非常迅速地从一无所有中借到更多的能量,从而把自己变为一个电子—正电子对。虽然这对粒子会立即归还能量而消失,重新又变为一个光子,但这一过程在虚光子的寿命期限内可以重复。此外,这些虚电子和虚正电子甚至也能介入创生光子和虚粒子对的整个事件之中。每个"真的"电子实际上被虚光子及其他客体的泡沫云所围绕,始终是时隐时现。

除了这种复杂性,QED的确非常好,以至于借助于费恩曼图,就可以用它来计算在带电粒子之间交换光子的各种难以处理的相互作用。正是电子周围的虚光子云(和其他东西),使它的行为不像一个"赤裸的"点电荷,而且把自相互作用从无穷大减到对应于兰姆移位的一个小量。这里解释了与光子和电子的行为有关的一切事情,但QED所能做的远不止如此。它提供了一种样板,物理学家据此已建立了在原子核内起作用的其他几种力的运作理论。

这些力中的一种称为强相互作用,因为它是所有四种自然力中最强的一种。它是使原子核中的中子和质子结合在一起的吸引力,并且能克服原子核中所有带正电的质子试图使原子核裂开的电排斥力。另一种核力称为弱相互作用,因为它比强相互作用弱。在20世纪40年代,对弱相互作用知之甚少,但在QED成功地解释了电磁学之后,在20世纪50年代许多物理学家便致力于对这种力的更深刻的理解了。费恩曼也参与了这方面的一些工作,我们将在第八章中看到这些。两位物理学家,萨拉姆(Abdus Salam)和温伯格在20世纪60年代各自独立地解答了这一问题,并因这一贡献而于1979年分享了诺贝尔物理学奖。同样,我们不想涉及(有时是令人不快的)数学上的细节,重要的一点是,这个弱相互作用理论完全类似于电磁学的QED理论,尽管它含有更多种类的粒子(这是数学为何令人不快的原因之一),仍然能按照费恩曼图来理解。

能参与弱相互作用的粒子，一类是质子和中子，另一类是电子和与之相联系的所谓的中微子。质子和中子是"重子"家族中的成员，电子和中微子则是"轻子"家族的成员。在两个家族之间运动的粒子称为中间矢量玻色子，它们在弱相互作用中担任光子在电磁学中的角色。矢量玻色子有**3种**，一种不带电荷(记为Z^0)，一种带一个单位正电荷(记为W^+)，还有一种带一个单位负电荷(W^-玻色子)。和光子不同，这些玻色子每个都有质量。还有另一个重要的规则：包含在一个相互作用中的重子的总数始终保持不变，轻子的总数也总是保持相同。

当中子独自呆在原子之外时，就可看到最简单形式的放射性衰变的基本过程。在几分钟内，中子就会衰变，放出一个电子同时自身转变为质子。电荷是守恒的，因为质子的正电荷与电子的负电荷相抵消。重子数是守恒的，因为开始时是1(一个中子)，结束时也是1(一个质子)。初看起来，似乎世界上多了一个轻子(电子)，然而结果证明，在中子衰变时，另一种粒子，即反中微子，也总是同时产生。因此总的来看粒子数仍为零。因为在这种情况下，一个粒子和一个反粒子彼此抵消，和正电荷与负电荷彼此抵消的方式相同。

为了在费恩曼图上表示这一点，你可以运用费恩曼的一个巧妙技巧。一个反粒子离开中子并走向未来，等同于一个粒子从过去到达中子。在费恩曼的世界里，粒子名字上"反"这个词头就意味着"在时间上往回走"。因此，弱相互作用起作用的一个基本的例子如图14所示。关键的一点是，一旦对额外的粒子和它们的性质做了修正，对弱相互作用的这种描述就和QED**完全**一样。甚至包括和QED同样类型的无穷大，也是用同样的重正化方法将它们消除掉。这意味着图中的(在**任何**费恩曼图中的)所有箭头都可以反向，以描述某种同样有效的基本相互作用。在此处，是质子和电子通过交换一个W^-粒子而相互作用，从而

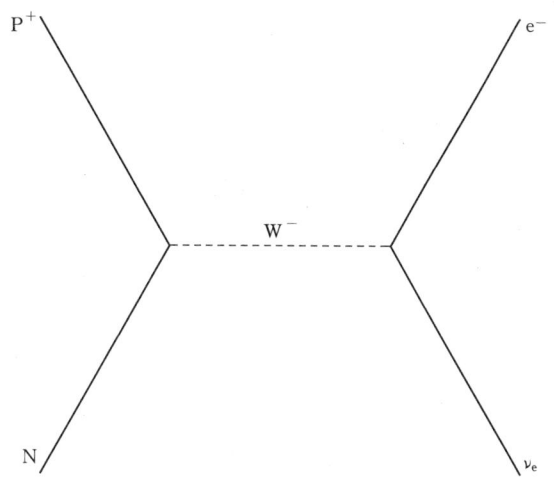

图14 以QED为其样板,电弱理论描述一种相互作用,其中一个中子(N)和一个中微子(ν_e)通过交换一个W^-粒子相互作用,产生一个质子(P^+)和一个电子(e^-)(请与图11相比较)。这样一个费恩曼图倒过来看同样有效,(此时)一个电子和一个质子相互作用而产生一个中子和一个中微子。

产生一个中子和一个中微子。

弱相互作用的规则与QED的规则符合得如此之好,实际上,企图把它们当做不同的理论是没有意义的。当今,物理学家们所说的粒子物理的"电弱"理论,就是描述包括电磁学或是弱相互作用抑或两者均在内的所有相互作用(记住,在QED的费恩曼形式中,包括所有经典力学)的一套方程组。这组方程(和图)本质上是QED的一个样板。和QED阐述了所有需用于解释有关电子和光子的相互作用的东西一样,QED的样板也给出了所有需用于解释弱相互作用的东西,并达到了几乎和QED自身一样高的精确性。

到了处理强相互作用时,情况就不是那么乐观了,但在统一描述这种基本力与电弱理论方面也已取得了很大进展。到20世纪80年代*,当质子和中子的基本夸克模型建成之时(再一次地,费恩曼参加了这项

---

* 应该说60年代。——译者

工作，见第十章），物理学家们被QED和电弱理论的成功深深地打动了，以至于他们特意用相似的术语开始解释强力。强力的绘景是这样的：质子和中子都由三种称为夸克的基本粒子复合而成，这些夸克通过交换粒子而束缚在一起，交换的粒子和QED中的光子以及弱相互作用中的中间矢量玻色子所起的作用一样。这种绘景使夸克和轻子成了日常物质的真正基本的构成体。我们所知在质子和中子之间发生作用的强力，此时被解释为在夸克之间起作用的真正强力的某种残余物；这种真正的强力则与引力、电磁力和弱核力并列而为第四种真正基本的相互作用。

由诸如费米实验室和欧洲核子研究中心的粒子加速器中的高能事例揭示的夸克已有好几种。但对我们来说幸运的是构成质子和中子只需两种夸克。这两种夸克已被异想天开地命名为"上夸克"和"下夸克"。除了所有其他性质之外，每个上夸克带有+2/3个电子电荷，而每个下夸克带有-1/3个电子电荷。中子是两个下夸克和一个上夸克通过强相互作用束缚在一起而构成的，质子则是由两个上夸克和一个下夸克构成的。在这种绘景中，中子衰变其实涉及一个下夸克借助一个中间矢量玻色子（W粒子）而转化为一个上夸克，这种中间矢量玻色子则将发生转化的这个夸克与一个电子—反中微子对联系起来。

在夸克之间做交换而且使其紧密地束缚在一起的粒子，也被赋予一个异想天开但又颇具说明性的名字——胶子。与光子携带电磁力的方式相同，胶子携带强力。胶子之所以能起这种作用，是因为夸克在携带电荷的同时，自身还带有另一种与电荷不同的"荷"。为了让这种"荷"与电荷有所区别，此外也是希望有个更好的名字，故命名它为"（颜）色荷"。与电荷不同，色荷共有三种而不是两种。代替电荷中仅有的正电荷和负电荷角色的，是"红"、"蓝"和"绿"色荷。这并不意味着夸克真的带有颜色，而不过是一种标记。记住，电荷之正和负的称呼只是沿袭惯例，这种叫法毫无争议是因为我们已习惯于这么叫。这两种电荷在被发现之时,完全可以被记为"红"和"蓝",或者(似乎更可能)"上"和"下"。由"红色"、"蓝色"和"绿色"所代表的夸克的性质,也完全可以简单地命名为依尼、密尼和迈尼,或是你喜欢的任何别的名字。不过,把这种性质称为色荷确实别有简洁之处,由于借助了"带色"的胶子在夸克间交换色荷,所以这种说明强力如何运作的理论便称为量子色动力学,或简称为QCD。

QCD从其自身来讲是一种相当成功的理论。但它是一种更复杂、数学上更困难的理论,因为其中包含了更多的粒子和好多种"荷"。主要问题是,在计算磁矩(比如质子的磁矩)之类的东西时,高阶项在QCD中比在QED中重要得多。在QED中,只要考虑有3个虚光子被发射和被重新吸收就足以使你的结果与实验值接近,但在QCD中,却必须计算6个包含胶子的连接点的项,才可能达到同样的精确程度。实验已相当地精确,它们告诉你质子的磁矩为2.792 75,但用QCD得出的最佳计算结果也"只是"2.7,误差为±0.3。

在QED中,费恩曼对此未做考虑是由于它非常糟糕——10%的误差,比实验的精确性差1万倍。实际上,只要我们不用QED本身极高的精确性去衡量,这个结果还是相当吸引人的,也正好显示了QCD是相当成功的理论。

然而在一定程度上,这些问题已经表明要使QCD精确地符合QED的样板是非常困难的,而且,将QCD和电弱理论统一为"大统一理论"(GUT)这种单一的数学套路之可能性也还未获证明。即便这一点能成功,还有一个将引力也包括进来建立一个统一的"万物至理"(Theory of Everything,简称TOE,有关这一点的更多内容在第十四章介绍)的问题。但即使有这些不完美之处,QCD仍是一个相当好的理论,只不过它不像QED本身那么出色而已。QCD在夸克和胶子水平上解释世界运作的一切成就,直接且明确地依赖于在物质结构的更深层次上应用

QED样板，而且，尤其是应用QED的费恩曼形式和费恩曼图。费恩曼在半个世纪前所发展的这一工具，如今仍为理论物理学家在研究前沿所利用。

这一点不无讽刺，因为费恩曼自己从不相信他真的给量子电动力学下过定论。特别是，和狄拉克一样，他从未对重正化真正满意过，他在诺贝尔奖获奖演说中把它说成是"把电动力学中的发散困难扫在地毯之下的一种方法"。在《QED》一书中，他使用了更典型的费恩曼语言来形容重正化："我该叫它做愚笨的工序！"

不论愚笨与否，它是有效的。QED的费恩曼形式对1949年的量子理论已成定论，而且至今它仍是定论。费恩曼在量子理论方面的最后两篇大文章发表于1951年，但在1948年底就已得出了所有结果。正如费恩曼后来说的，[5]他已经"把自己思考过的有关量子电动力学来龙去脉的所有东西一股脑儿倒出来了……我已经完成了量子电动力学这一课题。我没有留下其他任何需要发表的东西。在这两篇文章中，我把我做过的和想过的在这个课题上该发表的东西全写了。这是我在这个领域发表文章的结束。"

到1951年年中，费恩曼33岁了。他完全可以满足于已有的成就，在康奈尔过一位教授的安静生活，不再做更多的研究，他也仍然能获得诺贝尔奖，仍然能作为20世纪最伟大的物理学家之一、"另一个狄拉克"而载入史册。不过，那可不是费恩曼走的路。当时，他发现康奈尔的工作环境并不像他曾希望的那样惬意，当他发现需要征服的物理学新领域时，他变得不再安于现状。从身体上和作为物理学家这两方面来讲，都到了该继续前进的时候。

第七章

费恩曼传奇

到了20世纪40年代末期,有许多事由使费恩曼感到不满足。在职业方面,尽管他已处在取得最大成就的进程之中,也刚刚过完30岁生日,想必他已意识到只有很少的大物理学家能在那个年龄界标之后再对他们的职业作出重要的贡献。费恩曼心目中的英雄狄拉克自身就是物理学家的一个范例,他的大部分成就都是在20多岁取得的,尔后却极少有什么真正重要的成果。实际上,这里有一首打油诗,有人说这是狄拉克写的,这使得这一观点更有说服力。[1]

> 年龄自然就是发烧时的寒冷,
> 每个物理学家都会为之担心,
> 一旦超过三十岁的年龄,
> 他宁可去死也不愿偷生。

不合乎这一规律的,只有极少的例外。薛定谔对科学作出量子力学的波动形式这一最大贡献时是39岁。但那只是非常特殊的情况,因为薛定谔是直接回到旧的波思想,企图挽救看来已陷入困境的量子力学,使之回到他年轻时所学的惬意的物理学中去。在那种意义上来说,这很像是一位老年人(相对来讲)的工作,回顾胜于前瞻。一个更典型的例外是爱因斯坦,直到他40多岁时仍继续对量子理论作出意义重大而富有远见的贡献——即便这位30岁的迪克·费恩曼，如果不是自视为另一个爱因斯坦，也许他就停滞不前了。

他的社交生活也是个问题。作为康奈尔的一个年轻、英俊、富有魅力而性格外向的教授，费恩曼在与女士们的交往中取得了相当大的成功。到20世纪40年代后期，他已得了个怜香惜玉（如果用这个词恰当的话）的名声，这一点在事后看来，应看作是失去阿琳的一种分外补偿。他最成功的消遣之一是到学生联合会（威拉德·斯特雷特大厅）去闲荡，喝喝咖啡，帮帮那些在物理作业中有困难的漂亮女孩。在一则典型的费恩曼轶事中，层层幽默使事情的真相（或者说，至少是部分的真相）变得很惬意，后来他告诉一位同事，"当他企图对一个女生故伎重演，而她却说：'我知道你是谁。你不是学生，你是迪克·费恩曼。'时"，他便决定离开康奈尔了。[2] 看来名声确实有它的弊端。

更严肃地说，通过在学生中闲荡，费恩曼开始意识到，康奈尔教的东西在他看来多是些糊涂的东西。除了竭力研究像QED这样的理论外，也许就没有什么该注意的事情了，但当他压力减轻而有更多的时间去观察时，所见的多是讨厌的东西。这个把英国文学和哲学看成是明显愚笨的学科的人，绝对觉得希奇古怪的是居然有的学生用4年时间学习家庭经济学或是饭店管理（毕竟，对于旅店事务，他是有亲身经历的），而且结束时还能得到一个看起来和物理学一样好的学位。当然也有例外，物理学院本身的事和其他一些科学工作仍在康奈尔继续进行着。但对费恩曼来说，要在他自己的领域之外找一个能愉快地交谈他们的工作的人就非常难得了。他所遇到的都是像他给梅赫拉所讲的那样，在学生和教员里面，存在着普遍的"迟钝"和一种"低水平的胡扯"，与他记忆中的自己在麻省理工学院和普林斯顿做学生时的情景大不相同。但他也并不是从根本上反对迟钝——只是"如果你是跟学生和教授们谈话，这就不太好了。这让我讨厌至极。"[3]

还有一个原因就是天气。康奈尔位于纽约州北部名叫伊萨卡的小镇上,那儿冬季很冷。在《别闹了》一书中,费恩曼生动地描述了在雪中驾车的一场激战:如何抛锚、如何用冻僵的手指给车轮装上链条防滑,"而且你的手受着伤,这该死的东西还不下来——唉,我记得**就是那一刻**,我断定**这是极其愚蠢**的;世界上必定有某个地方不会遇到这个问题。"

一个选择是搬到南美洲去。有个顺路搭费恩曼车的人告诉他那里是多么有意思,还建议他该去那儿,从那以后,费恩曼就被这种可能性吸引住了。[4] 并不是那里的天气吸引人。当时是冷战的初期,许多费恩曼所认识的以前在洛斯阿拉莫斯的同事们正卷入氢弹的研制,而且他也仍旧认为那场核战争是难以避免的(这一点或许是他的使人困惑的冒险经历的一个因素)。现在很难理解,在整个50年代直到进入60年代的那个时期,这种威胁曾被多么认真地对待过,费恩曼不知为什么会独自有这样的考虑,以为在南美也许比在美国更为安全。他甚至去学西班牙语,为南方的行程做准备,因为在南美它是最普遍的一种语言。然而结果证明这是一个错误。

1949年初,费恩曼遇到一位访问普林斯顿的巴西物理学家蒂姆诺(Jaime Tiomno)。当蒂姆诺得知费恩曼要去南美的计划并不很明确时,他表示愿为费恩曼安排在里约热内卢的巴西物理学研究中心的夏季访问。这一提议是不可抗拒的,但这意味着为了如期旅行,费恩曼就得放下西班牙语而改学葡萄牙语的速成课程。

1949年七八月间在里约热内卢为期6周的访问是一次巨大的成功。当他在累西腓着陆转机时,他第一次体验到一种轻松的生活方式,而且在那儿也遇到了该中心的代表们。他要乘的这趟班机被取消了,48小时后的下一趟班机要到下个星期二才能把他送到里约热内卢,比他预定的工作日程晚一天。

我为此很烦恼。"也许会有一架运货的飞机,我要搭运货的飞机走,"我说。

"教授!"他们说,"累西腓这地方真的非常美丽。我们愿带您到周围转转去。您为什么不放松一下呢?——您已经到了**巴西了**!"⁵

在里约热内卢,费恩曼上午教物理(用的是他所谓的"费恩曼式的葡萄牙语","我知道这可能和真正的葡萄牙语不同,因为我能明白我自己讲的是什么,但听不懂街上的人讲的是什么"),下午到海滩上去休息。在那儿有一些物理学家可以交谈,其中有从法国来中心访问的莫雷特,还有许多漂亮小姐(其中有一个还真的和他一起回到了伊萨卡,但没呆多久)。里约热内卢确实是迪克·费恩曼式的地方。

从那儿返回康奈尔时已是1949年秋天,纽约的冬季马上又要来临了,这也许促使他下定决心更长久地搬到一个暖和些的地方去。那时,昔日洛斯阿拉莫斯组的另一名成员巴彻(Robert Bacher)正担任加州理工学院物理科学部的主任,他邀请费恩曼于1950年1月至3月到加州理工学院作一个系列演讲。费恩曼利用这个机会躲避了纽约的冬季,就在这个时候,巴彻则试探他会不会长期地搬过来。加州理工学院从哪个方面讲都值得来:帕萨迪纳的气候较之伊萨卡显然大有改善,而更重要的是此处没有那种迟钝麻木的状态。在这儿没有家庭经济学的学生,而有的是许多出色的科学家,从天文学家到动物学家都有。加州理工学院也是一个迪克·费恩曼式的地方。

想搬家的唯一顾虑是,这就意味着要离开贝特,无论是在洛斯阿拉莫斯还是在康奈尔建立他的量子电动力学理论的困难岁月里,此人都是他的良师益友。费恩曼再次被挽留,当康奈尔得知他打算搬走时又给他加薪,因为加州理工学院给的待遇更高。费恩曼真是难以决定(这段时间他也问了里约热内卢的研究中心是否有机会得到永久职位),直到1950年春天,加州理工学院才找到最后的"香饵"。费恩曼留在康奈尔的话,他有资格享受一年的休假,这能使他有机会回巴西呆较长的时间。可加州理工学院说,好的,来这儿,仍然给你一年的时间去巴西,费用由我们代替康奈尔支付。就这样定下来了。费恩曼答应于1950秋天接受加州理工学院的任命,并获允在1951年至1952年这一学年他能呆在里约热内卢。

在那之前的1950年4月,他初次到欧洲参加巴黎的一个国际学术会议,接着去了苏黎士,在爱因斯坦的母校ETH(联邦技术学院)作了演讲。结果证明巴黎也是迪克·费恩曼式的地方:"我遇见一些正在巴黎的丽都跳舞的拉斯维加斯舞女。我在丽都看她们排练,去后台,还开各种玩笑。"[6]

拉斯维加斯? 费恩曼怎么会认识来自拉斯维加斯的舞女呢? 在《别闹了》一书中他写道,他在康奈尔时多数夏天总是开车西行去太平洋。"但出于多种原因,我常常会在一些地方停留一下,经常是在拉斯维加斯。"这个"多种原因"使他过得很快活,参与像拉斯维加斯这样的地方的日常活动时是如此,观察那里的人和整个体制如何运作时也是如此。就这样渐渐地,到他30岁的时候,他就形成了在尔后差不多十年的时间里所一直保持的这种生活方式:在加州理工学院教学和研究,到世界各地旅行并参加科学会议,到海滩或是像拉斯维加斯那样的地方去娱乐。作为科学家的这种名望他早就有了,而迪克·费恩曼传奇中的科学花花公子正是在这一阶段出现的,而且他本人的许多轶事和回忆也是由此而来的。他西去的新生活中的第一次大奇遇就是那一年在巴西度假时的事。

1950年至1951年这一学年,即费恩曼西去的第一年,他并没有真正在帕萨迪纳定居。对于加州理工学院将成为他的长期居住地这一点,他还不太有把握,仍在考虑也许会搬回东部,或是(更像是)想法说服巴西人为他提供一个终生职位。因此全年他都呆在校园的教员俱乐部这个学者集会的场所,有意地不去扎下根来。然而加州理工学院也不是一个能明确地与过去隔断的地方,至少在个人生活方面是如此。玛丽·露易丝·贝尔(Mary Louise Bell)是他在康奈尔约会过的女子中的一位,她是从堪萨斯州的尼欧德沙来的学艺术史的学生。玛丽·露是那种引人注目的金发碧眼的女子,她比迪克大几个月。她是那样一种女人,如果费恩曼和她只限于短期交往的话,他的朋友们丝毫也不会感到惊讶;但当她很快就成为他的第二位妻子时,他们目瞪口呆了。正如我们将要看到的,尽管迪克和玛丽·露经常争吵,而且最终在性格上和如何生活的看法上并不和谐,但她(除了她的相貌外)还有一个可取之点,即不迟钝,她还了解很多墨西哥文化,这也同样吸引迪克。他们在康奈尔就已相识,当迪克搬到帕萨迪纳时,结果她也住到了韦斯特伍德附近的洛杉矶加利福尼亚大学(UCLA)近旁。

即使是这样,在费恩曼到加州理工学院的第一年期间,这种关系也并未得到特别认真的发展,他1951年夏天离开那儿去巴西时基本上是个自由的单身汉。从1951年8月到1952年6月这10个月的时间里,他在物理学研究中心,资金一部分由加州理工学院提供,另一部分出自美国国务院的一个项目。他住在科帕卡瓦纳的米拉马尔和平宾馆,能俯瞰海滩。这个宾馆也是泛美航空公司的乘务员在里约热内卢做中途停留时喜欢住的地方,不久费恩曼就成了他们这群人中的一个固定成员,和空姐们交往并和她们在酒吧间酣饮。但有一天下午,他意识到这已发展到远远超过了一种社交习惯,对此他是这样写的:

> 我独自沿着科帕卡瓦纳沙滩对面的人行道散步,路过一家酒吧。我突然有种非常强烈的欲望:"那正是我想要的东西,那正好适合于我。我急切地想喝一杯!"

我刚走进酒吧间,自己突然意识到:"等一下!现在是下午,这里没有人,也没有喝酒的社交理由,你怎么会有这种强烈得可怕的欲望,非得喝一杯不可呢?"——我大吃一惊。

我再也不喝酒了……你知道,通过思考我能得到许多乐趣,我不想毁掉这个给生活带来极大快乐的最怡人的机器。[7]

在巴西,利用那个美妙的思维机器,费恩曼讲授数学物理方法课程中的电学和磁学内容。他还和巴西的同事洛佩斯(Leite Lopes)合作,对称为介子的这种粒子的本质进行研究。他开始认真地考虑液氦的令人困惑的性质(第八章中将介绍更多的有关内容)。他还从理论上研究一些轻元素的核结构。

对于最后这项工作,他需要把理论同实验数据作比较,就像量子电动力学理论的发展需要通过和兰姆移位的测量或是电子磁矩的测量这些实验相比较一样。他跟上在加州理工学院的凯洛格辐射实验室所取得的最新实验数据的方法,突出地表现了这个世界自1951年以来至少是在通信方面的变化。现在,世界上任何地方的科学家要想从任何其他地方的另一位科学家那儿得到最新的消息,他们会利用电子信箱和因特网。你能从你的计算机中得到传送来的只待分析的最新数据,而不必再靠自己键入。而在1951年,在美国和巴西之间,即便是电话通信都既不可靠又不方便。因此费恩曼是借助业余搞无线电发报的人而和加州理工学院保持联系的。他每周到里约热内卢的一个无线电收发报业余爱好者的家里去一次,这个人会和帕萨迪纳的另一个业余爱好者取得联系,并通过他把凯洛格实验室的最新消息传过来。费恩曼说,"通过业余发报人,我和加州理工学院取得的这种联系,对我来说既有效又有用。"[8]

正如他在《别闹了》一书中所阐明的,他和巴西学生间的联系就不那么有效了,因为学生们早已被教会了他们的那一套,即怎么通过死记硬背课本和讲义去学习，而对物理学究竟是讲什么却毫不理解。他讲了学生们会背诵布儒斯特角的定义，这个定义是告诉你（如果你理解了），当光从海面上反射出去时就变得偏振了。但当叫他们通过偏振滤光片看海水，发现从海水反射出的光是偏振的时，他们却惊呆了！他们的书本知识与真正的世界并没有联系。这正像梅尔维尔讲的"短雉啭鸣鸟"的那个故事。学生们学了事实的一个清单，但对这些事实究竟意味什么却毫无见解，也不懂得如何再去发现新的事实。

在这次访问结束时，费恩曼在一次报告中谈论了巴西科学教学的这一核心问题。回加州理工学院后，他又写下来投到该校的《工程与科学》杂志，至今这篇文章仍作为物理学和物理教学到底是什么这个问题的一种诠释：

> 科学是一种方法，它教导人们：一些事物是如何被了解的，不了解的还有些什么，对于了解的，现在又了解到什么程度（因为任何事情都没有被绝对了解），如何对待疑问和不确定性，依据的法则是什么，如何思考问题并作出判断，如何区别真理与欺骗、真理与虚饰……在对科学的学习中，你学会通过试验和误差来处理问题，养成一种独创精神和自由探索精神，这比科学本身的价值更巨大。还要学会问自己："有没有更好的办法来做？"[9]

你可以看到，通过试验和误差等等方法的学习，这种自由探索的精神如何充满在费恩曼的生活中。他津津乐道的一件轶事是在里约热内卢的那段时间里，为在桑巴舞会上演奏而学习一种演奏方法，用一种叫**弗里叽得伊拉**的小打击乐器来提高演奏技巧，这种乐器的圆形金属盘上有一个约15厘米宽的柄，看上去像个小煎锅，可用一根金属棍来敲。他用与对待物理学相同的方法致力于此，原因是一样的，就是因为那是娱乐。深刻些说,这可能就是在费恩曼和巴西学生之间存在着鸿沟的原因。他们是为了要在他们的那种体制中生活并找到工作而学习,这是严肃而敏感的事情。而费恩曼学物理则是因为物理带给他乐趣。

不过,在费恩曼的生活中仍然有所欠缺。1952年是他与阿琳结婚10周年,所有短期的交往关系都难以弥补的缺憾依旧存在。在访问里约热内卢的日子临近结束的一天,他带一个空姐去博物馆。他指给她看埃及这一部分,边走边给她讲解每一样东西,"我自己暗想,'你知道你是从哪里学到这一切的吗?是从玛丽·露那里',而且我因她而感到寂寞。"[10]

的确是因为她,他才感到那么寂寞,因此他写信向她求婚。"有些明智的人已经提醒我这是多么地危险:当你远在他乡,除了论文之外一无所有,你觉得寂寞,便想起了所有的好事情,却记不起你们为何而争吵。"正在密歇根州立大学执教的玛丽·露接受了他的求婚,但有关家具和布置家庭这类事情的更多的争论却在信件中从未间断过,即使到了迪克返回加利福尼亚的前夕也仍然如此。

1952年6月费恩曼从巴西返回,并许诺呆在加州理工学院。婚礼于1952年6月28日很仓促地举行了。当然,这正好是学年的交替,使得这对新人有机会在暑期蜜月去访问墨西哥和危地马拉。但看起来仍有些奇怪,还差一天就刚好是费恩曼和阿琳结婚10周年纪念日,这意味着,有意识或是下意识地,费恩曼企图在这一标志之前把他的生活整理得多少安定正常些。他俩就在帕萨迪纳北边的阿尔塔迪纳安顿下来。说安顿并不确切,不管怎样,迪克的下意识里也许还有希冀。玛丽·露寻思着做一位真正的教授夫人,想让理查德做得像个真正的教授,包括穿茄克衫打领带及其含蕴的一切沉闷的社交细节。1953年夏天他俩同去巴西访问,费恩曼有几周时间在研究中心和他的老朋友们一起工作,当他穿着茄克衫打着领带全副武装地走进来时,他的巴西朋友们看着觉得怪有趣的。有一天他穿着衬衫未穿外衣就来了,原来那天玛丽·露已离开了里约热内卢。[11] 她没有时间给科学家们,极力地想通过"忘记"有关邀请而切断费恩曼和他们的社交联系。一件已广为报道的事情是,在玻尔一次难得的帕萨迪纳之行中,费恩曼错过了与他会晤的机会,因为玛丽·露是在时间已晚得无法补救时才告诉他,说他已被邀请去和"一些老得惹人厌烦"的人一起聚餐。[12] 当她在劝说下勉强和迪克一起去参加晚会时,她非常明确地表示她是不愿意的。最初,她静静地坐在角落里,但当迪克逐渐进入他的醉鬼的角色时,她越来越恼火。费恩曼虽然已经戒酒了,但他仍像往常一样在晚会上扮演醉鬼的角色,好让自己的举止与在场饮酒不止的人更为融洽。不久,斥责之声就开始从玛丽·露的角落里传过来:"理查德,理查德! 停下来! 你像个傻子,快停下来!"[13]

尽管这次婚姻从一开始就有不良的征兆,却莫名其妙地持续了4年,直到1956年夏季才了结。有关这桩婚事的最好的东西也许是它的了结方式,迪克同意将严重伤害作为离婚的理由。由于他确实不是一个打妻子的人,他们只得虚构一些在法庭上能站住脚的东西,他们所提出的新奇辩解引起了新闻界的兴趣。这种极其伤人的理由,已在1956年7月18日的《洛杉矶时报》上做了题为"敲击变得刺耳:计算和非洲打击乐导致离婚"的报道。玛丽·露作为见证人复述说,她丈夫的咚咚敲带来可怕的噪音,况且他不只是一醒来就开始在脑子里算东西,而是"在开车时也算、坐在起居室里也算、夜里躺在床上也算"。确实,极其伤人。

在企图安定下来的这段为期不长的时间的中期,即在1954年秋天的某个时候,费恩曼再一次也是最后一次考虑离开加州理工学院。尽管他在《别闹了》一书中没这么说,不稳定的婚姻状态必定是一个有影响的因素,但事情的触发器却是一次严重的烟雾袭击。为了一时的需要而忘记了他曾经多么讨厌纽约北部的冬季(由于和玛丽·露在一起,距离增加了魅力),他确实打电话给康奈尔,问他能否回去做他原来那份工作。他们给以鼓励的答复。但就在第二天,他在上班的路上遇到一个跑得上气不接下气的加州理工学院的同事,他专门跑来告诉迪克一个激动人心的消息,在圣加布里埃尔山脉附近的威尔逊山天文台工作的巴德(Walter Baade)已找到宇宙比原先以为的年龄要老得多的证据。更有甚者,就在费恩曼走到办公室之前,另一位同事梅塞尔森(Matt Meselson)来告诉费恩曼他刚刚在DNA的研究中取得的一项突破。这两件事都是在科学前沿的重要且基本的发现,而且来自于两个截然不同的学科。费恩曼认识到离开这样一个地方他将是多么不明智:

> 当我最后来到我的办公室的时候,我认识到,这儿正是我要找的地方。在这儿,不同科学领域的人会告诉我各种东西,而这些都是令人兴奋的。真的,这就是我想要的东西。[14]

因此他再也没有迁回康奈尔,而且,尽管有许多机会,他也没再去别处。和玛丽·露的灾难性婚姻刚过了一半的1954年,也就是费恩曼获得颇有声望的爱因斯坦奖(并不仅仅是声望,还有15 000美元奖金和一枚金质奖章)的那一年,他最终对加州理工学院作出自己的承诺,并且开始定居,尽他所能地安定下来。

有个稳定的家境,自然就容易安定一些,因为他需要参加国际会议,还要到其他的大学作客座演讲,这并不只限于美国,而是世界性的。1953年9月,他初次访问日本,参加一个一半在东京一半在京都举行的会议。这次玛丽·露呆在家里。很典型地,费恩曼积极发扬了猎奇精神:学些日语,在离开加利福尼亚前练习用筷子吃饭,而且还坚持住在典型的日式宾馆,感受一些那儿的气氛。1955年夏天,他又一次来到日本(这次玛丽·露随行),到日本的大学作演讲。在这两次之间的1954

年3月,他访问了芝加哥大学,作为客座教授还作了一系列演讲。有几次他访问了欧洲,也去了几次巴西,但这几次去巴西都是正式访问,和真正的度假大不一样。

然而,随着他名声的逐渐增大,一些烦恼也接踵而来。对费恩曼本人来说,最烦人的事是和美国国家科学院打交道,他于1954年4月被选为该院院士。他从没听说过这一组织,该院对科学并无重要贡献,所出版的月刊,他一看就知道显然是二流的,而且看来除了是个荣誉性的社团外,什么也不是,它存在的主要目的是决定有谁足够伟大而能加入其行列。有人劝告他说,如果拒绝接受院士这一身份,他会使很多朋友为难,最好是默默地接受它。但当他进而参加这个团体的一次会议,以给他们一个良好的机会时,他简直沮丧极了。谈话的主要论题是:其他人还有谁应该选入这一荣誉组织,而很多时候在会上报告的实验完全谈不上是什么科学。费恩曼特别对这样一个实验反感,这个实验是观察老鼠被淹死,监视并记录它们努力求生的时间,既残忍又没有必要,更无科学价值。[15] 最后他从美国国家科学院辞职,不过,并没有强烈地抗议。

1956年和玛丽·露离婚后,他有了很好的生活规律。在加州理工学院他有研究工作可做,有很多机会去世界各地的研究中心访问,还能返回拉斯维加斯的老地方放松一下。和他不走运的婚姻中的混乱相比,这是很好的生活。他发现他再次成了单身汉,至少从表面看来是如此。此时,他已是三十好几了,他生活中的那个曾由玛丽·露填补未成的欠缺仍旧存在。

1958年夏,费恩曼又一次来到欧洲,在9月的前两周,作为一次最高级访问,参加在日内瓦召开的"为了和平的原子"的联合国会议。他独自一人,不愿和别的科学家一起住在大宾馆中庄严地出席会议,却找了一个叫"旅馆城"的小地方,与那晚他和戴森在维尼塔因洪水阻塞而呆过的小地方一样。这家"旅馆"很高兴能有一位真正的客人,尤其是一位能接到联合国电话的客人。

如费恩曼所讲的,这完全是另一个大玩笑。[16]尽管他已将近40岁,作为科学家他已有相当高产的几年(有关详情见第八章),他看起来却和以前一样欢快。在会议的间隙,当他和日内瓦湖岸沙滩上一个穿蓝色圆点花纹比基尼泳装的年轻女子交谈的时候,可能他的下意识又开始活动了。原来她叫格温内斯·豪沃思(Gweneth Howarth),是个24岁的英国女子,来自约克郡的一个小村庄,具有能和费恩曼本人相匹敌的冒险精神。

格温内斯曾在约克郡接受正规教育,已是学校的图书管理员,面对的是单调乏味的生活前景。她的姐姐杰奎琳回忆道,[17]虽然格温内斯出生后仅6个星期妈妈就去世了,但在这个亲密无间的大家庭里,孩子们都有过快乐的童年。在四位婶婶的帮助下,父亲把这两姐妹带大,在她们愉快的童年生活里,既有音乐和舞蹈课程,又有乡村的漫步,还有各种小宠物和乡村生活的所有好处。格温内斯特别喜爱动物,还对园艺感兴趣(很久以后,她成了一位园林艺术家)。

两姐妹都通过了当地普通中学的考试,毕业后,格温内斯经过培训成了一名图书管理员,这在当时看来(在20世纪50年代),对一个独立而思想活跃的女子是个很好的职业。杰奎琳记得她们两姐妹都有旅行癖好,尽管她们不曾经历费恩曼式的冒险,但假日里她们俩外出旅行的频繁程度远远超过了当时的普通水平(杰奎琳至今仍有旅行癖好,我们访问她时她刚从果阿回来)。但格温内斯非常依赖于周围的环境和她的家庭,还和一个从哈利法克斯来的男孩保持长期关系。只是在这种关系结束后,她才决定出去看看世界,准备出发去澳大利亚。

1958年她辞去工作买了一张到日内瓦的单程票,这是她周游世界计划的第一段旅程。在某种程度上说,她的家庭对她的这一决定感到吃惊。但他们也承认，格温内斯就是格温内斯，她想好的事情决不会被任何事所阻止。在《工程与科学》上的一篇文章中她讲了她的朋友们对这一消息的反应：有些人说"你简直疯了"，而另一些却说"我也想这么做"，但没人真的这么做。[18] 她随身只带了很少的钱，为的是不让自己有买张票直接回家的想法。她并没计划在瑞士工作，但仅为挣得回家的路费，她得工作。她这样推理，如果她开始工作来挣路费的话，那她也可以挣足够多的钱来生存而不用回家。安排好经济上的事以后，她开始计划周游世界。遇到费恩曼时，她正做一种只供吃饭而很少拿钱的家务工，以保持口袋里的钱只增不减。她只在星期四下午和星期日下午才各有三个小时的闲暇时间，就是在这种对她如此有限的时光里，她遇到了理查德。

当费恩曼了解到她的境况、周游世界的计划和她所得的非常低微的报酬（相当于每月25美元）时，他建议她到加利福尼亚去。他需要一个女佣来为他做打扫房间的活儿，他每周付给她20美元，而不是每月25美元，来增加她的储蓄。最初，格温内斯并没认真想过这个工作。在日内瓦她有两个男朋友，她现有的计划是和他们一起到澳大利亚去几年，而对访问美国她没有特别的兴趣。[19] 费恩曼为他这个鲁莽的建议而抱歉。但她和理查德相处得不错，在他离开日内瓦之前，她已同意考虑他的建议，并且彼此留了地址。

到了11月，格温内斯已决定接受理查德提供的工作，并且开始了办理去美国的移民签证手续。这涉及许多冗长乏味的官僚政治。为了到美国后能工作，格温内斯需要一个担保人，也就是一个能在她工作安顿好之前或是没找到工作的时候从经济方面给她以照顾的人。费恩曼的律师告诉他，他自己来为一个将住在他自己的房子里的年轻女子做担保人不是个好主意，因为他可能会因涉嫌以不道德的目的输送妇女而违法。因此，理查德只好请一位叫桑兹（Matthew Sands）的物理学家朋友来做担保人，彼此说好，如果格温内斯确实需要经济资助时，会由费恩曼来提供而不是由桑兹来管。最后，签证获准了，25岁的格温内斯在1959年6月抵达阿尔塔迪纳。

格温内斯到日内瓦时，她的家人就想念她了，听说她要去加利福尼亚，他们可能再也见不到她这一消息时，他们非常担心。20世纪50年代末，即便是穿越大西洋都是一次巨大的冒险，更不要说去北美大陆了。

每件事都和费恩曼所讲过的一样。他也确实需要有人照顾他。在和格雷克（James Gleick）的一次会晤中，格温内斯讲了迪克的衣柜里是如何地分放着五双完全相同的鞋，几套完全相同的深蓝色西装和他敞着领子穿的白色衬衫。他既没有电视机也没有收音机，总是把钥匙、票据和零钱放在同一个口袋中，省得去想它们究竟在哪儿。

他住在房子的前边，后面是她的房间。"我家乡的人没有这种勇气来做像去日内瓦或是帕萨迪纳这样的事，"她在《工程与科学》的文章中说，"这样做很好。"

最初，费恩曼对他的这个新女管家保持平静。很少有人（当然，除了桑兹和他的妻子外）知道她在那里。后来，同事们注意到迪克回家吃午饭，不久在阿瑟纳厄姆就有闲话说费恩曼和一个女子同居。[20]实际上，尽管迪克有好色的名声，最初他们的关系倒确实像格温内斯在她的移民书上所写的那样。她没打算和他结婚。"在这儿我有男朋友。我度过了一段美妙的时光。我可以不断地和理查德约会。直到突然间，他求婚。在我一生中我从没比这更吃惊过。"[21]

从费恩曼来讲，他在1960年春天的求婚根本不是一个突然的决定。后来他从他自己的角度跟莱顿讲了这个故事。[22]求婚前很久，他就体会到自己是多么幸福，并且提前几周给自己定了一个最后期限，看看自己的感情会不会有变化。定的这个日子到来时如果他的感觉还是同样的，他就决定去求婚。在他所选的日子的前一天晚上，他兴奋得不能再等下去，他找了个借口使得格温内斯直到半夜还没睡，以使他能在既不打破自己的约定等到定好的那一天，又能尽可能早地请求她嫁给他。而格温内斯正好是他的对手。她说，决定之前她要睡上一觉，让他等到早晨再答复他。

他俩于1960年9月24日结婚，是时他42岁，她26岁，而且他们相伴终生。杰奎琳和她的家人未能到加利福尼亚参加婚礼，因为他们的儿子克里斯托弗（Christopher）当时太小了。他们初次到那儿是在1966年，也就是理查德获诺贝尔奖的第二年。但从一开始，格温内斯（常常是和理查德一起）每年都回约克郡山谷看望家人。杰奎琳和家人在第一次加利福尼亚之行以后，也常去美国西海岸旅行，理查德成了他们家庭的一员。理查德和格温内斯的儿子卡尔（Carl）出生于1962年，1968年他们收养了一个女儿，名叫米歇尔（Michelle）。费恩曼终于感受到了有家的男人的真正幸福，而且从容自在地进入了父亲的角色。这不仅对他自己的家庭来讲是如此，而且对世界各地正在成长的一代物理学家来讲也是如此。按照福勒（Willy Fowler）说的，[23]尽管加州理工学院的每个人都对50年代的费恩曼印象深刻，认为他是"物理学部最聪明、最明智的家伙"，但他并不是个容易相处的人。然而，"和格温内斯结婚后费恩曼变了。他变成了一个更好的家伙。她是一个那么可爱的人，这和'非常古怪'的玛丽·露恰恰相反。玛丽·露引起每个人的反感，当费恩曼和她离婚时，每个人都有轻松感。费恩曼和格温内斯结婚时，我们都暗想这回会怎么样呢，结果棒极了。"

处于20世纪50年代个人生活的混乱之中，费恩曼仍然完成了物理学中两项重要的工作，另外还有几项稍为次要的工作。

◇ 第八章

超低温科学

还是在康奈尔的时候,费恩曼就开始对液氦的特殊性质感兴趣,因忙于完成量子电动力学的他那种形式的表述,故未能对这一问题作出真正的努力。因此对他来说,20世纪50年代初他刚在加州理工学院安定下来就着手做这方面工作,乃是非常自然的。这是物理学中的基本问题,其中涉及粒子的量子性质,凭借他对自然本性的独到见解和洞察问题核心的理解力,他能予以解决,且能避开其他人围绕这一问题所用的数学上的复杂性。

为了使氦完全液化,必须获得真正的低温。从原则上讲,所能达到的最低温度是-273.16℃,这定义为开尔文温标(K)中的零度,即0 K。"绝对零度"就是指每个粒子具有为量子法则所允许的最少能量时的温度。在某种意义上讲,这是量子不确定性起作用的一个例子。如果一个粒子的能量为零,它就会完全静止地呆在某处,而不会运动到任何地方。这样它的位置和动量就不会有不确定性了。由于不确定性的存在,粒子总是至少会有很少的能量,使它能以不同的方式振动。氦从气体凝结为液体时温度只有5.2 K,此时它能够振动的量额已接近于量子下限。然而,就凭这极少的一点能量,它却能做出足够惊人的事。

氦是在1908年被荷兰著名物理学家卡末林·昂内斯(Kamerlingh

Onnes)首次液化的,在进一步的实验中他甚至把温度压低到5 K以下。1911年,他发现在温度只有2.2 K时,液氦发生了一些非常奇特的事情。差不多同时,他发现了超导现象。超导是指一些金属被冷却到非常低的温度时,它们的电阻完全消失。

所发生的第一件奇怪的事是,当液氦被冷却到2.2 K以下时,随着进一步被冷却,它会随之膨胀而不是收缩。由于这点和在这一温度下出现的其他变化,在转变温度以下的液态氦开始被视为氦的一个独立的"相",就和液体自身有别于气体一样,这时的液氦和在较高温度时的液氦也不相同。高于2.2 K的液氦被称为氦Ⅰ,低于2.2 K的液氦称为氦Ⅱ。在卡末林·昂内斯开创性工作之后的某个时候,又证实了液氦Ⅱ的一种给人印象最深的性质,即它是超流体。这种超流体能在微小的毛细管中潜行而似乎不会遇到任何阻力,甚至能爬上容器的壁而逃逸,或是从小得连气体也不能通过的微隙中渗漏出来。

到了20世纪50年代初,围绕超流体之谜出现一种想法,尽管它在数学上计算起来极麻烦,却开始为人们所接受。这种思想是,在2.2 K的临界温度下,液氦Ⅱ可作为两种独立的流体的混合物来处理。一部分流体看作已处于它在绝对零度(即0 K本身)时应进入的状态,每个氦原子只带有最少的能量。另一部分则是"正常"流体。在0 K时,这种流体会全部处于最低量子能态,在2.2 K时,则处于"正常"状态。在这两种温度之间,这种混合的比例会平滑地变化。

对超流性的这一解释的关键涉及量子实体的行为方式,而且是基于把整个氦原子当成像电子和光子一样的单个量子实体——实际上,是基于把它们**完全**当作光子那样来处理。

量子实体分为两种,分别称为费米子和玻色子(以物理学家费米和玻色命名)。费米子是像电子这样的我们习惯于把它想像成粒子的量子实体,每个费米子带有半整数的量子自旋,如1/2、3/2或5/2等等。玻色子是像光子这样的我们一向将其想像成波的量子实体,每个玻色子带有零或整数单位的自旋,如0、1或2等等。费米子和玻色子的一个重要的实际区别在于,没有两个费米子能在同一个量子态中存在,而玻色子可以怡然自得地和其他玻色子处于相同的量子态。这一点的言外之意,可用原子的结构为例来讲。原子中围绕原子核的电子必须独自占据一种量子态,对应量子能级的一个"台阶"。底层台阶允许有两个电子,因为电子有相反的两种自旋(一个朝上,一个朝下),但在某种意义上讲,其余的电子只能呆在离核稍远的能级上,以避免和内层的两个电子的状态相同。实际情况比我们所说的略微复杂一点,但要点是一样的,即每个电子有它自己的位置,就像剧院中的观众每人都在观众席上对号入座一般。如果不是由于费米子的不相容性,则任何一种原子中的所有电子,就都会挤在紧靠原子核的最低能态上。这样的话,所有原子都将或多或少地具有相同的化学性质,化学性质的复杂性将不复存在,从而包括生命在内的一些现象也就不会出现,这个世界也就不会如此有趣。

玻色子遵守不同的法则,而且能和其他玻色子一起处于最低能态。和那些平静的对号入座的戏迷不同的是,它们更像摇滚音乐会上的狂热的歌迷,所有玻色子在舞台前挤成一团。还有别的不同,这会影响一个充满玻色子的盒子——玻色子气——的行为方式,使它的性质不同于一个充满费米子气的盒子。20世纪20年代理论物理学的最富戏剧性的发现,乃是用粒子的思想来解释光的行为,这种思想是把光当做遵守玻色子气法则的粒子,而根本不必涉及波的思想。爱因斯坦也参加了这项工作,这种玻色子气有时也称为一种玻色—爱因斯坦凝结。超流体氦的二分量模型讲的是,在低于2.2 K时,部分液体的行为与玻色—爱因斯坦凝结(玻色子气)一样,和光子的行为方式相同,余下部分则与诸如电子这种粒子(费米子气)的行为相同。

在20世纪50年代，费恩曼在5年中（1953—1958年）用了10篇论文（多于他在量子电动力学上所发表的）来解释液氦的超流行为，其中有很多工作是在他第二次婚姻以及随之而来的混乱阶段完成的。和往常一样，他不太注意别人为解决这一问题所作的千方百计的努力，总是从第一性原理做起，考虑流体中单个原子的行为，即它们振动或彼此滑动或相互碰撞的方式。他应用后来被证明在量子电动力学或经典光学中都有效的路径积分方法，导出了一种理论，这一理论被物理学家派因斯（David Pines）描述为"那种不可思议的融合，是费恩曼式的新颖别致的数学和见解独到的物理学的融合。"[1] 派因斯还注意到一个事实，即在这一系列论文的第二篇中只有一个方程，从液氦是玻色—爱因斯坦凝结这一点出发，仅通过"一系列严密的推理论证"，就能引导读者得出有关液氦行为的确定的结论。在建立了一个令人满意的超流体模型的同时，费恩曼还把费恩曼图以及路径积分的用法介绍给从事凝聚态物质研究的一代物理学家，使得这些技巧成为物理学那一分支中必不可少的工具。

费恩曼也做了超导问题的研究，但这一次他的才识使他失望，对这一现象他未能做出令人满意的解释。但就连这次失败也在科学史上流传下来了，因为费恩曼对此事的态度证明了他性格的另一侧面，即他在科学上极其诚实。这一问题真正得到解决是在1957年，靠的是巴丁、库珀（Leon Cooper）和施里弗（Robert Schrieffer）的理论。费恩曼属于认识到他们的模型（称为BCS理论）已真正解决了这一问题的第一批物理学家，他马上放弃了自己解释超导体方面的努力，并且在每一个适当的场合歌颂BCS理论。然而就是在一年前，即1956年的一次会议上，施里弗却为费恩曼解决物理问题的独特方法而折服。施里弗正好是那次会议指定的大会报告起草者，因此他对所有的报告都密切地注意了。在和格雷克的一次会晤中，他回忆了费恩曼怎样作了一个有关两个问题的报告——其一是他自己解决了的问题(即超流体),其二是仍使他困惑的问题(超导体)。施里弗从没听到过一个科学家在公开场合如此热心地描述一种失败的理论中的种种细节。费恩曼天性诚实,使他在危险区域做上标志,以免他人重蹈覆辙。实际上,在他已攻错目标时,能够不一味地认为自己走的路是对的,这也清楚地表明了他在这方面的能力。

1972年,BCS小组因他们的超导体理论而分享了诺贝尔物理学奖。巴丁因此而创造了同一个人在同一领域中两次获诺贝尔奖的历史。他曾因发现晶体管效应而与肖克利(William Shockley)和布喇顿(Walter Brattain)分享过1956年的诺贝尔物理学奖。事后看来,很难看出费恩曼在超流体方面的研究有什么比超导体的BCS理论逊色,但实际情况却是,当朗道(Lev Landau)获得1962年诺贝尔奖时,在获奖理由中却明确地提到了他在液氦理论方面的工作。在1962年,很明显,费恩曼的杰作是量子电动力学,因此没有人真正考虑过把那年的奖让他和朗道分享;而到了1972年(当BCS组获奖时),已经太晚了,超流体方面的奖已发过了。否则,费恩曼可能也会像巴丁那样获得双倍的荣誉。

1957年,费恩曼在超导问题上的失败虽然使他有失意之感,然而,那年夏天他对物理学所作的另一项诺贝尔奖水准的贡献,却给他带来远远超过那种失意程度的欣喜,那是在另一个完全不同的领域的理论,即弱相互作用理论。

费恩曼一直被电子的狄拉克数学表述的优美与威力所深深打动,他渴望能取得类似的发现。这种基本的发现在物理学上是非常稀少的,能和电子的狄拉克方程相媲美的一个极罕见的例子就是麦克斯韦的电磁场方程。因此费恩曼知道这是一个也许永远也不能实现的梦想。但在1957年他终于接近或者说足够接近于他自己所向往的目标,而作出了一项意义重大的贡献——建立了费恩曼形式的β衰变理论。

β衰变即原子核（或一个孤立的中子）分裂出一个电子的过程，是一种弱相互作用的过程。

费恩曼对弱相互作用理论的密切关注，始于1956年4月在纽约州罗切斯特举行的一次会议，这一工作持续了大约18个月。在此期间，他的脑子里还有其他的事：他是在1956年夏天离婚的，他在超流体方面的系列论文的工作也正值中间阶段。但他的注意力已被涉及两种粒子，即所谓的θ和τ粒子的奇怪问题所吸引，这两种粒子最初是在宇宙线中发现的。令人困惑的是，θ和τ这两种粒子，不说完全相同吧，但几乎在每个方面都相同：它们有相同的质量，而且都是不稳定粒子，还有相同的寿命，等等。仅有一点不同。当它们衰变时（通过弱相互作用），θ粒子衰变为所谓π介子家族中的两个粒子，而τ粒子衰变为三个π介子。对于所谓"宇称"的这种性质，这一组三个π介子的宇称为-1，而一组两个π介子的宇称为+1。假定在衰变过程中，宇称没有变化，那就意味着θ粒子和τ粒子本身具有不同的宇称，因此它们必定是不同的粒子。

"宇称守恒"的概念是物理学家们极力维护的信念，因为它和事物的镜象反演的方式相联系。如果宇称是守恒的，这意味着从根本上讲，自然界不区分左和右。如果宇称**不**守恒，这将意味着在艾丽斯的镜中世界里物理学的定律将有所不同（也许只是略有不同，但确实是不同的）。就在1956年罗切斯特会议前后，一些人正为这一问题而奋斗，试图找到一种允许θ和τ是同种粒子而又能保持宇称守恒的办法。在这些人中，包括一个由两名美籍中国物理学家组成的小组，普林斯顿高等研究院的杨振宁［朋友们称他弗兰克(Frank)］和哥伦比亚大学的李政道（简称T.D.），还有一个独立工作的默里·盖尔曼（Murray Gell-Mann），他1929年生于纽约市，最近（1955年）成为加州理工学院的教授，他的办公室与费恩曼的只相隔一个房间，他将在这个办公室工作很多年，中间是他们的秘书的办公室。

在1956年罗切斯特会议中,和费恩曼同住一客房的是布洛克(Martin Block),他是个搞实验的,若在公开场合向理论家们所信奉的思想挑战,他会感到胆怯。正如费恩曼在《别闹了》一书中回忆的,一天晚上他问费恩曼,也许 θ 和 τ 真的是同一种粒子,这样宇称守恒就会被破坏,这是不是真的就那么糟糕。费恩曼认为这是一个很好的问题,并力劝布洛克去问专家。但布洛克却不愿这样做,他坚持认为没人会听他的,并让费恩曼去问这个问题。

> 于是在第二天的会上,当我们正在讨论 θ-τ 疑难时,奥本海默说:"关于这个问题我们需要听听某些新的更疯狂的想法。"
>
> 因此我站起来说:"我正要代布洛克来提一个问题:如果宇称法则是错的,后果又会怎么样呢?"[2]

李政道回答了这个问题,但他用了费恩曼和布洛克都不能真正听懂的复杂的术语。至少另一名实验人员与费恩曼讨论了做一个在其他粒子的相互作用中寻找宇称破坏的实验,但这一实验并未真正做起来。后来布洛克告诉费恩曼,在会后回家的途中他和李政道乘同一班机,他利用这一机会强调这件事,至少辨明了这种可能性是值得研究的。[3] 费恩曼回加利福尼亚办离婚的事,并继续做液氦方面的工作。但是李政道和杨振宁已对宇称问题做了研究,而且1956年的罗切斯特会议上的讨论可能促使他们的研究更进了一步。同年稍后些,他们发表了一篇论文,从弱相互作用中宇称破坏的整个情况着眼,讨论了理论上的预言,提出了能用来检验这一想法的可行实验。那年末,另一名哥伦比亚大学的研究者吴健雄完成了由李政道和杨振宁提出的实验之一,而且结论性地表明在弱相互作用中宇称有时确实被破坏。尔后不到一年,于1957年秋天,李政道和杨振宁因他们的工作而得到诺贝尔奖,是获此奖速度最快者之一。[尽管诺贝尔(Alfred Nobel)确实规定他的奖应授予在前一年中所完成的工作,但这一规定几乎总是被打破。]

到1956年末,尽管每个人都知道宇称并不守恒,从而知道θ粒子和τ粒子是同一种东西(现在叫它为K粒子),但以两种不同的方式衰变,却没人能拿出一个满意的理论来描述这种奇怪的行为。在次年4月的另一次罗切斯特年会上,费恩曼抓住这个机会和妹妹琼住在一起,琼已获得固体物理学的博士学位,就住在附近的锡拉丘兹。这次,琼能用他以前给她的口头劝告来慷慨地回报他了,很多年以前,是他的劝告把琼引向了博士之路。

理查德有李政道提交给1957年罗切斯特会议的论文复印件,他对琼抱怨说他理解不了它。

"并非如此,"她说,"你的意思并**不是**说你理解不了它,而是你没有**发现**它。你听到一些线索,但你没能用你**自己**的方式把它得出来。你现在该做的就是,想像你还是一个学生,把论文拿到楼上去,一行行地读并验算每一个方程。然后你就会很容易地理解它了。"[4]

怎么听起来这么熟悉?记得琼14岁的时候,理查德告诉她怎么设法读懂他给她的一本天文学的书——"你从头开始尽量往下读,一直到你读不懂再停下来。然后再从头开始,就这样读下去,直到你能读懂整本书为止。"[5]

理查德采纳了妹妹的建议,发现他曾认为很难理解的东西实际上一旦他理解后就变得"非常显然而又简单"。就这样,他认识到他原来在其他方面做过的一些工作可以用于这些问题,还对涉及弱相互作用的一些实验结果做了些新的预言。以费恩曼典型的闪电式方式,一晚上他就完成了每件事情,以他自己的方式解决了已困扰别人达几个月之久的问题。费恩曼得出的弱相互作用的理论并不是非常有效(当然,这一理论是以路径积分方法为基础的),尽管能给出一些明确的预言,但对其他情况,包括对中子衰变本身这一原始例子,这一理论还是有些糟糕。但无论如何,这是一个进步。第二天,费恩曼说服一位叫凯斯(Ken Case)的与会发言者省出5分钟来,使他得以在会上快速简洁地介绍了他的这一思想。"接下来,"费恩曼讲完后说,"我去巴西过暑假。"[6]

没有别人会这么做的。他取得了一个重要的突破,在几小时内得出了预言并设法在5分钟内概括出他的这一发现。接着,不是把它写下来准备发表,而是去了巴西。费恩曼从不为优先权或是被其他科学家超越而担心,不管是对欧几里得还是李政道和杨振宁。通常,他从不为发表他自己的工作而费脑筋。有很多次都是这样,他的同事到他在加州理工学院的办公室想得到迪克对某个问题的意见,却只是发现迪克自己早已解决了这个问题,而且从未对任何人提起过。更有甚者,就像在1949年的美国物理学会会议上斯洛特尼克为他的发现为难一样,费恩曼经常是从更普遍的形式上已经解决了问题。

高超的物理才能加上对发表的漠不关心,这两点使得费恩曼的名声远远超出他的领域。曾在加州理工学院工作过的天文学家福勒,从20世纪60年代初类星体刚被发现之时起就对费恩曼的一桩轶事津津乐道。[7] 霍伊尔(Fred Hoyle)在加州理工学院的一次讨论会上作了一个报告,提出类星体可能会是超大质量恒星。此时,费恩曼(他是量子理论和超流方面的专家,在人们的意识里,他并不是引力理论的专家)站起来说:不对,那是不可能的,这样的恒星在引力上会是不稳定的。这番话使得霍伊尔很狼狈。事实上,费恩曼在好几年前就已对超大质量恒星的稳定性做过透彻的研究,包括广义相对论所描述的种种效应,而这主要只是为了自娱。按福勒所说,那是写了上百页纸的工作,其他天文学家做了它就会为之自豪,而费恩曼却从不为发表它而费神,只要它正确，能让他自己（他真正想打动的唯一读者）满意就行。

实际上，福勒讲的轶事与事情的真相略有偏离，因为费恩曼对引力感兴趣并不是个秘密，令人惊奇的是，在类星体刚被发现的20世纪60年代初期，这种兴趣已经引导他走了多远。实际上他已参加了1957年1月在查珀尔希尔的北卡罗来纳大学举行的会议，这次会议则属于讨论引力在物理学中的作用的首批会议之一（在《别闹了》一书中他描述的就是这件事，当他去开会时已经迟到了，他发现北卡罗来纳大学有两个校园，为了找到他要去的那一个，他问出租汽车司机，是否注意到有这样一群人，"他们彼此交谈着，并不在意他们正要去哪儿，而是互相说着一些像'季—缪—纽、季—缪—纽'*一类的话"，这就是他要去的那个校园。司机马上明白了他描述的是那些物理学家，就把费恩曼送到了该去的地方）。[8] 可见，费恩曼甚至是在1957年的罗切斯特会议之前，即得到琼的指点而理解了李政道的论文之前，就积极地参与了引力的研究。

在查珀尔希尔会议之后，费恩曼在引力研究方面花了四五年的时间，力图找到一种方法来发展引力的量子理论。他尤其对引力辐射感兴趣，是最早有力地论证"引力子"必定存在的几个人之一。"引力子"则是光子的引力对应物。对引力辐射的搜索至今仍未取得什么结果，但是21世纪初期的新一代探测器应该能探测到来自坍缩恒星的辐射爆发。恰如其分地讲，在当今这方面的研究中，加州理工学院正是领先的几个中心之一。但在20世纪60年代初期，费恩曼本人在量子引力方面的研究碰壁了。1962年7月，他出席了在华沙举行的会议，会上他讲了他所做的工作，这项工作被收入会议文集并于1964年出版。[9] 尽管这一领域的进展减慢了，但费恩曼的工作（特别是他所用的拉格朗日形式）到今天仍是恰当的，我们将在第十四章中看到这一点。然而，真正

---

* 实际上是 $G_{\mu\nu}$ 的发音。——译者

值得注意的是(这也正是福勒讲的故事的要点),这项工作是费恩曼在做其他研究的同时完成的,其他工作则包括了发展他的弱相互作用理论。

费恩曼初期的弱相互作用理论存在的一个大问题是它不能解释中子衰变,就像他在1957年的罗切斯特会议上所承认的那样。在某种相当特定的方式下,即涉及相互作用中所含虚粒子的类型的情况下它不适用。尽管这些粒子的存在是短暂的,但在所有现代的粒子相互作用理论(包括量子引力!)中都少不了它们,而且它们自身的性质又影响到这些相互作用(包括弱相互作用)发生的方式。它们具有的一些和自旋、宇称相关的性质被命名为 A、V、S 和 T [是"轴(axial)"、"矢量"(vector)、"标量"(scalar)和"张量"(tensor)的缩写,但叫什么名字其实并不要紧]。在费恩曼对中子 β 衰变的新描述中,必须包含 V 型和 A 型相互作用,但已发表的 β 衰变的实验结果,却断定这一过程涉及 S 型和 T 型相互作用。

如果他留下来并查看他和实验者的差异之所在,也许在1957年春天他就解决了这个问题。但那时费恩曼已在巴西,其他物理学家仍被这一问题所困扰。在高能物理年会的东道主罗切斯特大学里,马沙克(Robert Marshak)(罗切斯特会议是他在1950年发起的)和他的学生苏达山(George Sudarshan)也在围绕这样的观点做考虑,即想到 β 衰变中也许只要包含 V 和 A 相互作用就够了。盖尔曼在加州理工学院也正沿相似的思路思考,马沙克和苏达山在1957年7月访问加州理工学院时,他们三人讨论了这种想法的蕴含,而此时费恩曼却远在巴西。其实,在1957年4月的罗切斯特会议召开之前,苏达山就已在这一问题上花了很多时间,但作为一个学生,他没有资格出席这个会议,而他的导师马沙克却一心想提交另一课题的一篇重要论文。莫名其妙地,在会议的讨论中他们没有一个人提到他们在弱相互作用方面的工作。

从里约热内卢回来的途中,费恩曼经过纽约时在哥伦比亚大学停下来，希望和吴健雄就弱相互作用问题的最新实验结果做一次讨论。但她不在那儿，一位同事告诉费恩曼说最近的情况基本上还是一团糟。到他返回加州理工学院的时候，盖尔曼已离校度假去了，但费恩曼和几个搞实验的人讲了这个问题。他们也认为情况其实是混乱到毫无希望的程度。"情况太糟了，"他们告诉他，"默里说相互作用也许真是V和A。"[10]

费恩曼兴奋了。如果β衰变只包含V型和A型相互作用，而不含S型和T型的，那么他的理论就是完全正确的！他又重新计算了每一种情况，而且确实都是对的。最初，按他的理论计算的某一特定的数据，看起来与实验有9%的差异；接着他发现了，教科书上印的这个数是错的，而且后来向正确方向修正了7%。实际上只有2%的误差，这在粒子物理学中已是相当好了。又是一个通宵，他计算完了，做出了物理学中真正的基本发现，他被这种快乐的感觉所振奋。

> 在我的科学生涯中，我觉得这是第一次，也是唯一的一次，我知道了一条没有别人知道的自然法则。虽说它并不像狄拉克的或者麦克斯韦的法则那么美妙，但我描述β衰变的方程却与此有点相像。这次是我第一次发现了一个新的法则，而以往却是在别人的理论里改进某种计算方法。[11]

在谈到量子电动力学时，他用的是一种有点自我否定的方式。费恩曼从第一性原理出发，找到一种全新的方法来系统阐述量子理论（和经典理论！），他自己的这等贡献他不说，却不知是什么原因，使β衰变方程成了最让费恩曼自己动心的一个发现。他认为："现在我已实现了自我。"而且只有这一次，他相当激动地写下他的发现准备立刻发表。

可事情并非那么简单，这一次——真正和他有关的仅此一次——费恩曼对确立优先权问题的懒散态度使他大吃苦头。不久，盖尔曼度假归来,打算把自己的弱相互作用的 V 和 A 这一形式的理论写下来,而令他多少有些不快的是,他发现费恩曼竟把本当是自己的球给捡跑了。

为了平息风波,也是急于避免在同一时间同一发现上由加州理工学院的不同作者发表两篇旗鼓相当的论文,该校物理系主任巴彻,要求费恩曼和盖尔曼合写一篇论文,他们照办了。《物理评论》在1957年9月16日收到这篇论文,在1958年用了不到6页的篇幅发表了。在物理学中这是明显地向前迈进了一步。在某种意义上,是以狄拉克提出"电子方程"的方式给出了"中微子方程"。不久,这就成了(而且一直是)被广为引用的经典文章。这令苏达山和马沙克非常懊丧,7月底他们就把关于这一思想的文章写好了,交给了1957年秋天在意大利召开的一个会议,但在期刊上(也是《物理评论》)印出来要比费恩曼和盖尔曼的晚。结果是他们的工作被不公正地看成是"我也做了"的练习。这对苏达山来说成了一次沉重的打击,他是刚刚完成了他的第一项重要工作的一名年轻研究人员,而且知道在以后的生涯中不太可能再做出意义如此重大的工作。费恩曼和盖尔曼分得荣誉的这种方式使苏达山感到辛酸,而且这种情感他从未克服过。在科学上的规则是荣誉一般都给予首先发表的那个人,这是很公平的。苏达山和马沙克有足够多的机会在1957年的罗切斯特会议和那年年底之间发表一些东西;虽说在他们真正发表之时,他们的工作也不如费恩曼和盖尔曼的版本那么完整或说是优美。尽管如此,费恩曼本人总是力图给苏达山以应有的荣誉,每当讨论弱相互作用的理论时,费恩曼总是细心地提到苏达山和马沙克的工作,像看待费恩曼与盖尔曼的论文一样。[12]

此外,费恩曼从弱相互作用研究的历程中也吸取了另一个教训。如果相互作用中包含的真是 V 和 A 而不是 S 和 T,为什么每个人都对 S 和 T 那么肯定呢?原来所有专家引用的都是同一个实验,有些是二手或三手的。在巴彻的建议下,费恩曼去图书馆查寻那篇文章,就是一谈到弱相互作用是S和T时每个人都引用的那篇。他发现那个结论的基础乃是数据图边缘位置的最后一两个数据点，虽说印在纸上的图是基于实验测量而作的，但"原则上在数据范围边缘处的点——最后的点——不会是很好的。因为如果它是很好的，那么在它之外必定还会有另外一个点……"[13]直到此时，他"从没看过原始数据……假如我是个出色的物理学家，当我回想罗切斯特会议上的原始想法时，我就会立刻查核……从那时起，我绝不再迷信由'专家'提供的任何东西。每样东西我都亲自计算。"

也许正是因为这一点，对于他最大的发现的荣誉被人分享一事，他才从未过分地不安过。这是他自己的失误而不能怪别人，在去巴西之前，他并没查看实验数据，指出其中的错误并立刻发表他的理论。所以，不管后果如何他都应该接受。而且除此之外，他还知道他是完全靠自己得到这一结果的，这与别人到底做得多快毫不相干。

若在其他情况下，弱相互作用的理论也许已使某人赢得了诺贝尔奖。这项工作的水平肯定至少和许多已获此奖的成果一样高。但却有一个意外的障碍——从未打破过的一个规定是，对于某一项具体工作，获此奖的人数不能超过三人。这是一个荒谬而带随意性的规定，它使费恩曼、盖尔曼、马沙克和苏达山一起获奖的可能性，甚至压根儿未被讨论过。

超流理论和弱相互作用理论是20世纪50年代费恩曼对物理学的两大贡献，其中任何一项都足以使普通物理学家在其专业上树立起名家形象，让他或是她享有终生的荣誉。在费恩曼传奇中，只因是和辉煌卓越的量子电动力学自身相比，它们才相形见绌。而且，除了这两项意义重大的工作之外，还有家庭的麻烦、对拉斯维加斯和其他有趣之处的访问、有时有些不寻常的社交生活以及后来遇到格温内斯*并和她结

---

* 社会生活和物理学在这里可喜地融合在一起，费恩曼之所以在瑞士遇到格温内斯，是因为1958年的罗切斯特会议已改变了自身的方式，成了逍遥学派式的，并在瑞士持续了一个季度之久。

婚等事。除了这一切,在20世纪50年代,作为一种放松,费恩曼还抽时间在科学和工程的其他领域中作出了一些贡献。

20世纪50年代中期,仿佛他的盘子中的东西还不够多,通过在加州理工学院的一位叫赫尔沃斯(Robert Hellwarth)的微波激射器(激光器的先导)专家的关系,费恩曼又参与了发展微波激射器的工作。他和一个名叫弗农(Frank Vernon)的研究生合作,发展了一种用于微波激射器和激光器问题的简便算法,用一种新式图,便于工程师在处理实际问题时去理解量子力学;这项工作属于费恩曼对物理学诸多贡献中被引用最多的,[14]设计CD唱机中激光器的人可能就在其中使用了这项FVH技术。赫尔沃斯后来到休斯飞机公司工作,由于这种关系,费恩曼开始到休斯作系列演讲,他愿意讲什么就讲什么。费恩曼在加利福尼亚的时候,每个星期三演讲一次,他对此非常感兴趣,以至于这一惯例在他最佳的阶段持续了30年。

费恩曼对携带生命遗传信息的DNA的研究即分子生物学的新进展也颇有兴趣。正如我们已看到的,他决定留在加州理工学院的原因之一就是学校里有像德尔布吕克(Max Delbrück)这样的生物学研究者,而且有条件随时了解这一领域的进展情况。50年代后半叶,费恩曼和德尔布吕克以及另一名年轻的生物学家埃德加(Robert Edgar)商定,他可以随时到他们系里来,像生物系的研究生那样学如何处理生物材料,并且分得一个小课题去做。结果证明这非常有趣,当费恩曼在1959年至1960年这一学年有资格再享受一个休假年时,他就用它来和梅塞尔森一起在加州理工学院从事DNA的研究。虽未作出什么重要的贡献,但他学会了很多东西,而且有幸结识了这一领域许多出色的研究者。不过,他搞生物学的这一年中最高兴的一件事却是做教学助理。他教生物系一年级学生的专业课实用技术基础,再加上数学和统计学,而学生们并不知道迪克·费恩曼是谁。这个学年末,学生们把他评为所遇到过的最好的助教。"我由于在所有助教中得到最高分而受到大肆宣传。即使是在生物学而不是在我自己的领域中,我都能够清楚地阐明事理,我为此而相当自豪。"[15]

其实,费恩曼行将进入他作为一名伟大的演讲者的鼎盛时期。但在从事生物学工作的休假年中,他对科学所作的最值得纪念的贡献是,他1959年12月底在美国物理学会年会上作的特邀报告。那一年会议恰好在加州理工学院举行,报告的题目是"实际上空间大得很",[16]至今它仍被作为对原子和分子尺度上的工程——纳米技术的可行性的第一次清楚的陈述。[17]

报告中他提出两个挑战,对解决这每一个问题的第一人给予1000美元的奖金。一个问题是做一个能运转的电马达,恰好能放入边长为0.4毫米的立方体中。使他意外(和惊愕——他并没有计划设立该奖,只好自己掏腰包)的是,这事竟在1960年11月由本地的工程师麦克莱伦(William McLellan)做到了。麦克莱伦带了这个装置来给费恩曼看,它被装在一个大木盒里,他讲述了见到这一情景时费恩曼的目光是多么的呆滞。接着,麦克莱伦打开盒子拿出一个用来看这个微型电机的显微镜。费恩曼见了,只是说着"哦——哦"。[18]

另一项是奖励这样的人,他能找到一种方法,可以在针尖上写下全部的《不列颠百科全书》,也就是要比标准印刷的尺寸缩小25 000倍。在那种尺度上,"人类记录在案的所有信息,可以刊登在一本小手册里",[19]小手册只相当于印刷的《不列颠百科全书》的35页那么厚。这项奖在1985年由斯坦福大学的一位毕业生纽曼(Tom Newman)领取了。他用一束电子把狄更斯(Charles Dickens)的《双城记》的第一页内容写在所要求的尺度(即针尖)上。在领奖之前他遇到的主要问题是写好之后如何(用电子显微镜)找到这段文章,因为与刻在其上的这段文章相比针尖是个巨大的空白空间。10年后的1995年,洛斯阿拉莫斯国家实验室的科学家们将整本书逐字逐句地刻在钢针侧面(不是尖上)的长为25毫米、宽为2毫米的尺寸上,每一个钢针能以可读方式长期存储2亿字节的数据。这个在1959年底看起来似乎是玩笑式的疯狂遐想,在大约35年后竟成了切实可行的实在东西,它可用于以只读方式存储的大量信息,而且在任何地方都可恢复阅读。

在下个世纪,像国会图书馆和不列颠图书馆这样的资料库真的可以只保存几根像这样的钢针,上面按照要求复制着任何一本藏书。所有这些都被费恩曼明确地预见到了,当他把这一切提交给1959年的会议时使得物理学家们大为惊讶,就像魔术师从帽子里取出一只兔子一样,身为加州理工学院生物系最优秀的助教的人,不知从哪里又变出这么多时间。此时的费恩曼,已完成了超流体和弱相互作用方面的研究,结束了搞生物学的休假年,在20世纪60年代初期以及接下来的几年中没有什么重要的问题要去做(除了他未发表的自己做的引力理论研究之外),而且他终于拥有了美满的婚姻。他已处于一个理想的位置,就要从加州理工学院的一名最好的教师一跃而成为世界上最出色的物理学大师,像施温格尔所做的那样,以书籍的形式将费恩曼思考物理学的方式带给比以往任何时候的听众都要多的广大读者(他还会和以前一样,再从帽子中取出更多的兔子)。

第九章

名望和幸运

进入20世纪60年代的时候,费恩曼在个人生活和职业这两方面都已是无忧无虑。他马上就要结婚,还决定再也不离开加州理工学院,而且在1959年秋天被任命为理论物理学的托尔曼(Richard Chace Tolman)教授,使他1960年的年薪超过20 000美元,从而成为全体教员中报酬最高的一个。到当时为止,他还只是一个在物理学界知名的人物。[1]此时的费恩曼已40岁出头,连他自己也认为他在理论物理学方面最大的成就都已在过去取得了,尽管他继续勤奋而又认真地去从事引力的研究,试图找到一种对引力现象的量子力学描述方法,像麦克斯韦把电和磁联系起来那样,把引力与量子物理联系起来。在这方面他始终未获得成功。但他的生涯正面临一个意想不到的转折,带给费恩曼的将是比他预期的要大得多的名望。我们会在第十章中看到,到了60年代末,甚至是在50多岁时,费恩曼还对理论物理学作出了他最后一个伟大的贡献。

尽管作为世界研究中心的加州理工学院是成功的,但它在60年代初期的物理教学方面仍存在一个问题。大学生们仍按40年代设置的课程接受教育,在最初的两年里学的是一大堆经典物理,只有到了第三年才开始接触像相对论、量子论和原子物理学这些令人兴奋的论题,而此时他们的头脑早已被前两年的沉闷弄得非常麻木。

把加州理工学院的物理教学牵引进20世纪后半叶,启动这一转变的人物是桑兹,他就是在格温内斯申请签证时为她做担保的费恩曼的物理学家朋友。桑兹劝说最初还有些不太情愿的物理系主任巴彻,说有些事必须去做,而且巴彻从福特基金会得到了彻底调整物理学导论课程所需要的基金。巴彻还把一个思想比较保守的物理学家莱顿(Robert Leighton)拉进来,以此作为对桑兹的某些过激行为的一种平衡,同时让搞实验的内尔(Victor Neher)着手设计新课程中实验室工作的可行方案。

在1960年最初的几个月里,桑兹和莱顿的合作进展得并不顺利。莱顿要设置的是传统的课程,而经常征求费恩曼意见的桑兹,却要的是新的且有创见的东西。"看来我们没法达成共识,"桑兹后来告诉梅赫拉,可是,"有一天,我灵机一动,于是说:'你瞧,我们为什么不请费恩曼作些演讲并让他来最终决定内容呢?'"

没有任何别的大物理学家教过大学新生的物理课(至少在他们成为大物理学家之后是如此),而费恩曼却被这一挑战和机遇所吸引,这使他得以向世界上更广泛的听众表明他的思想方法。莱顿虽然有点顾虑,但也为桑兹和内尔的热情所感染。因此从1961年秋天起,费恩曼就开始了计划讲一年的物理学导论的系列演讲。最后,这门课竟从1961年9月讲到1963年5月,跨越了两学年。协议是这门课由他讲一次,而且只讲一次。

由于意识到这将是一件不寻常的事情,从一开始加州理工学院就小心地保存这个演讲,以保证留传后代。全部内容都录了音,莱顿和桑兹承担整理录音的工作(总量超过了100万字),[2]首先写成短文再整理成书(莱顿估算这是一项每次演讲需要10至20个小时来整理的任务)。[3] 费恩曼每周讲两次,他把全部的时间都用来准备演讲,计划好演讲的结构并把它整个串在一起。尽管演讲前他已把方方面面都想过了,但他去讲的时候并没有正式的讲义,仅仅是带一张上面写着关键词的纸做提示,好让自己注意讲课的连贯和流畅。

费恩曼之所以成为一位伟大的导师,按照古德斯坦所言,[4]是因为"对费恩曼来讲,演讲大厅是一个剧院,演讲就是一次表演,既要负责情节和形象,又要负责场面和烟火。不论听众是什么样的人,大学生也好,研究生也好,他的同事也好,普通民众也好,他都真正能做到谈吐自如。"古德斯坦强调了费恩曼在几年的演讲中所做的大量的准备工作,因此,尽管费恩曼肯定能在几乎是物理学的任一方面滔滔不绝地讲个不停,而且他的演讲中也确实有即兴发挥的痕迹,但演讲的整个结构(包括一些明显的临场发挥和正儿八经的说道)都在事先仔细地计划好了。"我从他演讲的讲稿得知,他并不需要很多注解来提醒自己要讲什么,因他知道他所要讲的东西的详细情况。"[5]

费恩曼著名的大学生演讲达到了如此理想的地步,它们像是演出,开头、中间和结尾都很有趣。每个演讲都自成一体,而且都是以对要点的概括作为结束,以便学生们可以留做将来参考。如果谁愿意尝试一下听这些演讲的滋味的话,任何人现在都可以实现这点,因为1995年已将其中6次演讲的书籍和原始录音的拷贝组合在一起做成了一个整套。[6]要想感受一下原子分子物理、量子理论、能量、引力以及物理学与其他科学的关系,再也没有比听这些录音同时读其配套的书更好的方法了。当然,费恩曼就是费恩曼,演讲并非只是新生的物理学入门课,而是成了物理学的指南。他自己对物理学的理解,如何把不同的部分适当地组织在一起的手段,思考事物的方法,以及解决问题的哲理等,都被囊括其中。

最初计划的物理基本课程占据了已出版的《讲演录》的前两卷。到1963年5月这门课结束的时候,费恩曼给自己提出了一个挑战,即给大学二年级的学生讲高等量子力学。这些最后的演讲,和取自再版的第一卷的两个介绍性的章节一起,再加上一些1964年有关进展的材料,形成了《讲演录》第三卷的基础。

尽管反响的方式并不完全像费恩曼和他的同事们最初所想的那样,但演讲的整套东西对物理学以及全世界物理学家产生了巨大的影响。如费恩曼在书的前言中所陈述的,他的目标是"引导他们在课堂上达到最好的理解",同时也为稍差一些的学生提供"至少是核心的或主要的东西"。可以说是普遍认为,演讲对稍差一些的学生来说(至少部分地)是失败的,而且费恩曼的课程也没有成为加州理工学院(或者说,就我们所知的任何地方)大学生正规物理教学的基础。从所有的反应来看,第一年的演讲很好。"我认为,"费恩曼在前言中说,"事情的进展,就其涉及的物理学来说,在第一年令人非常满意。"但费恩曼接着又评论道(特别是指量子物理的演讲):"从学生的角度来看,我认为讲得不太好。"桑兹在第三卷序言中说:"我相信这是一次成功的试验"。

对这种似乎有两种不同看法的事情加以评说时,本书作者之一(约翰·格里宾)恰好处于有利的位置。他是这样说的:1963年至1966年,我在(萨塞克斯大学)学习物理学,从1963年至1965年,在学习为获得学位而设置的正规课程的同时,还读了当时出版的著名的"红皮书"。费恩曼的《讲演录》,对物理学究竟是怎样起作用的这一点有着惊人的见解,它们是在正规课程之外的卓越的补充读物。对任何热爱物理学的人(不一定是最聪明的学生——我本人就是一例,而是真正关心这一学科的那些人),这为他们提供了信息的宝库和超出常规教学的机会。任何有足够动力的人,都可以从这些书中真正地学到物理学,也包括量子物理学,而如果你已经知晓其中的一些东西,那这些书的作用就会更大。

用古德斯坦的话来说,费恩曼的"伟大的成就,丝毫也不逊色于以全新的视角来看待物理学的一切。费恩曼远不仅仅是个伟大的老师。

他的永恒的纪念碑文是：他是一位伟大的老师们的老师"。⁷费恩曼自己也曾对古德斯坦说过，从长远来看，他对物理学所作的最大的贡献并不是量子电动力学或者其他理论工作，而恰恰是他的《讲演录》。⁸他明确地提出的观点是，科学理论可以来了又去，被更好的理论所取代，但科学的方法，书中他所热情描述的发现事物的那种快乐，却是所有科学赖以建立的基本原则。

《讲演录》本身的确能把你带到物理学的高峰，当然"容易的片段"要挑出来不在此列，因为它们确实是太容易了，不能作为整个内容的代表。然而，以对最小作用量原理的十分具体的演讲为例，你还能从哪儿找到一位伟大的物理学家对于物理学中他所深爱的一个问题的描述，做这种几乎是完全原样的记录呢？在第二卷结束前，费恩曼给了读者一个总结，其中只包含9个方程，叙述的篇幅占不到半页纸，却包括了从牛顿经麦克斯韦直至爱因斯坦的经典物理学的所有内容。而且，这也是关键的一点——从这一点读者不仅能知道这半页纸真的概括了整个经典物理学，还能和费恩曼一起分享这种简洁表达的乐趣。

正如费恩曼自己在序言中所言：

> 只有当一个学生和一个好老师两者处于某种直接的个人关系时，此时学生才谈论想法、思考事情并交换意见，这才是最好的教学。除了认识到这一点之外，没有解决教育问题的任何办法。但现在的情况是我们有这么多的学生要教，我们只能试图找一种替代物来代替这种理想的状况。也许我的演讲能为此作些贡献。或许在某些小地方有个别的教师和学生，他们可以从这些演讲中获得一些鼓舞或者想法。也许他们想一下只是感到很有趣，但也可能是继续下去，进一步发展其中的某些想法。

对成千上万从事物理学的师生来说,实际情况正是如此。费恩曼的《讲演录》确实成了一种鼓励,成了思想的源泉和讨论的基础。这些书在过去 30 年中从未绝版,这甚至对费恩曼本人也同样成了一种鼓励。由于他对有关量子力学的演讲感到不满意,所以他在前言中写道:"也许有一天我会有机会重来一次,那时我会把它做好。"20 年之后他做到了,在作为他的《量子电动力学》一书的基础的演讲中他做到了这一点。他把基础物理学中公认为"困难"的概念变成能让广大听众所接受的东西,这可能是他在这种尝试中最成功的一次。不仅仅是能让听众接受,还让他们有兴致。戴森在《从爱神到大地女神》中写道:"迪克·费恩曼是个伟大的传播者。在他所作的任何一个演讲中,我从没见过听众不开怀大笑的。"

到他作量子电动力学演讲的时候,费恩曼已作为演说家、作家和科学界的显赫人物而闻名遐迩。在演讲中他也确实得到了很多锻炼。在 1962—1963 这一学年,他在作(每周两次)后来成为"红皮书"第二、第三卷的这些演讲的同时,还在学期中的每周一上午为研究生作引力方面的系列演讲,总共 27 次,总结了他在这一课题中的研究工作。[9] 为了稍微调剂一下,他每周三到马利布的休斯研究实验室作常规的非正式演讲。似乎这还不足以使他很忙,别忘了卡尔是在 1962 年出生的,可见,费恩曼在 1962—1963 这一学年,必定有过一些不眠之夜。

紧接着在加州理工学院为大学生所作的演讲,1964 年他接受了到康奈尔作系列演讲的邀请[一年一度的梅辛杰(Messenger)系列讲座],题目选为"物理法则的特征"。这些演讲被英国广播公司(BBC)录制下来还在电视中播出了,也整理成了一本同名的书。在所有的东西中,费恩曼考察了引力,把它看作考虑物理法则、数学与物理学以及与量子理论的关系、过去与未来的区别等问题的原型。面向非科学界读者的这本书,有助于费恩曼在广大民众的心目中建立一个朴素的科学哲学家的形象(不过,被称为哲学家使他感到非常厌恶),对于科学知识研究的整个基础他讲到一些明确而重要的东西。一些哲学的核心问题在梅辛杰讲座的最后演说中被概括出来,他用他那响亮的声音,不仅表明了物理学的地位,而且还特意揭露神秘主义,并为理性主义大声疾呼:

> 一般说来,我们是通过以下过程来找到某种新法则的。首先我们猜测它。接着我们把这种猜测的结果计算出来看看,如果我们猜测的法则是正确的,它的含义会是什么。然后我们把对于大自然的计算结果同实验或经验作比较,直接同观测作比较,看看它是否有效。**若与实验不符那就是错的**。* 这样简单说说的东西,乃是科学的关键。不论你的猜测是多么美妙,也不论作出这一猜测的人有多么精明,他是谁,叫什么名字,都不会有任何区别——若与实验不符那就是错的。

"若与实验不符那就是错的",这句话应该用大字刻写在世界上每个科学部门的墙上。费恩曼在康奈尔讲完这句话不到一年,即1965年10月21日,诺贝尔委员会将1965年的诺贝尔物理学奖授予费恩曼、施温格尔和朝永振一郎,奖励他们对QED作出的贡献。该委员会承认,实验和理论符合得最好的范例,莫过于量子电动力学。

在《别闹了》一书中,费恩曼叙述了他曾认真地考虑过拒绝接受这项奖励。诺贝尔委员会并不事先确认某些人是否真的愿意接受他们的奖励,他们只是在斯德哥尔摩的某个适当的时间——这意味着在加利福尼亚正是午夜时分,向全世界宣告而已。费恩曼第一次听到这个消息是在凌晨4点前的某个时候,他被电话吵醒,原来是人们表示祝贺和记者们请他发表评论的电话。费恩曼把话筒从电话机上拿下来搁至一边,然后到他的书房里坐下来考虑这件事的影响,他不明白是否真的值

---

* 不同字体系本书作者所用,以示强调。

得因接受这项奖励而经受大吹大擂的宣传和公众的注意;他知道在很多情况下荣获诺贝尔物理学奖的物理学家都成了挂名人物,被卷入到行政事务之中,到这里那里作客座演讲就成了终生所为,却再也不会做科学研究了。他把话筒挂回去,电话铃又响起来,第一批电话中的一个来自《时代》杂志。费恩曼问记者有没有办法不接受该奖,记者告诫说,如果他拒绝受奖,那将造成比他接受此奖的新闻更大也更为轰动的新闻。[10]

毋庸置疑,接受此奖才是明智之举。加州理工学院的学生在一座叫做思罗普珀礼堂的行政大楼悬挂了一个横幅,用大写字母写着"WIN BIG, RPF"(即"理查德·菲利普斯·费恩曼赢得大奖")。他的同事们也兴高采烈。然而,接受记者的采访是件烦人的事,许多记者请求费恩曼用一句话为他们概括出获奖的工作。后来他说他后悔没有采用《时代》杂志的代表的建议,那个代表建议他这样来回答:如果能用一句话就讲得清楚,那这项工作就不值得授予诺贝尔奖了。[11]在新闻发布后的日子里,整天都是些令人心神烦乱的事,任何一个科学家想再做某个重要的工作,都会受到妨碍。

诺贝尔奖的获得者,若只是被看做一道景致倒还罢了,更糟糕的则是真的成了一道景致。尽管总是努力表现得随意而不讲究形式(每当在加州理工学院校园的阿瑟内厄姆俱乐部就餐的时候,即使是穿着茄克打着领带去上班,就餐时费恩曼也特意要穿着衬衫走过去,挑俱乐部特意为那些"忘记戴自己领带的"就餐者准备的领带中最鲜艳的),费恩曼还真的为如何与在斯德哥尔摩举行的颁奖典礼的盛况相配而着急。基于父亲告诉过他的所有的东西,他甚至不得不穿像电影《弗雷德·阿斯泰尔》(*Fred Astaire*)中的那种配白色领带的白色晚礼服。

可最后,在斯德哥尔摩他还是设法开了个玩笑。他最感兴趣的一个仪式是由学生组织的一次聚会,在聚会中学生们授给每个诺贝尔奖获得者一枚"蛙式勋章",这要求获奖者要学青蛙叫。碰巧费恩曼正好知道怎么发出青蛙的叫声,因为他还是个孩子的时候他就看了父亲拷贝的阿里斯托芬(Aristophanes)编的《青蛙》一剧。在剧中,阿里斯托芬讲青蛙总是发出"布雷克贝克,布雷克贝克"的叫声。小理查德认为这个声音很古怪,但他试着练了练这个发音后,才发觉这听起来真的像青蛙叫。这个未曾忘记的能耐竟在斯德哥尔摩被派上了用场。

在斯德哥尔摩费恩曼和王室成员一起用餐(让理查德综合地体验对制服和王权的感觉),那几天的待遇像对王室成员的一样,到周围去观光也是车接车送。颁奖仪式在1965年12月11日举行,获奖者仅有的几项义务之一是作一个有关他的工作的演讲。费恩曼并没选择讲量子电动力学本身,他把这留给施温格尔和朝永振一郎讲,而是讲了他的通往量子电动力学之途,也就是使他获得这一伟大成就的一系列想法。对于后来的几代人,这无疑是1965年诺贝尔奖颁奖仪式上最有意义的一件事,给我们提供了有关费恩曼形式的量子电动力学之发展的一种深刻见解。他从早期的直接作用和超前势的思想讲起,一直讲到促使理论物理学取得进展的最佳方法,他采用的方法是,先猜测问题的解,而后再将这一猜测与实验相比较。[12]

"总之,"费恩曼打定主意说,"结果是瑞典之行非常快乐。"[13] 当然,旅途中有格温内斯说笑,也是此行愉快的一个原因,另外是由于这会给他的新的轶事提供来源。比如,在返回美国之前,他去瑞士在欧洲核子研究中心(CERN)作了一次演讲。他穿的是一套在瑞典国王的晚宴上穿的礼服,他带有自嘲意味地对物理学家们说,这一奖励是如何地改变了他,使他有点喜欢穿着这套礼服来演讲了。当他就这样演讲时,听众发出嘲笑声和嘘声,于是费恩曼脱下茄克解开领带,咧开嘴露出他那有名的笑容,笑声停下来后,他就穿着衬衫又像往常一样继续讲下去。他常说,是CERN使他在离开斯德哥尔摩之后变清醒了,CERN的听众"没有瑞典听众的那些繁文缛节"。

为了证明他还是原来的费恩曼，迪克接受了韦斯科普夫（Viktor Weisskopf）的打赌。他访问CERN时，韦斯科普夫是那儿的主任。费恩曼书面同意打这样的赌：如果在10年之内的任何时间里"听说费恩曼先生已担任'要职'"，那他就付给韦斯科普夫10美元。如果在那段时间里费恩曼并未担任任何要职，韦斯科普夫就会输给他10美元。"从其本意来说，'要职'一词用来表示这样一种职位：居于其位的人不得不指导其他人做某一确定的事情，而实际上，究竟是要指导那些人做什么事情，这个在位者本人并不真正明白。"在下这个定义时，很明显，韦斯科普夫依据的是他自己作为一名管理者的经验；但是他输了。1976年费恩曼从韦斯科普夫那儿赢了10美元，而且他终生也未担任过什么要职。[14]

后来费恩曼在很多场合下察觉，从诺贝尔奖中所得到的持续的快乐，就是发现有许许多多人热爱他。梅赫拉说："在贺信中他发现了真正的激情，信中表达了对他的爱戴、倾慕和崇拜之心，它们多数是来自于中学生和大学生。"然而，总有一种深深的悲哀与此次获奖相连。那就是梅尔维尔没有活到能看到它的时候。很多年以后有一次，在一边咚咚地敲一边讲故事的场合下，拉尔夫·莱顿问费恩曼："如果可能的话，过去的一些人中，您最想把谁找回来和他谈谈话？"想像中也许费恩曼会挑牛顿、伽利略（Galileo）或其他一些科学界的人。谁知理查德答道："我希望我的父亲能回来，这样我就可以告诉他我荣获了诺贝尔奖。"[15]

带来名望的同时，诺贝尔奖也带来一些财富——分享55 000美元的三分之一。费恩曼用它在加利福尼亚半岛普拉亚德拉迈森附近的墨西哥海滩边买了一套房子。格温内斯和迪克一样是一个冒险家，他们俩都喜欢旅行，经常是自带行李在外露宿，但考虑到要带三岁的卡尔同去，才觉得最好是去稍微文明些的度假场所。

在很多方面，理查德和卡尔的关系是仿效他自己和梅尔维尔的。他会给卡尔讲解一些有关世界的运作方式的事情，以此表达他对科学的热爱并与儿子一起分享,而并不推促他向某个特定方向发展。当费恩曼给他讲蕴含有对世界本质的科学见解的故事时,卡尔很有兴趣,他的反应方式也像费恩曼所希望的那样。但到了卡尔成为一名大学生而打算学哲学时,则叫费恩曼非常反感。不过,最终完全不是这样,卡尔是从计算机科学专业毕业的,这让他父亲高兴多了。

当费恩曼试着用同一方法来对待米歇尔时,却不起作用了。她不想听父亲讲那些有关世界的看法的故事,却要一遍又一遍地读一本书中的熟悉的故事。因此鼓励孩子们成为科学家的费恩曼方法并不总是万能药,这取决于孩子的本性。[16]

尽管他的家庭生活既快乐又舒适,他的名望也确定无疑,又没有经济上的顾虑,但就在获诺贝尔奖后的几年中,费恩曼却开始担心他真的江郎才尽了。随着他的威望不断提高,各种烦扰也随之增多,他尽量使自己抛开它们。在很早以前,还是在普林斯顿大学参加毕业典礼的时候,想到自己获得的学位是长期为之努力的结果,而那些获得荣誉学位的学生没做任何事情却同样获得学位,他就给自己约定,如果什么时候有荣誉学位授予他时,他将全部回绝。第一个这种荣誉学位是在1967年初授予他的,他礼貌地谢绝了,后来的也都照此办理。这个荣誉学位来自芝加哥大学,费恩曼复信说:

> 您所授予的是我所得到的第一个荣誉学位,非常感谢你们能考虑给我这样的荣誉。然而,我还记得为了在普林斯顿得到真正的学位我所做的工作,也记得和我站在同一个台子上没做任何工作而得到荣誉学位的那些人,这使我感到"荣誉学位"是对这种学位授予方式的一种贬低……就像是给人一个"荣誉电工执照"一样。当时我发誓,如果我也有机会得到一个荣誉学位的话,我将拒绝接受。现在(在25年以后),你

们给了我一个机会来实现我的誓言。[17]

费恩曼还拒绝了去世界上的一些研究中心访问并作客座演讲的邀请,除非是像巴西和日本这样的他喜欢访问的地方。他极力使自己从耗时间的义务中解脱出来,希望在物理学中再多取得一些进展,尽管他已接近50岁生日,而且已为拥有诺贝尔奖桂冠的地位所累。

但这并不能阻止费恩曼开玩笑。拉斯维加斯的周末已成往事,但在帕萨迪纳就有相当多的通幽小径。20世纪60年代,费恩曼的主要兴趣,除科学和家庭之外,就是艺术,而且这导致了他的一个恶作剧,可排在他的最著名的恶作剧行列中。

费恩曼对艺术的兴趣来自于他和吉雷(杰里)·佐西安(Jirayr "Jerry" Zorthian)的友谊,杰里是他在50年代末的一次聚会上遇到的一位艺术家。尽管杰里和迪克都是聚会上性格外向的人,但最初他们的友谊却是建立在既彼此对立又相互吸引的基础之上的。吸引杰里的,是由于有机会了解科学家是如何不带偏见地看待世界;迪克是由于看到艺术家过分的自由而对其感兴趣,他觉得艺术家的工作只受很少的规则限制,似乎怎么做都行。在他看来,"这种当代的艺术是什么呢? 小孩能做得更好",杰里给他的回答是给他一支画笔,叫他自己画个更好些的出来。[18] 直到费恩曼提议每人学一学对方的手艺来对付这一局面,这场争论才算结束。于是,这一周的星期日,他给杰里上科学的课,而下周的星期日,杰里则教他艺术课,依此轮流来。[19]

费恩曼成了有造诣的业余艺术家,从听佐西安的课发展到受更正规的指导,最后他办了一次个人画展。这导致了一次非常滑稽的遭遇。展览中他有一幅为练习明暗法而作的画,画的是一个裸体模特的半身像,光线从下向上照到侧面。为了展览,他想入非非地将这幅画命名为《居里夫人观察镭的放射性》。展览时,一个艺术爱好者走过来问费恩曼这幅画是从照片上画下来的,还是用真的模特儿。费恩曼回答说，都是用真的模特儿画的。接着就生出了那个令人困惑的疑问："您是怎么请到居里夫人为您做模特儿的呢？"[20]

佐西安对科学的尝试远没有这么成功，这个试验几乎是马上就销声匿迹了。这又使杰里和迪克有了新的说不清道不明的争论：到底是因为杰里是个比迪克更出色的老师，还是因为迪克是个比杰里更出色的学生呢？

费恩曼也卖过一些画［签署笔名"奥飞"（Ofey）］，他十分喜欢这种属于艺术舞台的全新的体验。他通过绘画而结识了许多新朋友，其中有一个叫伽诺尼（Gianonni），此人是帕萨迪纳一家脱衣舞酒吧的老板。伽诺尼的酒吧离费恩曼家仅约2.5千米远，理查德发现这儿是个适宜去的地方，在靠后的隔厢里坐一坐，喝点"七喜"，静静地考虑一点物理问题，或是画点素描。格温内斯对此并不顾忌，她把这个酒吧看成费恩曼的相当于原来英国传统的绅士俱乐部。这个酒吧引起费恩曼关注的一个欠缺是它墙上的画，它们尽是些用鲜艳的颜色挑逗人的粗劣东西。于是，为取代它们，他把一幅自己画的裸体画送给伽诺尼。酒吧老板非常高兴，他不仅把这幅画挂在墙上，还特允费恩曼在任何时候来这儿都可免费享用"七喜"。

最后，快到20世纪60年代末时，这个酒吧被警察搜查了，而且还试图关闭它。这是个要经法院解决的大案子，为了证明在这个酒吧中没有发生过任何淫荡的、令人厌恶的事情，伽诺尼挨个请求他所有的老主顾为他的行为作证。自然，所有老主顾全都找到了自己不能出庭的借口，而只有费恩曼一个人例外。因此只有费恩曼在法庭上证明，他自己是这个酒吧的常客，来自社会各界的许多令人尊敬的人物也都是这里的常客，没有任何会被认为引起社会反感的事情在这里发生过。并不十分奇怪，证词变成了大字标题——"加州理工学院的费恩曼告诉色情案件陪审团他边解方程边看脱衣舞"，当地报纸在1969年11月8日做了幸灾乐祸的报道。伽诺尼免了官司,酒吧仍然开张,并因悬案而更有吸引力,费恩曼照旧来享用他的免费饮料。也就是说,费恩曼仍有一个适当的地方来进行思考。因为此时,在60年代末他过了50岁的生日,作为物理学家,他再次步入正轨,正处于作出他对科学的最后一个伟大贡献的进程之中。

1967年访问芝加哥大学的时候,他刚开始从获诺贝尔奖后经历的低谷中恢复过来。费恩曼富有创造力的物理活动的真正衰退是始于1961年,即在他完成了引力方面的大部分工作并答应为期两年专注于作演讲的时候。这或多或少是他物理生涯中最长的一次休整阶段。莫名其妙但与费恩曼传奇名副其实的是,使他回到科学创造的轨道上来的,不是因为遇到了新的物理思想,而是因为遇到了一位分子生物学家沃森(James Watson)。

费恩曼早在做生物系"研究生"的那个休假年中就认识了沃森。1967年初他访问芝加哥大学时有幸又见到了这个熟人。重逢时沃森给费恩曼一份将成为他的名作《双螺旋》一书的打印稿,写的是有关DNA结构的发现,这项工作是他和克里克(Francis Crick)一起做的。[21] 费恩曼一天就读完了整本书。那次陪费恩曼一起去访问的是古德斯坦,他当时是刚在加州理工学院获得博士学位的年轻物理学家。那天夜里很晚的时候,费恩曼硬把古德斯坦拉来,叫他必须读一读沃森的书,而且马上就读。古德斯坦照他说的做,通宵阅读这本书,而此时费恩曼则是踱来踱去,或是坐下来漫不经心地在纸上随手画着什么。将近黎明时分,古德斯坦抬起头来向费恩曼评论这本书说,令人震惊的事情是,沃森取得了一项如此基本的科学进展,却对这一领域内其他人的工作全然不知。

费恩曼拿起他随手勾画的那张纸。在各种潦草的字迹中间有一个词是用大写字母写的:**无视**。他告诉古德斯坦,这就是全部的要点。

这正是他所忘记的，也是他进展不大的原因。像他自己和沃森这样的研究者，取得突破性进展的方式乃是忽视别人正在做的事情，而只在自己的领地上耕耘。[22]在加州理工学院档案馆保存有一封费恩曼写给沃森的信，其中写道："你讲的是怎样做科学。我明白，因为我也有过同样美妙而惊人的经历。"

实际上，沃森所讲的不是普通科学家怎样做科学，而是指那些有能力取得新见解并做出重大突破的少数人。沃森本人有过一次这种"美妙而惊人的经历"，并且因他的努力而荣获了诺贝尔奖。这种独一无二的成就远远超过大多数科学家的实际抱负。即使是狄拉克达到这种顶峰也只有两次，起先是他那种形式的量子力学，然后是电子方程。*到费恩曼写这些话的时候为止，费恩曼本人已有过三次这种美妙而惊人的经历，即在量子电动力学、超流性和（他自己认为最出色的）弱相互作用这三个方面。现在，当他不再试图跟踪科学文献或是与同一领域的其他理论家竞争，而是回到他的根基，用理论和实验相比较的方法，作出完全是他自己的猜想，并提出一种给70年代粒子物理学的进展以巨大推动的见解时，他又将再次体验这一经历。他将会证明，对于一位第一流的理论物理学家来说，确实还有超越于诺贝尔奖之上的更高境界。

---

* 狄拉克建立的相对论性量子力学理论则自然地包含了他的电子方程。——译者

第十章

超越诺贝尔奖

爱因斯坦在现代物理学家中几乎是独一无二的,在20世纪头三个十年中,每一个年代他都对基础物理学作出了重大的贡献。他生于1879年,在20世纪20年代中期,也就是还差几年就要到50岁的时候,他完成了他的最后一项重要工作,提出了玻色—爱因斯坦统计原理。但他的成就也只能说"几乎"是独一无二的,因为还有另一位物理学家与之相匹敌,他就是在20世纪的40年代、50年代和60年代都对基础物理学作出了重要贡献的理查德·费恩曼。实际上,费恩曼最后一项伟大的工作一直进行到70年代,即直到他差不多60岁之时。用古德斯坦的话来说,"即使在诺贝尔奖获得者之中,他也是非凡的。在获诺贝尔奖之前很久,他在科学家中就已经是个传奇人物了。"[1]

费恩曼在20世纪40年代因量子电动力学方面的工作而成名,他提出了一个有关自然界的四种基本力(或相互作用)之一的理论,即一种电磁学理论。在50年代,如我们已看到的,在拓展物理学家对另一种基本力即弱相互作用的理解上,他作出了重要贡献,接着又对第三种力——引力的理解作出了重要贡献(直到80年代和90年代,这些贡献才得到充分的认识)。在60年代末和70年代初,他给出了对第四种力——强相互作用的深刻见解。没有其他人对所有四种相互作用的研究有过如此有影响的贡献,即使以默里·盖尔曼为例,他只对两种相互作用(强和弱相互作用)的研究作出了重大的贡献,何况他已被公认为是非凡的天才了。

盖尔曼在加州理工学院的办公室和费恩曼的在同一条走廊上,他在20世纪50年代和60年代深深地沉迷于粒子世界的理论研究中。随着新的粒子加速器的能量越来越高,所发现的粒子带来了一种无序的混乱状态,他的工作有助于给这种无序状态带来某种秩序。尽管他和费恩曼曾以令人难忘的方式在涉及弱相互作用的一项重要工作中有过合作,但他们的风格和搞物理的方法是如此地不同,以至于不可避免地他们会分道扬镳,尽管对他们来讲每一个人都易于受到对方思想的偶然撞击。在他们之间是否存在有助于激励他们的竞争呢?盖尔曼从前的学生东贝(Norman Dombey)说:"我认为这激励了盖尔曼。他不能忍受任何人超越他。"[2]果真是如此,这种激励肯定对盖尔曼起了好的作用。

追溯到20世纪30年代初,物理学家只知道四种粒子,和四种基本相互作用并列。当时,解释日常原子物质的性质只需要质子、中子和电子,再就是中微子。中微子当时尚未被直接探测到,只是在解释β衰变的细节时需要用到它。接着,一些寿命非常短的"新"粒子开始出现,它们很快就衰变成人们熟悉的稳定粒子和强烈的电磁辐射脉冲,但在它们短暂的一生中仍然能测量出不同的性质(比如质量和电荷)。第一个这样的粒子是在宇宙线簇射中发现的。接着,在第二次世界大战之后,物理学家们开始建造"打碎原子"的机器,他们能在这些机器上或多或少地按照意愿来产生奇特的粒子。

这项工作包括了用电磁场来把像电子和质子这样的粒子加速到高速(可与光速相比较),然后用这种高能粒子束来打碎普通物质的靶,或是与迎面而来的另一束粒子对撞。当束中的一些粒子经过这种碰撞而突然停下时,它们的运动能量(动能)就被释放出来,并能够按照爱因斯

坦的方程 $E = mc^2$ 来制造其他粒子。

这些奇特的粒子纯粹是由能量制造出来的，强调这一点很重要。如果一个快速运动的电子和（比方说）一个中子发生碰撞，并产生粒子簇射，这并不意味着那些粒子就隐藏在中子之中等待着被释放出来。在这种实验中，在碰撞中产生的那些粒子的质量之和也许比一个中子的质量多很多倍，所有的质量都是从碰撞粒子的动能转化而来的。

到了50年代末已得知，有几十种不同种类的粒子都能以这种方式由能量产生出来，它们具有短暂的寿命，然后衰变成高能光子和普通的稳定粒子的混合物。不论在哪种意义上讲，如此大量的粒子怎么能被看做是"基本粒子"呢？如何才能在这种无序中引入某种秩序呢？

第一步是按粒子的共同性质把它们分成组。这里有两个关键的判断依据。受强力作用的粒子（诸如质子和中子）称为重子。不受强力作用的粒子（比如电子）称为轻子。重子和轻子都是费米子。在每一种情况下，都有传递力的玻色子（比如光子），以及受强力作用被通称为介子的那些玻色子。介子和重子合起来统称为强子。50年代令人为难的粒子的激增问题主要涉及的是强子，这些新的重子和新的介子都是由人工制造出来的。

1961年，盖尔曼和那时正在英国伦敦大学工作的以色列物理学家内埃曼（Yuval Ne'eman）各自独立地找到一种按性质（质量和电荷等）来排列强子的方法，这种形式被盖尔曼命名为"八重法"，因为这种方法把粒子按八个分成一组。这种方法和早在19世纪60年代门捷列夫（Dmitri Mendeleyev）对化学元素所做的分类，即现在我们称为周期表的那种形式极为相似。门捷列夫对化学元素的分类仅当表中某些确定的位置空缺时才有效用，空位则对应着尚未发现的元素；同样，八重法的分类也是在某些组中有确定的空位时才有效用，此时空位对应着尚未发现的粒子。而且，门捷列夫是在表中空位所预言的新元素被发现之时才成功地证明了其分类的正确性，同样，盖尔曼和内埃曼也恰恰是在空位所预言的粒子被发现之时，才成功地证明了这种分类方法的正确性。由于在基本粒子分类中所作的这项工作和其他贡献，盖尔曼获得了1969年的诺贝尔物理学奖；令人惊讶的是，诺贝尔委员会却忽视了内埃曼。

当然，元素周期表中的次序得到了解释，因为原子不是不可分的。原子的性质由组成它的粒子即电子、质子和中子的数量和性质所决定。一种很自然的猜测是，如果强子也由某些种类的真正的基本粒子以不同的排列方式组成，那么八重法分类中的次序也许可以得到解释。可是，物理学家们曾如此习惯于把质子和中子想像为不可分割的基本实体，因此在很长时间后才转而接受质子和中子可能是复合实体的这种思想。在使质子、中子和其他重子都是复合粒子这一概念为人们接受的过程中，正是费恩曼作出了他对物理学的又一个伟大贡献。由于在60年代初期完成了引力方面的工作后，费恩曼就深深地沉浸在他的大学生演讲之中，所以他不是这个领域的第一个先驱者。

关于强子内部含有更深层次的粒子这一思想，最初是由内埃曼（当时正在以色列原子能委员会工作）和他的同事戈尔德贝格-奥菲尔（Haim Goldberg-Ophir）在1962年迈出了尝试性的一步。他们写了一篇文章提出，每个重子也许各由三种更基本的粒子组成。他们把这篇文章投到《新实验》杂志，在那儿耽误了一段时间，最后总算在1963年1月发表了。这篇论文没引起什么注意，一方面是因为八重法本身尚未完全被人们所接受，另外正如内埃曼所承认的，也是"由于它本身还不够深入。作者们虽然发展了由八重法而来的数学，然而，是把这种基本的组分看做适当的粒子还是看做尚未具体化的抽象的场，这点并未确定。"[3]

有一个不受这些约束的人，他就是加州理工学院的博士研究生茨威格（George Zweig）。茨威格于1937年出生于莫斯科，在50年代移居美国，1959年在密歇根大学获得数学学士学位。来加州理工学院之初，他是以实验粒子物理学家的身份开始其研究生涯的。他在一台高能质子同步稳相加速器(Bevatron)上与难以对付的实验打了三年交道之后，才确信实验并不是他的强项，故而转攻理论物理学。茨威格名义上受理查德·费恩曼的指导，其实在很大程度上他是独立工作的。茨威格立即对八重法的优美与简洁产生兴趣，而且很快就认识到，如果介子由两个一对、重子由三个一组的他称之为"爱司"*的基本实体所组成，那么就可以解释粒子的八重法方案。从一开始，茨威格就把这些基本实体看做是真正的粒子而不是"抽象的场"，而且不顾忌这样一种情况：为使得这个方案有效，他的爱司都必须带有电子电荷的一部分，即若将电子上的电荷定作一个单位的话，则爱司所带的电荷只能为2/3或1/3。

尽管茨威格把他的这些想法写下来准备发表，但受到的是很不公正的对待，以至于论文从未以它最初的形式正式发表过。1963年，在对CERN为期一年的访问中，茨威格准备了两篇论文以CERN的"预印本"的形式交流，但正如他后来所回忆的：

> 要想使得CERN的报告以我希望的形式发表竟如此之难，以至于最后我只得放弃这种努力。当在某个一流大学的物理系教授会上讨论关于我的录用事宜时，他们中的某位老资格理论家、在整个理论物理学界倍受尊敬的一位发言人，竟在会上用激烈的言辞来阻止录用我，声称这个爱司模型是一个"江湖医生"的作品。[4]

似乎这还不够糟糕，茨威格的工作不久就被盖尔曼所超过，盖尔曼在加州理工学院完全独立地产生了同一思想。茨威格自信地把爱司看做是真正的实体，内埃曼和戈尔德贝格-奥菲尔不考虑"基本组分"而只考虑"抽象的场"，盖尔曼则更加谨慎，他所走的也差不多正好是介于这

---

* 原文"Ace"是"王牌"的意思。——译者

两者之间的中间道路。像茨威格一样,他给这些基本实体一个名字("夸克");但和以色列小组一样,对于它们的真实性如何他有所保留。1964年盖尔曼在《物理学快报》上的一篇论文中说:

> 将夸克看做是质量有限的物理粒子(而不是具有无穷大质量极限的纯数学实体),而推测它们的行为方式是很可笑的……在最高能量的加速器上寻找带有$-1/3$电荷或$+2/3$电荷的稳定夸克,抑或是带有$-2/3$电荷或$+1/3$电荷或$+4/3$电荷的稳定双夸克,将促使我们确信并不存在真正的夸克![5]

像这样地提出物理学中的一个伟大的新思想,是一种含糊得令人吃惊的方式,这也是令盖尔曼终生懊悔的。事后看来,茨威格在发展爱司理论的时候离开加州理工学院可能是不幸的。在帕萨迪纳,他会有机会和费恩曼一起讨论这一思想,而且几乎确定无疑地,加州理工学院校方会强迫他和盖尔曼联合发表论文,就像当年费恩曼和盖尔曼所做的,把他们在弱相互作用的工作强行结合成一篇富有成果的文章那样。这样的话,盖尔曼和茨威格合写的论文就会比盖尔曼的论文少一些明显的谨慎,也不会引起和茨威格的预印本同样的激烈反应,而且会得到费恩曼的赞同,可能在1964年就已超过他们各自单独的影响而引起轰动。

正因为如此,所以物理学家们花了很长时间才开始相信在强子内部确实存在着什么。当物理学家们真正相信重子内部真的存在这些实体时,他们接受的是盖尔曼的命名而不是茨威格的。按盖尔曼所说,[6]他选择的这个名字是个虚构而没有实际意义的词,它只和"猪肉(Pork)"一词同韵脚,只是后来才了解到它和詹姆斯·乔伊斯(James Joyce)所著的《芬尼根彻夜祭》中一段文字的关系。这段文字中提到"为检阅者马克,叫三声夸克"(Three quarks for Muster Mark),其中含有与

"吠叫声(Bark)"一词押韵的发音。由于《芬尼根彻夜祭》一书盖尔曼从前已读过好几遍,这种联想也许一直存在于他的潜意识之中。不论取哪种说法,这两种发音都沿用至今。

需要强调的是,20世纪60年代中晚期的粒子物理学状况确实混乱。大多数人把夸克模型看做是一种疯狂的思想;就是盖尔曼本人看来最多也不过是半信半疑,而最坚定地提出它的这个人却发现自身的前途已因此而变得渺茫。虽然盖尔曼继续发展这一思想(仅以很少的保留),但由于高能加速器实验从未真正找到存在带有分数电荷的自由粒子的任何证据,所以许多物理学家觉得很难相信夸克的现实性。

此时,盖尔曼已接近其伟大的原创性思想家生涯的末期。他生于1929年,最出色的工作是在1954年至1964年(从他25岁至35岁)之间完成的,于1967年被任命为加州理工学院理论物理学密立根教授,并于1969年获得了诺贝尔物理学奖。作为科学界一位智慧长者他以此安身立命,进入40岁以后,他对基础物理学就只作了相对来说很少的贡献。这与那些普通天才的情况非常符合,自然地人们会期望,物理学的下一个飞跃,想必是由像茨威格这样的年轻一代中的某个人来做出。可实际上,这却是由比盖尔曼还年长11岁的一位正步入50岁的人来实现的。

1969年盖尔曼获诺贝尔奖的荣誉证书上显然是避免提到这一思想,而代之以对基本粒子的分类以及它们的相互作用这些他的早期工作——换句话说,就是只提到了八重法和弱相互作用理论。[7] 物理学界对夸克模型曾经是多么地缺乏信心,这就是一个标记。

在芝加哥遇到沃森的这一年,费恩曼重温了这样的一课,即要想取得进展,就得无视其他人正在做的事情,并从第一性原理开始。于是,费恩曼开始勉力对付强子碰撞的理论——比如,当一个质子以很高的速度(即以很高的能量)和另一个质子(或反质子)碰撞时的情况。这是

1968年，这一年费恩曼满50岁，也正是这一年米歇尔成了这个家庭的成员。费恩曼发展了一种模型，把每个强子看做点状粒子的云，来描述在这种碰撞中所发生的现象。对于这些内部成分的本质，他审慎地取不可知的态度，即认为它们可能是夸克，或者也可能不是。和以前一样，费恩曼所解决的是**普遍的**问题，针对的是具有各种个性的任意数目的粒子，而不是某种特殊情况。虽说这项工作是在他科学生涯的晚期做的，但也具有典型的费恩曼研究所具有的所有特点，其中包括他惯用的解决问题的数学工具。

说是执著也好执拗也罢，费恩曼总是坚持用尽可能少的先入之见和最普通的形式来解决问题，这是他的人生观的一部分，也是确保研究者能保持诚实的一种方法。要想发展一个理论模型，用它来解释或（能够更好地）预言在实验中所发生的现象，尤其需要职业上的诚实。1974年他作为一个物理学家正处于他的创造力的最后一次爆发的中期，他在加州理工学院毕业典礼上的讲话就是告诉他的有抱负的科学家听众，在科学上绝对诚实是何等重要："第一个原则是，你一定不要欺骗你自己——况且你是最容易被欺骗的人。因此，你对此一定要非常小心。做到不欺骗自己之后，就容易做到不去欺骗其他科学家。除此之外，你只需按传统方式做到诚实就行了。"[8] 这就是为什么他未对强子内部组分的本质作出推测，又将这些组分命名为"部分子"的原因，用来命名的这个词相当丑，仅表示它们是强子的一部分，但对粒子的本质（甚至是数目）不加带什么期望或是预想。

你可能会想像，在强子中一群这样的部分子像一群蜜蜂那样，在一个大致是球体的空间中运动。但当强子以接近光速的速度运动时，如费恩曼所了解的，奇异的相对论效应就进入了角色。如实验室中静止的人所看到的，球体在它飞行的方向上被压扁了，变成了一个压得非常扁的薄饼。比如，以0.999 957倍光速飞行（在这种实验中已经做到了这一点)的球体在视觉方向上缩小到它静止时的1/108,但在与飞行方向垂直的角度上仍保持原来的直径,变成了一个宽度是厚度的108倍的薄饼。按费恩曼的部分子模型,当两个这种薄饼的宽面相碰时,内部的大多数部分子会直接彼此经过而逐渐远离。但只是偶然地,两个部分子本身会碰撞,显著地减慢速度并以大量"新"粒子的形式释放能量。这是费恩曼模型的基础,其中两强子间碰撞的概率可以看做是单个部分子之间碰撞概率的总和——这是仿效了历史累加的思想的一种数学形式。

费恩曼在1968年上半年就完成了所有这些工作,而且还完善了对这种数学模型的认识,其中包括能与实验做比较的许多预言的基础。**当然,若与实验不符那就是错的**。就在那时,一台新的粒子加速器在加利福尼亚北部的斯坦福大学建成了。它被称为斯坦福直线加速器中心,或是SLAC。用一个长3.2千米的笔直管道向靶发射电子束,在靶上与静止的质子碰撞并从碰撞点产生粒子流形式的碎片。通过监视以这种方式产生的粒子簇射,研究者可望弄清质子内部的状况。由于电子和质子碰撞是小距离散射,而且电子可以被看做是点状粒子,所以可望通过电子被质子散射的实验来揭示质子内部的某种结构。几十年之前,就是以同样的方式,通过能量低得多的粒子被原子散射揭示了原子内部原子核的存在。

这些实验当时正由来自麻省理工学院和斯坦福直线加速器中心的研究人员组成的联合小组承担,领头人是弗里德曼(Jerome Friedman)、肯德尔(Henry Kendall)和泰勒(Richard Taylor)(类似的研究在德国的电子同步加速器,或称DESY上,几乎是同时进行着)。这些实验的早期结果,由斯坦福的理论物理学家比约肯(James Bjorken)作了解释。比约肯在收编入《最佳品质》一书的文章中写了60年代末期的费恩曼来到这个舞台及其对粒子物理学发展的影响。

比约肯是1959年在斯坦福获得博士学位的。他回忆起在50年代末期做研究生的时候，他和当时许多物理学家一样，学的是老式的量子电动力学，钻研的主要是30年代的老式教材，"看起来既未完结又朦胧不清，整个是一大堆华而不实的场—量子化的形式"。但接着就发生了意想不到的事——"当费恩曼图出现时，仿佛是太阳冲破了云层，刹那间五彩缤纷金光灿烂，一片辉煌！既体现了物理实在又蕴含着深远意义！这是我做学生时的一个瞬间的转折。"

有关部分子的一些事情也与此非常相似。比约肯在完成他的博士学位后就留在斯坦福大学，不久就在那儿任职。到了1967年，他就成了斯坦福直线加速器中心的一名正式教授。费恩曼来到这一特殊的舞台时，比约肯正在SLAC研究一种描述电子—质子碰撞现象的理论，用的是一种称为流代数的高度数学化的形式，那正好是很大程度上由盖尔曼发展起来的东西。比约肯绘出了在不同能量时有关碰撞现象的曲线，但对所发生的情况却没有一种简单的物理绘景。1968年夏天，费恩曼碰巧去看望当时住在斯坦福直线加速器中心附近的妹妹琼，8月份他去斯坦福直线加速器中心看一看实验进行得怎么样了。比约肯当时不在那儿，但实验人员和其他理论物理学家给费恩曼看了比约肯所得出的结果，其中包括原始数据。这项工作的主要特点是，不管相互作用的能量如何，实验数据看起来都是相同的，即实验曲线都有相同的形状。这叫做标度不变性。尽管比约肯的斯坦福同事不能向费恩曼解释比约肯是怎样作出这些与实验相符的预言的，但费恩曼认识到这仿效了他自己在部分子方面的工作，也采用了相对论性薄饼的概念来描述粒子的相互作用。

"费恩曼只花了一个晚上来计算，就用部分子解释了所发生的现象，"比约肯说。就在费恩曼正要离开斯坦福直线加速器中心的时候，比约肯回来了，他对当时的情景回忆道：

我发现不论是在理论组里还是在理论组外,都有着一种异常兴奋的情绪。费恩曼带着一连串的疑问找到我。"**当然你一定知道这一点……当然你一定知道那一点……**"他一直说着。费恩曼提到的一些事情,有的我知道,有的我不知道。而且有些事情当时我知道而他却不知道。我清清楚楚记得的是他所用的语言:那并不陌生,却与熟悉的完全**不同**。那是一种简单明了、富有魅力、让每个人都能够理解的语言。部分子模型这个新潮的兴起真的指日可待。[9]

每个人都能够理解。对此,就像施温格尔曾经嘲笑费恩曼形式的量子电动力学让计算大众化那样,盖尔曼也嘲笑说这是"费恩曼的做作",正是这些每个人都能理解的东西,使得粒子物理学理论可以被理解,即使是对那些不能掌握复杂的流代数的人也一样。

1968年10月费恩曼回到斯坦福直线加速器中心报告了他的这一思想,部分子模型像野火一样在那个小组蔓延。在随后的几年中,实验和理论齐头并进,有一点逐渐变得清楚了:某种部分子理论——在这种形式的理论中部分子等同于夸克——能最好地解释实验结果。但部分子模型的威力在于,它还允许在质子和中子内存在除了夸克之外的其他实体。费恩曼从一开始就认为,对于夸克来讲,即使它们确实存在的话,也不可能是比电子更为孤立的粒子。我们记得电子是被携带电磁力的虚光子云所围绕;有关质子或中子内的情形现在是这样一幅图案:夸克伴随有携带强力的"胶子"云从而使夸克结合在一起。部分子理论则自动地解释了这种可能性。

这一理论的初期形式由SLAC的比约肯和他的同事帕斯乔斯(Emmanuel Paschos)做了很大的发展。1990年的诺贝尔奖因在实验方面所做的工作而授予弗里德曼、肯德尔和泰勒,由此夸克存在的证据得到公认。费恩曼应该会赞同对于物理学中实验第一的这一认识。1988年他说:"现在我是个坚定的夸克论者!"[10]提到费恩曼对夸克的最终的认可,正如比约肯所说的:"是数据迫使(我们两人)赞成。"[11]

已经进入了70年代,然而在把夸克和部分子完全融合为一体之前,费恩曼本人还对夸克模型的发展作出了一个意义重大的贡献。和以往一样不注重那种不光彩的抢先,他没有急切地去发表这些思想(尽管他也确实在科学会议上作了几次有关部分子理论的演讲),他在这个问题上与两个学生合写的第一篇论文发表在1971年的《物理学评论》上,其中带有诸如"某种夸克绘景也许最终会渗透强子物理的整个领域"这样的审慎的评论。[12]

然而,在夸克理论中仍存在一个主要的问题。如果存在带 1/3 或 2/3 电子电荷的粒子,为什么没有人看到过它们呢? 在所有它们可能具有的性质中,带有分数电荷是一个很显著的特点,理应在最简单的实验中观察到它。如果夸克真的存在,那么在自然界中从未观察到分数电荷的原因就只有一个,那一定是因为某种缘故它们被禁闭起来或是限制在强子之中,而不能在世界上自由地游荡。在这种情况下,你总可以使由一对夸克组成的介子中的电荷相加而得整数,如 0(+1/3 和 −1/3 相加)或 1(+2/3 和 +1/3 相加);类似地,让适当的三个夸克结合起来就可以组成重子,比如这样两组:(+2/3、−1/3 和 −1/3)或是(+2/3、+2/3 和 −1/3)。

这样出现的一种绘景是,当夸克之间相距较远时,使夸克结合在一起的力必定更强些。这既奇怪又非常自然。在物理学中,我们常常要处理像引力或电磁力这样的力,当两个物体彼此靠近一些时力就强一些。而另一方面,在日常世界里我们也有力随距离的增加而变大的简单例子。用力拉一条弹性带子,你就会确确实实感受到夸克之间力的情况。

想像两个夸克之间的一次碰撞,把它们作为两个相向而行的相对论性薄饼的组成成分。对于三个一组的夸克,如今只考虑其中的一个,它在与另一薄饼中的一个夸克的对头碰撞中获得能量并发生反冲,从而离开它的伙伴。最初,它是自由地撤离的。但这个夸克走得越远,就需要越来越多的能量克服它的同伴的拉力。如果得不到足够的能量,这个夸克就会突然回到它原来的位置,就像是伸展了的弹性带子在放松时突然弹回去一样。但如果在碰撞中有足够的能量,夸克就会挣脱把它和其他夸克束缚在一起的结合力而获得自由,就像过度拉伸的弹性带子突然断成两半那样。然而,这是否意味着此时我们就有了一个自由夸克呢?不!对于有"足够的能量",我们的意思是指在碰撞中有相当多的能量,足以产生(至少)一对新的夸克,在"弹性带子"(实际上是强力)的"断开"处一边一个,力图使那个反冲的夸克就位。代替单个逃逸的夸克的,如今是一对夸克(形成一个介子),或者甚至是新的一组三个夸克;原来三重态中剩留的并不是两个夸克,如今有一个新的伙伴,出现在这一"接合线"的另一端而且和它们呆在一起。

这是一种有点儿过于简单的绘景。在能量很高时,挣脱强力束缚的这一破缺过程就将不再是那种接合线两端各出现一个新夸克的简单的断裂过程,而是会产生一股新粒子的簇射,它们纯粹由能量所产生,并形成一股沿夸克的逃逸方向运动的喷注。但问题是,从最初碰撞处产生的粒子喷注中没有单个夸克;喷注中的粒子仍然是由成对的夸克和三个一组的夸克形成的,而这一连串的夸克都是生自本想挣脱束缚的夸克。

从1972年以来,欧洲核子研究中心的实验者就在离子束的对撞中观察到了这种喷注。这恰恰就是费恩曼早在几年前就从理论上描述过的那种"碰撞薄饼"的情况。在整个20世纪70年代,欧洲核子中心和其他地方的研究者随着他们的探测能量越来越高,从而发现了越来越多的这类喷注事例。重要的一点是,从碰撞产生的喷注几乎都是与碰撞薄饼的飞行方向成直角,而且这只可能是因为在碰撞的瞬间,夸克几乎感觉不到强力的束缚。它们彼此靠近时,根本没有注意到它们被禁闭着(一种称为渐近自由的性质);只在它们要逃逸时才会感到是被束缚着的。

加州理工学院的博士后研究者菲尔德(Richard Field),开始对这些夸克喷注的性质有了兴趣,他还劝费恩曼和他一起从理论上来研究喷注的性质。用如今称为量子色动力学(QCD)的语言,包括夸克之间用与量子电动力学(QED)中电子之间交换光子的方式相似的方式交换胶子(见图15),并把渐近自由作为这个方案的一部分,费恩曼和菲尔德能对这种喷注做出一些可以检验的预言。据菲尔德所说,[13]费恩曼为保证他们诚实,坚持只计算尚未做过实验的喷注的行为,以便能让实验对这一理论做出真正的检验。等到更高能量的实验结果出来后,其中产生的喷注恰好是加州理工学院的这两位理论物理学家所预言的。

这项工作是在20世纪70年代的后5年完成的,其中也有另一位理论物理学家福克斯(Geoffrey Fox)的参与。如比约肯所指出的:"随着量

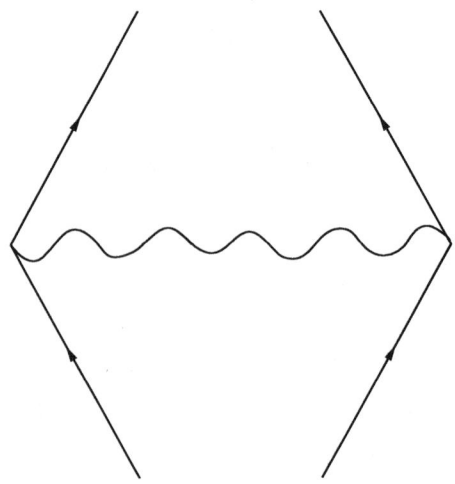

图15 量子色动力学描述夸克间的相互作用,也是以量子电动力学为样板。此处,两个夸克在分岔路径处交换一个胶子而且被拉向彼此靠近的方向。

子色动力学证据的增多,费恩曼(和菲尔德一起)根据量子色动力学所包含的现象,对'朴素的'部分子模型做了修正,而且还抓住了量子色动力学的或许能解释禁闭现象的基本性质。"和菲尔德一起做的工作,有一些发表于1977年,另一些发表于1978年,即费恩曼60岁这一年。物理学家在年近花甲之际一般不再对他们所在的领域作什么重要的贡献,只有费恩曼仍然(或者说是再次)处于粒子物理新进展的核心。不仅是他在30年前发展的量子电动力学理论为量子色动力学提供了一个样板,而且费恩曼本人也积极地参加了量子色动力学的建立,这乃是我们所拥有的有关强相互作用的最好的理论。

然而,就连费恩曼也不能再继续做下去了,因为也就在1978年他患了癌症。他不会再在理论物理方面有什么基本而又带突破性的成就了。可是,正如我们在本书后面将要看到的,作为一名富有原创性和影响力的思想家,他还远没有结束。而且,即使是在70年代,在他对物理学作出最后一项伟大贡献的同时,仍和从前一样,充分利用分分秒秒,沿着他那显然是非传统的足迹,继续保持着对科学的迷恋之心和对生活的热爱之情。

第十一章

前辈的角色

尽管费恩曼仍继续从事物理学的基础研究,但到了20世纪70年代他已成为一个相当家庭化的人。但就在日常生活方面,他也并非总是循规蹈矩。他从格温内斯身上发现了和他自己很般配的那种喜欢冒险的精神,就连年幼的孩子的存在也不曾妨碍他们过那奇特而又冒险的假日。1973年,由于理查德的一位在帕萨迪纳喷气推进实验室工作的密友、物理学家戴维斯(Richard Davies)的提议,他们去墨西哥春游,参观科珀峡谷。计划是先坐火车到这个国家的一个偏僻的地区,然后背着行李徒步两三天到一个叫西斯尼奎托的村子。[1]

这次旅行戴维斯是和费恩曼一家同去的,如他所说,他像个"负重的牲口"。此言确实不虚,因为在他们动身前不久理查德跌倒过一次,摔断了一根膝盖骨,这使得他行走困难。虽说受伤复原了,他也得采取慢慢走的方式才能适应。村里有个很小的校舍,可是指引来访者看校舍的孩子们说它派不上用场,因为没有人教他们。费恩曼当即就接受了这一挑战,用他很久以前初次计划去南美洲之前所学的西班牙语开始对狂喜的听众们讲光是如何作用的。他从戴维斯那儿借了一块放大镜,用来演示透镜是怎样对光发生作用的,就像在加州理工学院对学生演讲那样,他轻而易举地就吸引了听众。戴维斯说:"我不知道他是否

真有过一个完全没有物理学的假期。"²

米歇尔·费恩曼在一篇被编入《非凡的天才》一书的文章中,在回忆70年代她的童年时也重复了这一观点。"你永远也不可能把我父亲和物理学分开,"她说,"他总是随便乱写——在报纸的边沿上,在汽车的克林奈克斯纸巾盒子上……显然,这看起来非常奇怪,仿佛有一种物理学的意识流从他那儿涌出来。他必须要把它写下来,然后才能做其他事情。这样一来,每个纸巾盒子上、每张纸的空白处,就都有物理学在上面。"

历史学家维纳(Charles Weiner)就费恩曼的生活和工作采访他时,迪克也告诉了他很多与此相同的事。维纳随便地谈到费恩曼在部分子方面的笔记时说,这是"逐日工作的记录",费恩曼纠正道,"我实际上就是在这些纸上做研究工作的,"他解释道,"这不是**记录**,真的不是,这是在**工作**。你必须在纸上工作,这就是纸。对吧?"³

不管他是否能将物理学置之身后,这次短期的墨西哥之行相当地成功,因此在1973年秋天他们又全都去那里做了一次更长时间的旅行。这是一次贯穿科珀峡谷的更漫长的徒步旅行,这个峡谷比美国科罗拉多大峡谷更深也更长,他们在途中访问了比以前更偏僻的社会群落。为了给这次旅行做准备,费恩曼在夏天就花了些时间学了一点生活在这些偏僻村庄的雅拉穆丽人的语言。戴维斯回忆了当他们在路上遇到一个当地人时,费恩曼真的能用当地话勉强与他交谈,还和这个雅拉穆丽人在一小堆火旁边坐了几个小时,彼此还交换了小礼物并互问了姓名。"理查德有种天赋,无论在什么样的环境下他都可以同人交往。这是一种了不起的经验,我认为这说明了他是以一种坦率而带点朴素的方式待人接物的。"

正是在这段时间,也就是20世纪70年代初期,在回到加州理工学院以后,费恩曼长期以来对中美洲文化和在密码方面的兴趣,使他的交往本领有了另一个艺术上的例证。大约20年前,在和玛丽·露共度蜜月之时,他就参观了危地马拉一个小镇的博物馆,展品之一是《德累斯顿抄本》的复制品。《德累斯顿抄本》是一本玛雅人的书,这本书被来自欧洲"新世界"的征服者所掠夺,又在德累斯顿博物馆被找到(至少它没有像玛雅人几乎其他所有的书那样被烧掉)。这是一本历法和天文方面的工具书,给出了有关玛雅历以及他们对天象观测的信息。由于大多数信息是以数字和表格的形式给出的,因此就有可能破译这些密码并翻译这份文献。

博物馆出售这些古书抄本的复制品,书页中一面是原始的玛雅文字的形式,对面一页则是相应的西班牙语译文。费恩曼已厌倦了跟着玛丽·露在周围水汽蒙蒙的丛林中看金字塔,这本书对他来说是一种难以抗拒的挑战。在《别闹了》一书中,他讲了他怎样买了一份古书抄本的复制品并决定自己来破译这些由条和点组成的密码。他用纸把书上的西班牙语译文盖住,花几个小时的时间在旅馆里自得其乐地破译这些密码,而玛丽·露却去金字塔整天地爬上爬下(戴维斯说得对——就是度蜜月迪克也不能离开科学而享受一个完整的假期!)。

回加州理工学院后,费恩曼仍在闲暇时做这件有趣的事,终于尽其所能地做了他所能做的一切。很快他就发现,在玛雅文的记号里一个条就等于五个点,还找到了代表零的符号,如何把数字相加,以及从一步计算到下一步。在抄本中的一个地方他发现584这个数字很显要,进而确认了这就是从地球上观察到的金星的周期——584天,这是最接近于实际周期的整数天数。显而易见,对玛雅人来说金星是个重要的天体。584天又可分成236天、90天、250天和8天四个阶段,这可以用金星经历其不同相位所用的时间来解释,另一个显要的数是2920,可赋予它双重的含义:它既可理解为584×5(即5个"金星年"),又可理解为365×8(8个地球年)。一份周期为11 959天的表被证明在预告交食时很有用,但也有一些其他的数字关系是费恩曼在很久以后才领会到的,还有一些是至今还根本没有人能理解的。

当费恩曼最后翻开西班牙语的译文,想看看他的理解是否与专家的相符合时,却发现那些西班牙语的文字根本不是译注,而只是对玛雅文中的一些符号的注解。费恩曼只得从其他地方去探索,特别是通过汤普森(Eric Thompson)的书来延续他对玛雅人的兴趣。他的这一兴趣已发展到为这一领域的一些专家所知晓。

在70年代,他的这一兴趣被重新激发起来。洛杉矶加利福尼亚大学的教授尼娜·拜尔斯(Nina Byers)刚好接手组织每周的学术讨论会,通常其他大学的物理学家们都来此讨论他们的工作。她认为,如果能向同行们介绍他们自己的文化以外的课题来开阔他们的思维,那将是件有益的事情。由于洛杉矶临近墨西哥,她觉得举行一个关于玛雅数学和天文学的报告会,将是个很好的开端。她给布朗大学的一位专家诺伊格鲍尔(Otto Neugebauer)打了电话,问他能否推荐西海岸的某个人来担当此任——她得到的答复却是,在洛杉矶地区最合适的人选并非职业的人类学者或历史学家,而是一个业余爱好者,是她可能听说过的理查德·费恩曼。

"她几乎晕过去了!"费恩曼讲道,"她原想给物理学家增加些文化素养,而做到这一点的唯一途径竟是请一个物理学家来演讲!"[4]

到那个时候,费恩曼的那册《德累斯顿抄本》的复制品已丢失了,拜尔斯硬着头皮请他作这个演讲时,她给了他一本新的、更清楚的复制本,以便他能够重新做他的计算。这次他的研究比50年代更深入了一些,发现以前没有弄懂的一些奇怪的数字,乃是玛雅人试图用更接近于金星真正周期的583.92天来代替粗略的584天。

报告会相当成功,因此费恩曼又得到加州理工学院的邀请,在稍晚些时候去作同样的演讲。在演讲日期临近时,发现了一本新抄本的消息传开了(已被发现的玛雅人的文献只有三份),而且费恩曼还得到了一张图片,据说是玛雅人写的东西的一个片段,以便在演讲中加以介绍。可是很快地,他就指出这是一件赝品——其中用的是与《德累斯顿抄本》中相同的数字。在大量玛雅文献中仅存的四个片段中竟然有两个都提到金星的运行轨道,这实在太奇怪了,新的这份抄本必定是个赝品。因为这就相当于整个国会图书馆被彻底烧掉了,只有四本书各有某个片段幸存下来,却发现其中的两份残页不仅是同一本历书的不同版本而且还是每本书的同一章节上的几页!

费恩曼为这个伪造者如此缺乏勇气和想像力而感到失望。他应该能做得比这好得多:

> 一个真正的骗局应该是编造一个诸如火星的周期这样的东西,再虚构一个相应的神话,然后用适合火星的数据画出一些图案与神话相配,当然,这应该以一种不太明显的方式表示出来,甚至还可以加上有某些神秘的"误差"的该周期的倍数表来表示,等等。这些数字应当是可以算出一点来的。于是乎,人们就会惊叹道:"哎呀!这已经算到了火星!"另外,其中还得点缀些不可理喻的东西,而且还不能和以前见到过的那些雷同。如此乔装打扮一番,一个像样的冒牌货就粉墨登场了。[5]

费恩曼从这种演讲中得到了极大的乐趣。"我再次充当了本不该由我充当的角色。"另一件充当"本不该充当的角色"(除了绘画之外)而使他得到极大乐趣的事是敲鼓。最初他是靠自学,凭直觉来敲,同时模仿他从非洲鼓录音带中听到的节奏。在康奈尔,他上了些有关的课,又在巴西学了邦戈鼓的节奏。搬到加州理工学院后,他遇到了一位尼日利亚的鼓手尤科诺(Ukonu),此人在洛杉矶时髦的日落走廊夜总会演奏。尤科诺虽是个医科学生,却是一位有专业唱片的相当有天赋的鼓手;他对费恩曼做了些具有他自己风格的相当混乱的指导,还让费恩曼能有机会参加其他鼓手的即兴演奏会。在尼日利亚1967年的内战开始前不久,尤科诺回国了,从此费恩曼就再也没得到过他的消息。那以后打鼓的事就略微放下来一些,费恩曼专心去做别的事情了(大约就是他搞部分子的那段时间,那时米歇尔还是个婴儿)。但到了20世纪70年代,这一爱好却以一种相当出乎意料的方式开花结果了,这还得感谢与莱顿一家人的友谊。

罗伯特·莱顿和费恩曼是长期的同事,而且还为《讲演录》和他一起合作过。在莱顿家的一次聚餐时费恩曼发现,罗伯特的儿子拉尔夫及其好友汤姆·鲁迪肖瑟(Tom Rutishauser),不仅是迪克说的"真正的音乐家"——拉尔夫弹钢琴,汤姆拉大提琴,而且还是热心的鼓手。拉尔夫回忆,那时他大约17岁,尽管还是在孩提时代拉尔夫就已认识费恩曼(而且拉尔夫6岁时费恩曼还送给他一台旧打字机),但他真正意识到理查德的存在这还是第一次。

> 我们正处在高中这个极敏感的年龄,已厌倦了父母告诉我们这该怎么做那该怎么做的那一套,却又无意识地在周围寻找某种角色的现成的榜样。因此找到了这个喜欢击鼓又有一大堆不可思议的故事的家伙——他居然撬开了装有原子弹秘密的保险箱!当时正值越南战争时期,他还有个与征兵有关的故事(这远不仅仅是个给我们逗乐的话题):这位原子方面的科学家不能入伍竟是因为智力**低下**!汤姆和我完全着迷了。现在我才了解到我所生长的这个美国中产阶级的"文化荒原"的环境中,没有讲故事的传统。而且现在我还领悟到,他母亲讲故事的方式,她的幽默感,她对于戏谑与荒唐行为的鉴赏,所有这些,都是费恩曼的一种基本素质,他的带决定性的一个方面。[6]

把讲故事发展为写入两本书中，这是许久以后的事情。最初，他们三人开始在一起敲鼓，每周一次，还搞成了一些好的节奏式样。他们又发展为到学校演奏，为舞蹈课伴奏，并以"三个夸克"的名义搞些其他临时的演奏。后来，汤姆为了继续他的大提琴家的生涯去了东海岸，理查德敲鼓的事也有了新的转折。

这始于费恩曼应邀在加州理工学院演出的《小伙子和少女》中扮演敲邦戈鼓的这个小角色。按惯例，这种校园的业余剧团总是请某些著名的教员在演出中演些小角色。由于在《小伙子和少女》一剧中有夜总会的一幕，这时导演认为请费恩曼来饰演夜总会中的音乐家将会非常有趣。费恩曼欣然同意，但当他发现这个角色不仅要懂乐谱，而且要能演奏和故事情节相符合的事先定好的一段鼓乐时他惊呆了。由于他不识乐谱，看来这个难题真难住了他，于是，他把拉尔夫带来为他讲解乐谱记号并教他怎样演奏，问题才得以解决。不久，拉尔夫也参加进来扮演夜总会这一剧中的另一位音乐家，而且他们一起赢得了观众的喜爱。

夜总会的这个戏剧中也有些舞蹈，加州理工学院一位教员的妻子正巧是在世界电影制片厂搞舞蹈动作设计的，因此由她来负责舞蹈的排练。她喜欢拉尔夫和迪克合奏的鼓乐，并出人意外地邀请他们到旧金山为她所设计的一场芭蕾舞击鼓。好在她并不要求他们演奏事先安排好的音乐，而是打算先听他们打鼓，再把她感兴趣的片段录下来，而后作为她设计的舞蹈的基调。到了演出时，现场击出的鼓乐将是生气勃勃的，而不是事先录制的，也不会有其他音乐家参与。

由于早就渴望着新的冒险，费恩曼怂恿拉尔夫照着这个想法去做时并没有遇到困难，但他坚持的一点是，对旧金山这件事中所涉及的任何人都不能讲他是位著名的物理学教授。如果他要职业性地打鼓，他希望人们严格按一名鼓手来看待他的价值。把他作为物理学教授同时又是鼓手介绍给观众时，总是使他很困惑。比如，当他做梅辛杰讲座时就遇到这种情况,后来这些演讲写入了《物理法则的特征》一书中。本是好意却令费恩曼很生气的是,康奈尔大学教务长那次在介绍费恩曼时评价说:"我在加州理工学院的朋友告诉我说,他有时顺便到洛杉矶的夜总会担当鼓手的工作。"(这是在1964年,正值费恩曼和尤科诺相处之时。)这就是为什么在梅辛杰讲座中的首次演讲竟是以如下未经准备的评论而开场的:

> 很奇怪,偶尔地我应邀在一个正式场合敲邦戈鼓,介绍人似乎从不认为有必要提到我也做理论物理研究。我觉得这可能是由于我们对艺术的崇拜远远胜于科学。[7]

1976年11月为芭蕾舞击鼓的时间到了,一切准备就绪,但如费恩曼在《别闹了》一书中所讲的,也遇到了一些意外的困难。所有的人都把他当作职业鼓手,没有谁了解这以外的事情。尽管观众很少(总共大约30人),但他们和舞蹈演员对这段鼓乐都颇为欣赏。而且他也确确实实从这件事上得到了回报。"对我这样一个没有任何'音乐修养'的人来说,竟以一名能为芭蕾舞演奏的职业音乐家而告终,这可以说是一个很高的成就。"

在整个这一时期,由于研究工作、出国旅行和击鼓这些事情的内外影响,使费恩曼的形象对加州理工学院的大学生来说远远超过了过去的那种偶像或者导师。古德斯坦回忆说,[8]在那20年中的最好的阶段里,费恩曼开了一门称为"未知(X)物理"的非正式"课程",在每周一或二的下午5点上课。这门课既没有学分也没有设置好的课程,但房间里总是满满的。费恩曼只是讨论学生们想请他讲的内容,唯一的规定是任何教员都不许参加。许多学生都觉得这仿佛是一条上帝的热线,因为即使是对那些物理学中最深奥的思想,费恩曼也总是试图用一种透彻而切实的方式去解释。可是,正是由于这种非正式的性质,所以对

"未知物理"所讲述的东西没有留下任何准确的记录。

只要费恩曼在,学生要找他不会受到任何限制,而且基本上是单独的交谈。就像往日在康奈尔时、戴森在40年代就了解的那样,如果费恩曼确实正忙于物理学中某个棘手的问题,到他办公室来的不速之客就会受到"走开,我正忙着哪!"这种大声嚷嚷的对待。否则,就完全不是这样,他的秘书海伦·塔克(从1971年起开始和他一起工作)得到的无条件的命令是,只要是想见他的学生,他都可以见。

有时,对加州理工学院的更高级别的成员来说他的时间反而要宝贵一些。塔克的办公室在盖尔曼和费恩曼的办公室之间,她负责照顾他们两个人。她办公室的门在墙的右手边,面对她的桌子,碰巧,在她房间里门的左侧有一根房柱,而给来访者坐的椅子紧靠着墙,因此从门那儿看,这把椅子正好不在视线之内。时常,费恩曼想歇一会儿的时候就会坐在那把椅子上和她随便聊些生活中的事。有时,就会有人来到门口问一声:"费恩曼教授在他的办公室吗?"此刻,她就会瞥迪克一眼,若他摇头她就回答一句名副其实的真话:"此刻他不在他的办公室",于是来访者就走了。对于在他不想工作的时候避免被人强缠以及冒犯别人,这样做是并无害处的(更糟的是告诉来者"他在办公室但不想见你")。一位传记作家说费恩曼"藏在她的门后"以免被人看见,这种话使得塔克和她的同事们受到了深深的伤害。塔克觉得这种评论表明那位作家对费恩曼性格缺乏基本的了解。[9]

可是费恩曼发现,就是有良好的初衷他也很难对他的研究生尽责。他说:"在我的学生身上我花了很多精力,但我认为从某种程度来说我是害了他们。我感到我从没为哪个学生做过什么事情,也从没有哪个学生不曾在某些方面让我失望过。我认为我做得不够。"[10] 这些评论表明,看到学生们未能在科学中做出什么成就,费恩曼责备的是他自己而不是学生。如我们曾提到过的,部分原因就是由于费恩曼难以抗拒解题的诱惑。如果有个可以让学生去做的好题目,他就会自己把它解出来;如果学生带着问题来找他,他会情不自禁地帮他们把这个问题解出来,而不是只给他们足够的提示让他们沿正确的方向自己去解决。他本不想这么做,但他忍不住。不论给费恩曼一个什么问题,从玛雅人的密码到上了锁的保险箱到量子电动力学的秘密,他都会**不由自主**地去解它。当然,也有一次例外,就是答应把极光的研究留给他的妹妹琼的那一次。费恩曼的早年的导师贝特也有相同的问题。因此,一些像奥本海默这样的大物理学家都培养了一大批以奥本海默(或其他什么人)的方式来研究物理的博士候选人,他们把导师的风格传给下一代,而费恩曼的学生中从没有过此种意义的"学派"。

另一个问题是,费恩曼从不对学生做出让步。他以同样的方式对待每一个人。在洛斯阿拉莫斯当他还是个年轻人的时候,如果年长的贝特犯了个错误,他也会毫不犹豫地说他是个白痴。现在他是个资深科学家,如果他的学生(或其他任何人)犯了一个错误,他同样会毫不犹豫地说他是个傻子。不偏不倚,他对自己的确也是这样的,他时常把自己的错误说成是愚蠢或笨拙的错误。但对研究生来说,遇到导师这样的批评就很难应对。加州理工学院的一名后来在相对论领域中取得重要成就的学生基普·索恩(Kip Thorne)说,年轻的研究人员在作学术报告时,只要发现费恩曼坐在听众席上,那他就会害怕。[11]正如加州理工学院另一名以前的学生向我们指出的那样,[12]尽管让费恩曼直率地指出你的论证中的不足很痛苦,可出于一个重要的理由,它最终总是受欢迎的。因为费恩曼总是对的。他能比其他人更快地看出论证中的错误。如果他说论证中有个错误,那就是有;如果确实有错误,当然还是由他指出来更好些,否则,当你把错误发表在刊物上后,就会让全世界的人来看你这个真正的白痴。在加州理工学院作报告时最好要注意你的衣着,特别是当你的论证中有错误时尤其要小心。费恩曼对于制服和权威的厌恶,会使他对那些想抬高身份的人给以更强烈的攻击,"如果来演讲的人西装革履,那他将得不到同情。"[13]

做得好的学生(尽管费恩曼不承认,但确实是有一些)是那些人,他们能很快地领会到,突然地驳斥这种错误思想并不是针对某个人而言,而且三言两语就指出要害也并非唐突。你需要的是主动权,让费恩曼知道你值得花时间做下去。这是另一个重要之处。按那些和他在一起并肩工作的人所说,费恩曼之对于研究生培养的失败并非那么严重,因为相对来讲他的研究生并不多。这是因为他从没当过大组的头头,主要是独自研究,因此当一个有趣的问题出现在他面前时,他自然就会自行解决,而不是把它转给组里的其他人。[14]

作为费恩曼的研究生如何取得成功,一个最好的例子是科恩(Michael Cohen),他在《最佳品质》中讲解了他的方法。1951年科恩从康奈尔毕业,但在那儿他对费恩曼几乎一无所知。他转到加州理工学院攻读博士学位,希望能和费恩曼一起工作,而科恩到西海岸的第一年,费恩曼已经去了巴西。费恩曼回到帕萨迪纳时他们才相识。他钻研费恩曼在液氦方面的论文,寻找这项工作能进行拓展的地方,而不只是到费恩曼那儿要个问题去研究。通过这种方式,他审慎地使自己能对费恩曼有些用处。这促成了真正的合作,科恩也从费恩曼那儿学到了很多智力上的诚实。

作为科恩的论文指导教师,费恩曼对整个科恩论文的计算初稿都进行了演算,还发现了一个数值错误。这个错误存在时,计算给出的和朗道确定的数几乎完全一致;由于这一修正,科恩的结果就比朗道的高了20%。初次计算的结果看起来给出了"正确"的结果,这并不意味着就不用再检验它,诚实的结果是在论文的最后定稿中给出的那个。完成博士论文的工作后,科恩又和费恩曼一起工作了18个月,一直到1957年。然后,在费恩曼的推荐之下,奥本海默吸收他到高等研究院工作。

费恩曼不会对他的这个学生感到**太**失望的,如果他还肯把此人推荐给奥本海默的话!因此,尽管他在1988年的某天,就在他逝世前不久,他和梅赫拉谈起他在研究生方面的记录是多么地使他沮丧,但他在这方面仍不乏成功之处。他在那种场合的评说并非全然属实,更多的是一种过分的自责。

大多数研究生的问题是,他们陷入了能从费恩曼独特的能力中获益的两种科学家的狭缝之间。大学生恰好能从和费恩曼的接触中获益,因为他是一位能用奇妙的物理世界的思想和想像力来充满他们的头脑的那种智者。研究生之所以有麻烦,是因为他不能为他们发展他们自己的思想留下空间。而那些已找到他们自己的空间的同事,却能从他那强制性地解决问题的性格中获益,给很多研究生带来麻烦的正是这点。如果有谁在发展物理学中的某种思想时受阻,他只需打电话给费恩曼,就能得到打破这一僵局的方法,从而能将自己的工作进行下去。

正如福勒告诉梅赫拉的,"你只要告诉他一些线索,他就能在思想和图解上产生飞跃。他是位非常有益于人和给人以激励的人。费恩曼对每件事都有兴趣……他真是非同小可。"

另一位物理学家谢尔曼(Richard Sherman),在他做加州理工学院的研究生研究超导的第一年,就刚好领教了费恩曼在解决问题上的惊人的本领。他在费恩曼办公室的黑板上写方程,费恩曼分析这个问题的速度几乎和他写的一样快。接着,电话铃响了,来电话的人问的是个高能物理方面的问题。费恩曼立即转向这个复杂问题的讨论,谈了约摸十分钟就给解决了。他挂上了电话,又回到超导问题上来,从刚才打断的地方开始,一直到电话铃再次响起来。另一个人又有一个问题,是涉及固体物理的。费恩曼给解决后,又接着讨论超导。"这种事就这么持续了大约三个小时,这一次次不同类型的专业问题的电话,每次都是一个完全不同的领域，都涉及不同类型的计算。（这）给了我极深刻的印象。这是令人惊愕的。我再也没见过这种事情。"[15]

另一位在20世纪60年代由默里·盖尔曼指导的加州理工学院的研究生对我们说："默里很聪明，可是你总觉得，如果你不是这么懒惰而是真的很用功，你就可以做得和他一样的好。但没有人对迪克有过这种感觉。"[16]此人讲这些话时，他无意识地仿效了卡克对天才的本质的评论（当时他并没有意识到这一点）。费恩曼没有在他直接指导的研究生中形成一个大的学派，但他是一种前辈的角色，在加州理工学院的那段时间，他激励着物理系所有的研究生，即使是由盖尔曼指导的那些也不例外！

现在在柏林理论物理所工作的克莱纳特（Hagen Kleinert），在1972年他还是一名年轻的教授时访问了加州理工学院。"我实际是受雇于盖尔曼，"他说，"但跟他学习非常困难，因为他总是装着可以从纯粹的直觉中获知一切而不需要做任何发掘性的工作。"[17]克莱纳特在访问期间从费恩曼那里学的东西最多，因为他为年轻的博士后每周举行一次路径积分方法的讨论会。在这些讨论会上，费恩曼对他不再在较低水平上讲授路径积分做了解释，说他从没得到有关氢原子的完整的路径积分描述，故而为这种失败而困惑。路径积分的思想对事情的行为给出了一种物理直觉，并提供了一个华丽的智力图像，但这种计算却表明是难以处理的。实际上，这并没有真正的不光彩。量子力学的标准方法，即用薛定谔波动方程，也并不会更好一些，因为即使是薛定谔方程也只能对氢这个所有原子中最简单的原子做准确的描述。

这一思想一直留在克莱纳特的脑海里，几年后他不仅解决了这个问题（这令费恩曼非常高兴），而且还写了一本谈路径积分方法的重要的教科书，把路径积分作为一种研究工具而重新建立起来。这使得这一方法如今不仅仅是在概念上有用，而且能像薛定谔方程那样被用来轻而易举地解题。

1982年，克莱纳特回到加利福尼亚（这次在圣巴巴拉落脚），而且还访问了加州理工学院几次。"那时费恩曼知道了我在氢原子的路径积分方面所做的工作，他对我非常友好，并且还进行了公开的讨论。"这种友谊又发展为一些合作，借助于一种辛克莱家用计算机使费恩曼早期的一些思想得以现代化，这台计算机是克莱纳特当时在伍尔沃思花了15美元买的，属于公众能买到的最早的一批计算机。最初，这项工作似乎只是稍微有点重要。但在20世纪90年代，克莱纳特和他的同事们将这个技巧，即变分原理，发展为一种强有力的工具，从而可以用路径积分来解量子世界中日益困难的问题。这一切都源于费恩曼在基础科学中所一直积极参与的工作。他总是以一种前辈的角色为年轻的研究者指明道路，直到进入80年代仍是如此。

　　对大学生来讲，费恩曼也是一位前辈的角色。我们曾在第十章中提到，在1974年毕业典礼上的讲话中，他给他们讲的既是有关科学智慧的话又是普通生活中的智慧之言，正是在孩子要走向世界之前父亲应该传授给他们的那类事情。为击败广为流传又为公众所接受的诸如占星术和特异功能 *[18] 这些伪科学（还有永远使他头痛的心理学），他解释了什么是为真正的科学所具有而伪科学所不具有的东西：

　　　　这就是一种科学上的诚实，一种绝对诚实的科学思想原则——一种矫枉过正。比如，如果你正在做一个实验，就应该报告所有可能使之无效的事情——而不仅仅是那些你认为是正确的；还要有其他能解释你的实验结果的因素；而且还有你所考虑过的已为其他某些实验所排除的东西，以及那些实验是怎样做的——总之要让别人相信它们确实被排除了。

　　　　如果在你的解释中有某些可能引起怀疑的细节，一定要

---

* 此处原文为spoonbending，直译为"意念弯匙"。——译者

说出来。也就是说，你一定要尽你所能——只要你知道有什么确凿的或可能的错误，都要解释它。比如，如果你提出一种理论，大肆宣传它或是发表它，那么你一定要像记下所有与它相符的事实那样，把与它不一致的事实也记录下来。[19]

很少有科学家有这种完全的诚实。即使是最诚实的科学家也会下意识地去掉那奇怪的角落，或是忽略掉所有那些与他们得意的理论相冲突的证据。但费恩曼从不屈从于自己的如意算盘。他从不欺骗自己。用福勒的话说，"费恩曼是个非常明智的人，他为每个人确立了很高的标准。他激励你去达到它。就因为他在加州理工学院这一事实，所有我们在那儿的人都认为我们必须要达到他的标准。他就是以这种间接的方式影响了我们所有的人。"[20]

这种前辈的"智者"的影响扩大到了校园之外，一直到了费恩曼的朋友和熟人的更大的圈子里。70年代末，他又把一个额外的兴趣添加到他的日程表上来，这是在他生命的最后10年里出现的一件令他全神贯注的事情。1977年夏天，他就要完成夸克喷注方面的工作了，卡尔马上就要在当地开始上初中，米歇尔刚上完一年级。[21]莱顿就在帕萨迪纳卡尔上学的那所中学教数学，可有一天饭后他向费恩曼坦白说，他所真正喜欢的是教地理。作为回答费恩曼问他是否听说过一个叫唐努图瓦的地方，这是费恩曼从他孩提时代集邮的爱好中知道的。莱顿自己不是集邮家，而且确信费恩曼是在愚弄他，所以坚决主张两人一起在《不列颠百科全书》后面的地图册里寻找。他们还真的找到了，那是挨着蒙古西北部的标为"图瓦苏维埃社会主义自治共和国"的一个极小的地区，是苏维埃社会主义共和国联盟的一部分。拉尔夫承认，在注意到南边的唐努乌拉山脉后，才知道这一地区曾一度被称做唐努图瓦。当他们发现这个自治共和国的首都是克孜勒(Kyzyl)，名字里面完全没有元

音的时候,只有一个反应:

> "我们一定要去那儿,"格温内斯说道。"是啊!"理查德喊道,"一个名字拼为K—Y—Z—Y—L的地方一定会很有意思!"
> 理查德和我都高兴地大笑还相互握了手。[22]

那时候,访问苏联这样一个遥远的地方,其问题似乎是难以解决的,这就使得这个计划更具有吸引力。当然,费恩曼会安排一个到苏联的官方演讲旅行,并把保证要到克孜勒旅行作为他应得的部分回报。可那将过于简单了。就像他希望因其价值而被视为鼓手,而不愿被看作"敲鼓的物理学家"(就像一只用后腿走路的狗)那种公开显示的怪念头一样,他想作为一名考察者去访问图瓦。不过,这就需要找到办烦琐手续和应付官僚机构的方法,由于还在冷战时期,对要去一个社会主义国家(而且是个远离游人行迹的地方)的美国公民(碰巧他曾搞过原子弹的工作)来说,这些繁文缛节是必不可少的。

这件事他们取得的进展很慢,主要是由于长时间以来没真正努力过,也是由于就是在这段时间费恩曼得了癌症。

1977年夏天,当理查德初次表现出有些不对头的迹象时,他和格温内斯正在瑞士阿尔卑斯这个他们常去的地方度假。可能以前就有了症状,但由于心里有其他事而被他忽视了;可这次他突然跑进洗手间呕吐,格温内斯可吓坏了。[23] 尽管明显是病了,但理查德把自己的健康置之度外,而更焦虑的是格温内斯的健康,她已得了癌症且不得不去接受手术。因此到了1978年夏末,他才到医生那儿诉说腹部的疼痛,而他自己的癌症才得以确诊。到那时,已是"有足球那么大的14磅重的肿瘤",[24] 在费恩曼腰部已经有一个可以看得见的鼓包了。这个肿块已在他腹内长到这么大,不仅挤破了他左边的肾和肾上腺,而且还伤了他的脾。

一天,海伦·塔克打电话通知费恩曼在加州理工学院的同事,也包括古德斯坦在内,告诉他们迪克患了癌症,下周五将做一个大手术。古德斯坦回忆,[25] 手术前的那个星期一,他跟费恩曼提起他们一起做的一项工作中似乎有一个错误。那并不特别重要,但论文已经发表了,他们应该纠正它。费恩曼同意看一下,很快他就沉浸在里面了。"他不知道他是否能活过这个星期,但此刻他却为弹性理论中的一个其实并不重要的问题而全神贯注。"

下午下班前,他们认为这个问题没法解决,于是就回家了。两小时后,古德斯坦接到了费恩曼打来的电话。他完全处于一种绝对是高度兴奋的状态,因为他找到了问题的解决办法,接着他就即刻给古德斯坦做口授。这是在手术的四天之前,而且问题也并不重要,但解决这个问题却用了费恩曼一天的时间。古德斯坦说:"我认为这可以告诉你这样一些东西,即是什么驱使着这个人去做他所做的事情。"

在帕萨迪纳地方医院做的这个手术看来是成功的,尽管仍很乐观,但那以后他不仅体力上受到了癌症所带来的伤害,而且他明白他现在是借时度日。当然,从长远来讲,我们谁都难免一死。但对费恩曼而言,未来已开始关闭。由于赞成他自己的哲学"永远不要欺骗自己",他把癌症看成一件有趣的东西来研究,查寻了所有他能找到的东西,像科学家观察实验那样观察他自己的身体的变化。这种称为脂肪瘤的癌症是恶性的,尽管大的肿块已被切除,但教科书上说能活过10年的机会基本上是零。

同时,生活还继续和往常一样,包括他的物理学研究、教学、画画、度假、断断续续地努力实行图瓦计划,还和莱顿一起打鼓。和其他事情一样,打鼓这段时间就成了讲很多故事的时间,这正如在"保险柜开启者的随从"的录音带中所突出的那样。[26] 费恩曼一直就是个爱讲故事的人,但如今在某种程度上讲,他是通过把往事倾吐出来并与莱顿合作写成两本书的这种方式来估量他的一生。莱顿觉得,当费恩曼准备把他的故事公之于众时,他自己正是处于恰当位置上的一个恰当人选。他回忆道,一次在饭桌上,费恩曼说他在科学方面的工作已经被采访过了,但当他接着谈到"这些好的轶事"时采访者就会关掉他的录音机。"费恩曼温和地埋怨这件事",莱顿说,"因此我尖叫起来说,那些都是我最喜欢的故事,因此让我们看看我们能不能以哪怕组织得不太好的方式把它们写下来。"

考虑到这一切,费恩曼60岁之后在物理学的新思想方面如果没有什么建树,我们也不会感到奇怪。然而,命运将会给他最后一次莫大的机遇,来向世界展示一个顶尖科学家的思维方式,以及科学方法是如何用来解决问题的。这个难得抓住的机会也使得费恩曼比他以往更为著名。虽然,这个见鬼的例子说明了如果当一些组织像一些人那样宁可相信他们臆想的真理而不相信真正的真理而开始欺骗他们自己的时候,他们会干出些什么。

◆ 第十二章

最后的挑战

1986年"挑战者"号航天飞机的爆炸事件,使费恩曼比以往更加遐迩闻名。尽管他对"挑战者"号调查所做的工作成了他生命的最后十年里的最著名的一件事,但这远不是他在岁登花甲之后所做的唯一的一项技术性工作。尽管在20世纪80年代费恩曼未在理论物理学方面作出重要的贡献,但他确实有了一个引人入胜的科学兴趣——这要追溯到他孩提时代对解数学问题的迷恋以及在洛斯阿拉莫斯时负责理论计算组时的工作。和他的儿子卡尔一道(卡尔的兴趣已从哲学转向计算机,这使费恩曼很高兴),他已卷入到计算机发展的下一个"大的设想"之中,即做并行处理。

卡尔在麻省理工学院上学,在那儿他的父亲把他介绍给研究人工智能的可行性的先驱者之一马文·明斯基(Marvin Minsky)。通过马文,卡尔又遇到了丹尼·希尔斯(Danny Hillis),他是个研究生,雄心勃勃地想建造一台大型计算机。"好啊,"卡尔说,"我知道什么呢? 我十七岁了,我认为这是可行的——没有其他人做过。"[1]因此,卡尔成了帮希尔斯完成其论文课题的大学生之一。

计划中建一个大型计算机的思路并非是让一个巨大的机器(计算机术语中叫"中央处理器")处理某个单一的大问题,而是把问题分解成一些较小的部分并把每个部分让一个小一些的处理器来处理,再把所有小处理器联在一起,以便它们能按逻辑推理来联合处理各种计算。这就是并行处理,它在90年代已开始显示出重要的实用可能性。当然,这正是费恩曼40年代在洛斯阿拉莫斯所做的,只是那时他是操作计算机器(并行处理器)的人,对制造第一颗原子弹所涉及的问题,由每一个人解决各自的那一小部分。希尔斯的梦想是让一百万台计算机以这种方式一起工作———一百万个处理器以并行方式操作。当他的梦想在80年代初开始变得有点接近现实时,他得把目标减少到让64 000个处理器一块工作。每台独立的计算机集成电路块上各有16个处理器,把这样的4000个计算机集成电路板联在一起,并用恰当的方式编制解题程序。任何认识费恩曼的人都会猜测,一旦他听说这样的项目,他就一定会参与。

费恩曼和明斯基的相识并非偶然。从在洛斯阿拉莫斯的工作开始,他就断断续续地保持着对计算机的兴趣,到了70年代末,除了建造计算机并使之工作这些实用方面外,这一兴趣又延伸到了计算机的理论极限。完成一个计算所需要的能量在理论上的最小值是多大?这是加州理工学院计算机系主任提出的一个问题,费恩曼努力探索后惊奇地发现,这其实没有下限。不管能得到的能量多么少,一台理想的计算机都仍然可以完成它的工作。

在麻省理工学院的一次关于计算的会议上,费恩曼高兴地发现一位真正的计算机专家贝南特(Charles Bennett)已得出了相同的结论。这引起了对由量子物理法则所设定的极限的讨论。这个问题使几位物理学家为之伤神,而且还导致贝南特对加州理工学院的访问。再一次地,令人惊讶的结论是,除了像尺寸这种物质方面的东西之外,没有其他极限。可能存在的最小最快的计算机将会在单个原子上存储数据,一串二进制数字(0和1)可由诸如原子自旋(朝上或朝下)等特征来表示，并用这些数字串来完成计算。

人造计算机的工作方式与人脑不同这点，也引起了费恩曼的好奇心：

> 我发现这非常有趣，那些我认为自己很灵的事情，比如，年轻时我擅长微积分、下棋和其他有逻辑的事情，这些都可以由计算机来做……数学思维和逻辑思维，这些我们总是为之自豪的东西，计算机也可以做。但我们能够轻而易举地马上完成那些缺乏逻辑思维的东西……比如随着眼睛从一处移到另一处，把房间中的椅子、家具和看到的所有东西结合成一个完整的图像，这些（对计算机来讲）反而是困难的。这非常有趣。总之，计算机是令人着迷的，它所能解决的问题也是令人着迷的。[2]

实际上，比所举的例子还更加难以捉摸和令人着迷。即使是像下棋这种计算机能做得很好的事情，它们的做法也和人不同。一台好的计算机的下棋程序是这样的：考虑大量的可能走法（也许每一种走法都要考虑），先看每一种走法的所有可能的反应，接着再看下一步每一种可能的走法，照此进行下去（直到由计算机的能力以及所具有的存储量所决定的"深度"），从而决定应采取的最佳走法。一个好的棋手是看棋盘各处的全局形式，形成一种对实力均势的感觉，而且通常是选定某个特别的作战计划（或者，几乎同样重要，拒绝另一个可选择的计划），只是因为它符合（或者不符合）比赛中的整体"感觉"。

尽管费恩曼谈到那些他一贯擅长的事情，但使费恩曼成为伟大科学家的并不是像机器那样的合乎逻辑而仔细的思维能力。他的伟大成就，比如量子电动力学本身，也像其他东西一样是凭直觉，凭物理的"感觉"，本能地知道（这意味着，是他所谈的下意识作用的结果）什么是正确的方法。他的确从未将量子电动力学的路径积分方法和费恩曼图真正发展为一种完全合乎逻辑的形式；自始至终，这种方法的巨大成功仍依赖于作出富有灵感的猜测，再发展一种对某种相互作用现象的描述，然后根据图和方程的结果来作些调整，使之越来越与真实的实验世界相符合。看来费恩曼以自然自身所理解的方式，理解了自然是如何作出不同情况下的必然反应。一个沿曲线轨迹通过窗户的球，不必等到计算了复杂的数学方程之后，才知道哪条路径遵循最小作用量原理，而费恩曼也不必等到发明了严格的数学证明之后，才知道他的量子电动力学表述是有效的。的确，他是个魔术师，而不是普通天才。

费恩曼也被一些古怪的想法所吸引。毕竟，如果每个人都在常规研究的同样安全的领域中工作，进展就会非常缓慢。他常鼓励人们去试验一些古怪的想法，因为尽管任何一个这样的想法能取得成果的机会可能都很少，但一旦真的获得意外的成功，可能其回报将是巨大的（当然，你必须知道从哪里能找到线索，而且费恩曼并不鼓励人们去追求与实验不相符合的怪异想法；这并不是对特异功能或超感觉力的一种认可）。因此，1983年春天，当希尔斯告诉费恩曼，说他打算离开麻省理工学院的人工智能实验室，而去开办一个公司来建造一台用一百万个并行处理器的计算机时，他得到的回答是："这绝对是我所听到过的最愚笨的想法。"[3] 而这实际上是对这一计划的热烈赞同。吃过午餐，费恩曼同意（也许说"坚持"会更好些）用夏季的时间为希尔斯正筹建却还未命名的公司工作。除了解决新问题的乐趣之外，这将使他能和卡尔更多地呆在一起。

尽管希尔斯很高兴能有一位荣获诺贝尔奖的人的名字印在他的信笺上（当他着手印制上端有文字的信笺时），但他对于让费恩曼做些什么却并没有实际的想法。夏天迪克来到波士顿开始工作时，公司刚刚成立，大多数人员是来自麻省理工学院的虽学完了课程但尚未正式毕业的年轻人。当费恩曼问他们他的工作是什么时，他们经过讨论后告诉他说，他可以在将并行处理器用于解决科学问题的应用中指导他们。他什么事儿也没有。"给我一些实际要做的事情，"他说。⁴ 因此他们派他出去买些办公室用品，他回来时他们告诉他，他可以分析独立的处理器彼此通信的方式——一个叫路由器的系统，它将负责找到一种方式，使得在两个独立的处理器之间的每次通信沿着将它们与机器连在一起的导线传播时，不会干扰沿这些导线传播的其他信息。

费恩曼专心致志地集中在这个问题上，但也抽时间帮助组装机器，建立机器车间并负责接待该工程的投资者。他对公司机构的设立也作出了很大贡献，他鼓励希尔斯成立不同的组，每个组由一个人负责，做某项特定的工作，就是洛斯阿拉莫斯曾经用过的那种方式（从效果来看，这本身就是并行处理的形式）。他生平经历的每一个方面，结果都能与眼下这个正进行的工程的某些事体联系起来。

他完成了分析路由器的配置这项主要任务后，公司有了名字：思维机器公司；机器也有了名字：连接机。费恩曼的分析表明，要想高效率地工作，连接机的每块集成电路板上至少需要5个缓冲器，用于它和机器其他部分的通信，以防止因信息堆积起来而阻塞。常规的计算机常识要求每块集成电路板上有7个缓冲器，为安全起见，小组决定按常规知识来做。但到了该制作集成电路板的时候才发现它们太大了，不能用标准技术来生产。每块集成电路板上用5个而不是7个缓冲器，生产就简单多了。但愿费恩曼是对的，他们就按这种更小型的设计做下去。它做成了，连接机上的第一个程序是在1985年4月成功运行的。

到那时，费恩曼对这一工程已作出许多更大的贡献。他还向年轻的小组显示了删去术语的重要性，在向别人（包括那些投资者）做介绍时，尽可能用日常的语言清楚地说明他们的工作。他还焊电路板，帮助刷墙。当时，在加州理工学院正要建造一台常规计算机来做夸克彼此相互作用的模拟计算,费恩曼寻思连接机(还没有完成)或许能做到这一点。他编了一个用并行处理原理来对付这项工作的程序,接着做了计算中的能在纸上计算的几步,来看看做这项真正的工作需要多大的处理能力和多少时间。实际上,计算机要用量子色动力学法则来模拟夸克之间的相互作用情况,而他是用纸和笔在模拟计算机。算过之后,他发现这真的有效,建成后的连接机能够比加州理工学院正在建造的专门用来做量子色动力学计算的常规机器更快地完成这种计算!"嘿,丹尼!"他欢呼,"你不会相信这一点,但你们的机器真的能做些**有用**的事了!"[5]

在《最佳品质》一书中,希尔斯描述了他和费恩曼一起做的最后一项工作,即按达尔文自然选择原理来模拟生物种群的进化。希尔斯吃惊地发现,在计算机模拟中种群似乎在很多代中都保持相当的稳定,然后突然进化成新的形态。这再现了化石记录的许多外部特征,并导致了达尔文论题中称为点断平衡的一种变异。和费恩曼一起,希尔斯得出了一个理论来解释这一点,用一种进化论的数学模型来进行研究。接着他发现,这在以前全部已经做过了,而且已为生物学家所知晓。他很失望地打电话给费恩曼,把这个坏消息告诉他。可费恩曼却很得意。"嘿,我们做对了!对业余者来说这就不错!"和以前一样,他在乎的就是他**自己**在解决问题的过程中的那种快乐,而不介意是否已有别人捷足先登。

费恩曼是在连接机方面工作的理想人选,对组里来说是个前辈的角色。如希尔斯所说,因为"他总是在探索某些事物的形式、联系以及观察的新方法"。但"对他来讲,在他教给其他人之前,这种发现行为就不算完成"。

到了80年代中期,费恩曼又病重了,而且他的朋友们都知道他不会活太久了。可他还有最后的一次机会去发现看待某些事情的新方式,通过一些联系手段,最好是把他的发现告诉广大民众。然而悲哀的是,这个机会是随着一个震惊全国的人类悲剧事件而来的。

"挑战者"号的灾难发生在接近中午的时候,东部标准时间是1986年1月28日,星期二,这艘航天飞机爆炸时,离起飞刚过一分钟,七位机组人员全部遇难。费恩曼对这一飞船项目并不特别感兴趣,因为他注意到它是带着设想中很重要的科学使命进入地球轨道的,却从没见过来自它的任何结果在一些主要的科学杂志上发表过,所以总觉得整个的过程是一件细微而没有价值的事情。[6]但和数以百万计的其他美国人一样,他从电视新闻中看到了"挑战者"号的升空和爆炸。

费恩曼并不知道美国国家航天局(NASA)的行动负责人是格雷厄姆(William Graham),30年前他曾是加州理工学院的大学生而且还听过费恩曼著名的未知物理的课。格雷厄姆后来到休斯飞机公司工作,在那儿他常去听费恩曼的周三演讲,有时他的妻子也陪他去。格雷厄姆有一项并不令人羡慕的任务,即写出要参加照例必有的调查事故原因的总统委员会候选者的精选名单。大多数参加这个委员会的人都有某种涉及这个空间项目的专长——糟糕的是,这意味着不论他们怎样力图公正无私,他们也不可能被真正看做是没有利害关系的调查者。其中包括为国防部负责航天飞机运行的空军将军库泰纳(Donald Kutyna)、进入太空的第一名美国妇女萨莉·里德(Sally Ride)、登上月球的第一人阿姆斯特朗(Neil Armstrong),以及其他或是与NASA有关或是与这个太空项目有关的人。委员会的主席将是美国前任国务卿和司法部长罗杰斯(William Rogers)。格雷厄姆的妻子劝他请费恩曼这位真正的局外人而又是富有独创性的思想家来参加这个小组,格雷厄姆采纳了这个建议。[7]

格雷厄姆打电话给费恩曼问他是否能参加,并不知道他所找的人正处在重病之中。此时,费恩曼已因腹部的癌症做了两次手术,正忍受着心脏病的痛苦,而且还发现了一种已侵入他的骨髓并影响血液、使血液变得黏稠而凝结的罕见的癌症。健康的顾虑倒是可以放在一边,但一生中的大部分时间费恩曼都是避免去负责任,走他自己独立的路,特别是不愿做任何与华盛顿有关的事。他当即的反应就是回绝。不过,他还是先和亲密的朋友们商量了一下,这其中也包括格温内斯。他们全都劝他必须去做此事,因为他可以作出独特的贡献。正如格温内斯所言:

> 如果你不参加,将有十二个人挤在一个组里,围在一起从一个地方到另一个地方。而如果你参加这个委员会,那就会是十一个人的一个组围在一起从一处到另一处,而此时第十二个人就会跑遍现场,去检查所有不寻常的东西。也许什么也没有,但如果有,你就会找到它。不会有另一个人能像你那样做。

她是对的。

因此费恩曼同意参加罗杰斯委员会,但只是发现交给他们办的事,已发展到远远超出了找到引发这场事故的直接原因的工作范围,而是提出了诸如"我们未来的太空目标是什么?"这样的问题。他预见到委员会的工作可能会永无休止,因此给自己定了一个期限——他最多为此工作六个月,然后不管结果如何都会退出。但他为华盛顿付出的将是实实在在的六个月,在这段时间他将不做任何别的事情,也就是不教学、不与思维机器公司磋商,也不搞物理。就如他对格温内斯讲的:"我要自杀六个月。"

在2月3日星期一下午4点格雷厄姆来电话确认费恩曼为该委员会的一员并希望他出席星期三上午将在华盛顿召开的第一次会议。在接受任务前,按照费恩曼的工作方式,他给自己留出了整整一天的时间来准备。他和要他参加这个委员会的一位朋友希布斯(Al Hibbs)安排好到喷气推进实验室的访问,参加一个关于航天飞机情况的介绍会,以便他能做得更快一些。那天他学到了很多东西,但他了解到最重要的东西也正是在这第一天。在他的情况介绍会笔记的第二行,他批注道:"O形圈留有焦痕。"

O形圈是帮助发射航天飞机进入轨道的两个固体燃料助推火箭的一个部件。助推火箭是由几个圆柱形的部件接合而成。O形圈就像巨大的橡胶带,周长1.13米,嵌在火箭两部件的接合处,为的是能把接合处封紧,以防在燃料燃烧时热气从缝隙泄漏。完成它们的工作之后,用过的助推火箭与机体分离而掉入海里,再从海里找出来,重新修理后将来再用。如果这些用过的助推火箭上的O形圈是烧焦了的,这就意味着在接合处有热气泄漏。如果在发射中密封完全失效,就会导致使"挑战者"号机毁人亡的这种灾难。然而,O形圈为什么会在1986年1月28日"挑战者"号的发射中失效而从没有在以前任何一次航天飞机发射时发生这种情况呢?

费恩曼在喷气推进实验室"像海绵一样地汲取信息",但并没有找到问题的任何答案。然后他搭过夜的飞机去了华盛顿,以便赶上2月5日星期三,在罗杰斯的办公室出席委员会的第一次会议。由于前一天高强度的突击准备和睡眠不足,他迷惑地发现这第一次会议只是个非正式的碰头会,没人有他那种要开始做实在事情的紧迫感。另一方面,由于得知调查将不会超过120天,比他承诺的六个月还少,他为这点而感到轻松。

尽管费恩曼对委员会中的其他成员一无所知,但他忍不住会注意库泰纳将军,在一群平民百姓中他穿着威武的军服,而且在第一次会上费恩曼正巧坐在他旁边。然而这一次,穿军服的还真是个堂堂正正的人——最后费恩曼高兴地发现,散会后很多委员都有高档轿车伺候,而库泰纳却走去乘地铁。

> 我想,"这家伙,我会和他相处得很好的;他穿着那么高档,但内心却是很正直的。他不是盯着他的司机和他的专车的那种将军;他乘地铁回五角大楼。"顿时,我就喜欢他了。

这种感觉是相互的,库泰纳把费恩曼放在自己的麾下,给他透露些在华盛顿的官僚中行事的方法。

> 费恩曼有三点他很欣赏:第一,惊人的智力,这点已为世人所知;第二,正直,这一点也真的在委员会中表现出来了;第三,他有着弄清任何秘密的真相的迫切愿望。不管这种愿望把他带到哪里,他就会在哪里弄个明白,而且不会被途中的任何障碍所阻碍。他是个有勇气的家伙,而且他不怕说出他的真意。[8]

能够认识到费恩曼是什么样的人,而且还这么快就和费恩曼建立了良好的关系,库泰纳是幸运的,因为在那个周末这位将军就将面临一个问题。他将得到一个关于导致"挑战者"号爆炸之原因的重要线索,但这个信息来自于一个敏感的渠道,一个NASA的宇航员,他会由于揭开内幕而被解雇。当然,这真的是一种可能的情况,这件事本身就是对当时NASA的运作方式的一种控诉,但库泰纳知道这不仅仅是臆想。从前有一次,库泰纳的一个宇航员老朋友传给他一份文件,上面描述了在航天飞机部件的制造过程中保安程序是如何被违反了。这位宇航员把文件传给库泰纳时被人看见了,于是他马上就被降级。

委员会开始工作后没多久,另一个宇航员告诉库泰纳一些敏感的消息。有关的承包商已在事故前至少是六个月的时候在极冷的条件下测试了O形圈。很明显,对O形圈变冷时将发生的情况是有所考虑的。这是一条潜在的重要信息,因为毁灭性的"挑战者"号的发射是第一艘在温度为零摄氏度以下发射的航天飞机。如果寒冷在这次灾难中有影响，或许是由于导致O形圈失效，那么委员会就应该能得到这些数据，但是他们从没在这些提交给委员们的材料中提及过。库泰纳急需将这种可能性公之于众而又不能毁了他的宇航员朋友的锦绣前程。做这件事最好的办法，就是设法让费恩曼这个委员会中唯一真正独立的成员去寻思寒冷对O形圈的影响这个问题。

但是他将不得不巧妙一些。就在他们开始为委员会工作时，库泰纳在五角大楼给了费恩曼一份个人的关于整个太空计划的情况简报，以使他们对航天飞机能有正确的考虑。他已表示要让费恩曼排除障碍而获得秘密情报，而迪克却拒绝了，还说"我不想让我不能谈论的秘密塞满我的头脑。我希望能够谈论您所告诉我的任何事情。因此，请别告诉我任何机密。"⁹因此库泰纳进退两难。要把寒冷如何影响O形圈这个难题提到议事日程上来的话，在委员会中唯一能信赖去做此事的人也正是唯一的一个坚决地拒绝涉及秘密的人。

费恩曼也是委员会中唯一的对这种慢节奏的工作不习惯的人。星期三仅开了两三个小时的非正式的会，一天中其余时间就没事了。在星期四的第一次公开会议上，委员们有机会向从NASA来的高级代表提问。原来委员们除了两三个之外全都是有科学或工程学学位的，而且他们向那些费恩曼称之为行政"要人"的人提出一连串对方根本就不准备回答的技术问题。"我们会再回来就此事找你"就成了那天念的经。星期五也好不了太多。尽管库泰纳给委员们一份他早些时候作过的一项调查未载人的"泰坦"号火箭失败原因的报告，罗杰斯（委员会中少数几个没有专业背景的人之一）却以它不适合于航天飞机的调查为由而不考虑这个有用的经验。他告诉库泰纳："在这儿我们不能用你的方法，因为我们不能得到像你那样多的信息。"

在费恩曼看来，这显然是错的。因为"泰坦"号是不载人的，它不像航天飞机有那么多的监控设备,也没有把发射过程用特写镜头拍摄下来用于电视转播,而从转播的"挑战者"号发射的图像中足以清楚地看出,爆炸之前在助推火箭的侧面有火苗闪烁。又是令人沮丧的一天。"尽管**看起来**我们在华盛顿天天都在做着什么,而实际上,大部分时间我们就那样在一起坐着,什么也没做。"

然后就到了周末。结果是,委员会要歇息一个**长长**的周末。他们订好下周二去佛罗里达,到NASA的官员那儿听取情况介绍,还要参观肯尼迪航空中心。不要指望这么一个正式而有向导的参观对所发生的事能提供什么实际的见解;更何况这种装门面的仪式还在五天之后!就在要撤出这项调查之前,受尽煎熬的费恩曼打电话给格雷厄姆,就是他首先把费恩曼拉进来搞这一调查的,问他是否有什么办法能做些实际的工作,比如和工程师们谈谈,试着找一找到底是什么出了问题。格雷厄姆认为这是个好主意,还表示要安排费恩曼到约翰逊太空中心参观,他想多快去都可以。可是罗杰斯否决了这个建议。格雷厄姆提出一个折衷的办法——费恩曼留在华盛顿,而格雷厄姆将安排NASA的专家给他开一个情况介绍会,地点就在费恩曼所住宾馆正对面的NASA总部。起初,罗杰斯也反对这一建议,但最后还是勉强同意了。

因此费恩曼从星期六才开始做与这个问题有关的一些实际的工作,重新回到他在喷气推进实验室停下来的地方。把几段助推火箭连在一起时,有关接合处密封垫的所有情况,有位专家全然了解。费恩曼同他谈过后,很快就弄清了原委。原来,早就知道有个O形圈的问题,(看来)主要是由于打了如意算盘,所以被漠视了。在以前的飞行中也有过很少的泄漏,而且有时重新找到的O形圈上有部分被烧掉的情况。但只是在少有的几次飞行中,也只有很少的密封垫失效过。如费恩曼所讲的,NASA的态度是"既然密封垫中有某个有点泄漏而飞行还是成功的,那这个问题就并不那么严重。"费恩曼把这比做玩俄罗斯轮盘赌。你第一次扣扳机,枪没响,因此你假定再扣它也是安全的,于是再扣,再扣……

实际上他找到了一个报告,报告的开头是:"在接合处缺少好的次级密封圈是最关键的",结论是:"现存数据的分析表明继续飞行是安全的。"但如果这种情况是"最关键的",又怎么会安全呢?

到了此时,新闻界已意识到了对密封圈问题的报道,第二天,也就是星期天,一篇报道就出现在《纽约时报》上。结果罗杰斯召集委员会在2月10日星期一开紧急会议。库泰纳在同日下午从宾馆打电话给费恩曼通知他开这个特别会议,同时邀请他当天共进晚餐。库泰纳大约是在一周前就听说了有关寒冷对O形圈的影响的消息,而且他仍在寻找能使费恩曼登场的办法。饭后在给费恩曼讲他的得意经历和高兴的事时他找到了,这是在飞机库工作时他所用的一台奥珀尔GT 1974。工作台上有一对汽化器。这种汽化器的一个重要部件是一个由O形圈的橡胶做成的密封圈,是小型飞船的O形圈,以防止两个次级部件接合处的泄漏。

"费恩曼教授,你知道,"库泰纳说,"变冷时这些该死的东西会泄漏。你认为寒冷会对汽化器的O形橡胶圈有影响吗?"[10] 这足以使费恩曼步入正轨而做出他最著名最公开的实验。多谢库泰纳的暗示,在去参加星期一委员会特别会议的路上他已经在考虑寒冷对O形圈的影响了。会议的第一个阶段简直是浪费时间。报纸上"曝光"的全是费恩曼已经知道的消息。可后来的事情变得有趣了。第一,给他们看了一张从没见过的照片,显示出在航天飞机穿过发射架之前从助推火箭的接合处就冒出一股股的烟。看来烟是从在爆炸前就出现火苗的地方冒出来的,明确地表明从发射一开始密封圈就有毛病而且开始泄漏。

接着是一件真正奇怪的事。从西奥科尔公司来的一位负责密封圈的工程师对委员会做汇报。他并未受到邀请而是自己主动来的。如果不是由于新闻报道而召开这个特别会议，他就不会在这儿找到这些委员们。他在会上讲，西奥科尔的工程师们非常关注寒冷对密封圈的可能产生的影响，因此在发射的头天晚上他们向NASA提建议，如果温度低于12℃就不要发射航天飞机，因为这是航天飞机以前所飞过的最低温度。工程师[费恩曼只是叫他"麦克唐纳(MacDonald)先生"]说，可是NASA威胁西奥科尔重新考虑他们对飞行的反对意见，不幸的是，发射时温度只有-2℃。只有麦克唐纳一人拒绝附和。他告诉委员会，他已对同事们讲了"如果飞行出了什么问题，我不想站在调查委员会面前说我去了，还告诉他们可以在超出所允许的条件下发射航天飞机。"麦克唐纳的证词是这么令人吃惊，以致罗杰斯请他又完全重复了一遍。

麦克唐纳的叙述涉及两个方面。第一，指出了寒冷是O形圈失效的直接原因。库泰纳给费恩曼的暗示比其他委员始闻此事早了将近24个小时，可即使没有那个暗示，听了麦克唐纳的证词之后费恩曼也会紧紧抓住这一线索。第二，正如费恩曼在星期六的情况介绍会之后猜测的那样，这表明其中有两个失误：一是技术上的失误，另一个是人为的失误，即管理上的失误。尽管工程师们已表露出顾虑所在，但管理者还是强令进行。

这个消息太重要了，致使费恩曼想立刻去弄清O形圈的橡胶的性质是如何受寒冷的影响的。但罗杰斯决定第二天，即星期二，召开另一个公开会议。这个会议不是去公布麦克唐纳的消息，那些他认为过于敏感而不能公开，而是去追溯《纽约时报》上的旧材料。罗杰斯的这个想法是回到和星期一下午的封闭会议基本相同的话题上(即使这些对费恩曼也不是新消息!)，不同的只是这次是面对一批记者和几台电视摄像机。费恩曼想到要浪费更多的时间就很反感，此时他正寻思着要获取一些有关O形圈在冷冻条件之下会怎么样的真实信息。可他被困在华盛顿的旅馆里，离能做这种必要的实验的实验室很远。那天晚上他独自一人吃饭时注意到了桌上的一杯冰水,于是对自己说:"真该死!我能查明有关橡胶的情况了……我只要去**试试**!我所要做的就是去找一块橡胶样品。"

他知道委员会会议上总可以得到冰水,还想到当他真的当场做这个实验时,其他人都坐在那儿听那些与他们已听过的完全相同的旧材料。这个主意对他性格中喜欢表演的那一面来讲是不可抗拒的。而首先,他需要一块O形圈中的那种橡胶。他再次打电话给格雷厄姆,请他来支援。NASA总部有一块将在第二天公开会上展示的接合处模型。它包括两条橡胶(尽管它们的工作很重要,但O形圈只有普通铅笔那么厚;因发射时的压力,在火箭的接合处会张开一些小缝,关键是O形圈有柔韧性,能嵌入这些小缝,以防任何热气泄漏)。但费恩曼必须要自己得到接合处以外地方的橡胶样品。

第二天,2月11日星期二一早,费恩曼去一家五金店买了几种工具,包括一把小的C形夹钳。然后他走到格雷厄姆的办公室。他只需要一把能把橡胶从接合处拔下来的钳子。他当时就在那儿做了这个实验(由于一些原因,在《你干吗在乎》一书中费恩曼说他"羞于"提私自先做了实验而"撒谎";这似乎对我们是个明显的警告!)。然后,他把橡胶放回模型接合处,它是格雷厄姆准备提交给会议的。

会上,费恩曼坐在库泰纳将军旁边,钳子放在一个兜里,C形夹钳放在另一个兜里。每件事都已就绪,只是没有冰水。会议开始后,在出示模型接合处之前,幸运的是,不只是费恩曼,每个人都迫切要冰水。库泰纳意识到要发生什么事了。当接合处被传看后,给了库泰纳将军,他又交给了费恩曼。一个NASA发言人讲了密封垫是如何工作的,而委员们装作他们以前全没听过似的。当接合处传到费恩曼这儿时:

> 他把它放在面前,把手伸进他的口袋,从里面掏出一把钳子、一把螺丝刀和一把夹钳。我想:"噢上帝,他要干什么?"

他开始把这个东西拆开。他要取出一块O形圈橡胶,用他的夹钳夹住去挤压它,它像被挤压进航天飞机的接合处那样,然后把它放入冰水中冷却到发射那天的温度,并显示出,O形圈不能弹回去恢复它原来的形状。[11]

由于急切地想为众人演示这一实验,毕竟救援的冰水也及时送到了,费恩曼要伸手去按他面前的红按钮。按下这一按钮就表示他想要讲话,就接通了麦克风,并使电视摄像机和光线都朝向他。而观察着这一切过程的库泰纳意识到,注意的焦点是其他地方。"不是现在,"他告诉费恩曼。又来了一次。他让费恩曼等一等。他翻遍了情况介绍的书,指着一张特殊的图让费恩曼看。"当他来到这个地方的时候,就是这儿,做这个实验就正是时候。"这一刻到来了,所有的目光都转向费恩曼。他向他们演示了这个实验,而且解释了正在发生的事情:

我把这块橡胶从模型上取下来,用夹钳夹住在冰水中放一会儿……我发现当放开夹钳时橡胶不再反弹回去了。换句话说,只过了几秒钟,在零摄氏度以下这种特殊的材料就不再有弹性了。我相信这对我们的问题有着重要的意义。

这个论证并没有引起费恩曼所预期的即时的影响。同他在一起的委员们似乎被他们看来是小丑的表演所激怒,而各媒体的代表们看来是被搞糊涂了。午餐休息时他们问费恩曼的问题太一般了("你能给我们准确地解释O形圈到底是什么吗?"),以致费恩曼认为他们不得要领,而且生气地责怪库泰纳在他第一次要做的时候没有让他按那个红按钮。但当天晚上,费恩曼的实验出现在所有主要的电视网上(也向全世界播放了),而且第二天在《纽约时报》和《华盛顿邮报》上就有一篇重要的报道。高兴的费恩曼用手搂住将军说:"嘿,库泰纳,一点都不坏!"[12]

我认为在我们中间没有任何人能做这个实验。对一位二星将军、一位前国务卿,或是登上月球的第一个人,去做拿盛水的烧杯那种事情都不太合适。但费恩曼能行。我猜测如果费恩曼也有一点不足的话,那可能是他的表演才能。然而他是一位出色的表演者。[13]

他也是一位出色的科学家。**若与实验不符那就是错的**。那些打如意算盘的人会说在温度低于冰点时,也能用橡胶做这件事,但用来证明这一点的东西不会只是一杯冰水和一个C形夹钳。任何一个和费恩曼有同样想法的西奥科尔的工程师都可以在发射之前做这个实验。然而即便如此,能否说服NASA推迟发射也是个问题。**最容易欺骗的人就是你自己**,NASA的官僚正是欺骗了他们自己,认为目前万事大吉。

费恩曼到华盛顿后在不到一周的时间就做的这个小实验,其结果使他成了一位民族英雄和公众人物。正如戴森所言,这是他"作为传播者的最精彩的一小时",从中"公众亲眼目睹了科学是怎么回事,伟大的科学家是怎样借助双手来思考的,以及当科学家向大自然提出一个明确的问题时,她是怎样地给出一个明确的回答"。[14]公众所没有看到的是在接下来的几个月里的事。在这几个月里,费恩曼继续和委员会一起,深挖那些忽视工程师们的建议从而导致七名宇航员丧生的管理中的问题。

也许,这是委员会工作的最主要的一部分。这件事的圆满完成主要还得感谢费恩曼。正如希布斯阐述的:

强行让这件事公开,而且就在电视上做给全世界的人看,委员会中的其他人不能再回避这一点,而且他们不得不说:"是的,就是这样。那么,为什么会是这样的呢?"不然他们也许会花很多时间来查看到底发生了什么,并考虑所有技术上的可能性,而永远也不会来问"为什么?"

我认为他阻止了那种十足官僚性的掩饰,那样也许会说:"没有人该真正受到指责,这是一次不幸的意外,"如此等等。可费恩曼说:"不,那不是真话。许多人应该受到指责。这个体制应该受到指责。而且你们必须说出来。你们必须公开地说出来。"[15]

调查也揭示了其他一些技术问题,特别是航天飞机在再次起飞之前修了几年的引擎。费恩曼所扮演的正是格温内斯所预料的那种自行其是的角色,他拨开迷雾发现了事情的真相,即便这意味着他自己会成个讨厌的人。更有甚者,他是置自己的健康或者说幸福于不顾来行此举的。他回到加州理工学院时,所有认识他的人都为之哀愁,因为这件事对他的消耗太大了。[16]

为了把自己的观点写进委员会的官方报告所作的斗争,以及最终它们是如何以附录的形式而不是作为报告主体而出现的这些故事,都已在《你干吗在乎》(其中也包括罗杰斯委员会的报告附录)一书中详细叙述了。这项调查的流行说法常给人一个印象,即费恩曼一味地批评NASA。而实际上,尽管他严厉地批评了有关引擎的那种状况,但对航天飞机的控制系统方面非常满意,而且他极其热情地赞扬那些对飞行模拟尽责的计算机专家:他们是一些"看来他们知道自己在做什么"的人(来自费恩曼的**不寻常**的高度赞扬)。这是一份真正公平的报告,既表扬了好的方面又不怕指出差的地方。它的最后一句话,也恰恰显示了费恩曼的独特智慧:

对于一项成功的技术,真实性必须置于公共关系之上,因为自然是不可欺骗的。

论及费恩曼的最后一项技术性工作,以此句作为最后的话语,可能没有比这更好的了。

◆ 第十三章

晚年岁月

对唐努图瓦的探索是贯穿在费恩曼生平的最后10年中的一种冒险行径。可是正如我们已经见到的,在这10年里,包括为思维机器公司的人所做的工作以及对航天飞机事故的调查在内,在他的生活中还有着许多其他事情。在大部分时间里,图瓦已成为费恩曼活动的背景。这次冒险既是理查德·费恩曼的冒险,同时也是拉尔夫·莱顿的冒险。可是它总是处于背景之中,这是典型的费恩曼生活方式和用他自己的激情感染他人的方式。像首都的名字中五个字母不含元音这样的事,最终导致他组织一次参观苏联某偏远地区这样的远征。而这个疯狂的计划终于有了结果。这件事主要是由一位中学教师组织的,而此人碰巧是费恩曼的朋友。这件事也表明,我们哪怕略具一点费恩曼的冒险精神,那么我们不论是谁,去实现我们最疯狂的梦想的潜力都将不可估量。

事实上,图瓦的冒险开始得太慢了。尽管1979年1月莫斯科电台制作了一个有关图瓦的节目,相当于是对莱顿询问有关这一地区的情况的那封信的答复,但这比他们已从百科全书和其他参考书中搜集的信息多不了多少。可拉尔夫和迪克为主持人结尾的评论而高兴且受到鼓舞,因为主持人说,现在从莫斯科乘飞机去图瓦"非常方便"。[1] 不幸的是,后来证明,对一个苏联公民来说飞到图瓦的很小的首都克孜勒是很方便,但对外国人来讲这并不是一条官方批准的旅游线路。在热情驱使之下,莱顿在第二天的地理课上放了这个广播的录音,还不停地考虑着这对他职业的可能产生的影响——学校教师不宜在课堂上放莫斯科电台的节目录音(那时候,苏联被官方看做是"罪恶的帝国")。可这一次,似乎没人表示异议。

在1979年的晚些时候,他们得到了一本图瓦语—蒙古语—俄语的短语集,还借助它用图瓦语吃力地写了一封短信,寄到出版这本书的克孜勒的图瓦语言文学和历史研究所。等到有了回音已是1980年了,苏联已入侵阿富汗,美苏关系跌到近乎有史以来的低谷,几个普通美国公民想去访问苏联的一个偏僻地区,其前景比以前更加渺茫。可至少他们已经与图瓦的某些人取得了联系!

戴森在《从爱神到大地女神》一书中,给我们提供了1979年底在费恩曼家里拍的一张可爱的生活照片。在一封描述西海岸之行的信中,他说:"所遇到的最高兴的一件事就是和迪克·费恩曼在他帕萨迪纳的家中共进晚餐。"12年以来,这是他们初次重逢,戴森高兴地发现费恩曼的健康状况比他从传闻中想像的要好得多。"他还和30年前与我一起开车去阿尔伯克基时一样的年轻,"他写道,"费恩曼和这位名叫格温内斯的英国妻子结婚已将近20年。他喜欢这种家庭生活而且他们有个和我们的很相像的宠物园,一匹马(是12岁的女儿的)、两条狗、一只猫和五只兔子。可是在接下来的几个月中,他们会暂时超过我们,这是由于一些邻居出门不在家,一条大蟒蛇也归他们照应。"

和以前的15年一样,除了物理学与家庭之外,在费恩曼的生活中,另外的消遣仍然是绘画。每个星期一的晚上他画线条画或是颜料画,以一种神秘和无规的方式进展着,偶尔也有些略带微瑕的珍品出现——他的一些作品和他爱好艺术的背景介绍合在一起,现在已经以

《理查德·菲利普斯·费恩曼的艺术》为名出版了。

费恩曼在家庭中这么快乐,为思维机器公司又这么忙碌,再加上画画和其他活动,因此图瓦计划最初只不过是个想入非非之梦。到了1981年,经过三年断断续续地对这一计划的讨论,他和莱顿仍未接近唐努图瓦一步。就在1981年秋天,费恩曼的癌症又发作了。这种特殊的癌症并不是从身体的一个部位转移到另一个部位,比如说从肾转移到肺,而是较为缓慢地从原发部位向外扩散。在这种情况下,癌变的组织也覆盖了费恩曼的肠。这使他再次陷于绝境,维持生命的唯一希望乃是立即动大手术。[2]

对费恩曼来说,和他遇到的其他事情一样,他把疾病也看做是一种冒险。他以他特有的方式把它说成是"有—趣"(他总是把这个词的所有音节都发足够长的音),而且还用他研究物理学问题的方式来研究它。从这一点来看,他似乎继承了他的父亲能客观而超然地看待自己的疾病的能力。琼·费恩曼回忆当年梅尔维尔是怎样做的,当他知道自己患了危险的高血压症后,梅尔维尔曾说:"你们看到我充血的眼睛了吗?这是件有趣的事,因为……",他就这样解释了眼部的血管为什么会受到伤害,并以"有一天,这将发生在我的脑子中"这句话作结尾。[3]在第一次因癌症而做手术时,理查德对外科医生说,如果看起来他不能康复的话,他希望不要被麻醉,以便他能"看到离去时的状况"。他认为处在麻醉的状态下是对于死亡的欺骗。如果他快死了,他想看看那是一种什么样的情景。[4]

第二次癌症手术,费恩曼的另一大段肠被切除了,手术并不顺利,持续时间超过了10个小时。他心脏附近的动脉破裂了,造成了大量的失血。出乎意外地,和费恩曼同血型(O型)的另外两个病人那天也需大量输血,而洛杉矶加利福尼亚大学医院的血库里血已很少了。一个紧急电话打出去,主要是加州理工学院和喷气推进实验室的学生和员工组成的100名志愿者的长队,愿为维持费恩曼的生命而献血。他在脱离危险之前总共需要将近80品脱(约3800毫升)的血。

即便是费恩曼,也不能从这样的磨难中迅速地复原。然而他有一种恢复健康的激情和一个欲达到的目标。1982年,加州理工学院本年的音乐剧是《南太平洋》,费恩曼和莱顿应邀为一场塔希提岛人风格的舞蹈伴奏鼓乐。他们从洛杉矶的一位熟悉塔希提岛的鼓手那儿学了些东西(正如费恩曼爱说的一句话,你能从洛杉矶找到一切),而且迪克甚至还学了几句塔希提岛人的短语,用来在演出中呐喊。

演出是在费恩曼第二次癌症手术后仅三个月的时候举行的,为了这次演出,费恩曼穿上了带有高高的羽毛头饰和长披肩的酋长服装。就是在《南太平洋》的排练中,莱顿从该剧导演那儿得到提示称费恩曼为"酋长",在费恩曼以后的日子里这个称谓一直沿用下来。公演的那天晚上,仍很虚弱的费恩曼在大部分演出中只能躺着,只在到了他演的角色该上场时才起来。可在他的短暂表演中,观众看到的是已完全康复了的原来的费恩曼。这是他在手术后第一次在公众场合露面,许多曾给他献过血使他渡过那次磨难的人就坐在观众席上。毫不奇怪的是,这个"浮雕"的出现成了全剧的高潮,引发出经久不息的热烈掌声。

同样毫不奇怪的是,第二次手术后,费恩曼开始以更大的兴致去参加一些别人看来是愚昧的活动,即看大脑是如何工作的,其实这只是重复了从他做学生时起就一直着迷的事。如他在《别闹了》一书中描述的,通过他在休斯航空公司所作的那些演讲,费恩曼遇到了利利(John Lilly),这个人正在做感觉丧失的试验。试验设计为,在全黑的情况下,让接受试验者浮在温度为体温的水槽中来产生幻觉。费恩曼非常想做这个水槽试验,通过在醒着的时候试图产生幻觉来把他对于在睡着的时候大脑会怎样工作这一趣事探究到底。他成功了,但从未发现任何"体外"的体验来使他相信那是幻觉之外的东西。其实,幻觉完全是由大脑的内部工作产生的，而不是真正地从体外来看他的身体。他还发现，尽管要产生这种幻觉通常要用15分钟，但如果他事先吸一点大麻那就快多了——曾因不愿伤害他的思维能力而戒酒的这位物理学家由于意识到自己已经在过借来的日子，无论如何大脑也用不了多久了，他现在正谨慎地准备为探索大脑的工作方式而尝试幻觉。

在第二次手术后，由于决意要最充分地利用剩下来的时间，费恩曼的生活情趣在某些方面反而增加了。他成了每年都到蒙特雷南面大瑟尔的埃萨伦研究所的访问者，那儿是一个有很多"他择性"或"整体论"思想的嬉皮士中心。在埃萨伦，在比太平洋面高约10米的一块巨岩上有一些大的温泉浴场。费恩曼所说的"我最惬意的体验之一"就是坐在这些浴场之中，一面观赏海浪冲刷着岩石下面的海岸，一面又可以仰望清朗蔚蓝的天空。[5]作为对访问埃萨伦而得到这些快乐（在那儿他也学会了按摩技术）的回报，他作了关于"特异思维"的演讲，还讲了有关新时代微型机器的装配和量子力学。"酋长从没忘记他是在过借来的日子"，莱顿在回忆80年代中期他和费恩曼在温泉浴场休息时突然听到费恩曼大声喊道："谢谢您，莫顿（Morton）医生！"的情景时这么说。莫顿医生就是在费恩曼处于绝境时帮他控制住癌症的那位外科医生，费恩曼以"其他人感谢上帝又给了他们美好的一天的那种方式"来感谢莫顿医生给了他生命的额外岁月。[6]

1982年春天，那一时刻仍摆在面前。图瓦的计划也没有任何能起步的迹象，世界看来也是一团糟，英国与阿根廷的马岛之战，以色列入侵黎巴嫩南部。为缓解这种低落的情绪，6月里莱顿拉费恩曼去拉斯维加斯，作为64岁生日的迟到的礼物。使他们高兴的是，旅馆还免费提供可用来赌博的配给票"娱乐册"。令他们更加喜出望外的是，赌完他们册子中的所有单子后他们赢得了大约50美元，而且他们小心地不再去赌了。可几天后他们要离开旅馆时才发现，他们的押金只能以娱乐册的形式返还给他们,而不是现金。他们又到赌桌前,而且又开始赢钱——直到以某种特别的托词被请求离开赌桌时为止。娱乐册里还剩有一些单子,这样回家后,他们就可以骄傲地向朋友们炫耀,由于赢钱太多他们才被从拉斯维加斯的赌桌上赶了出来。[7]

就像在打鼓的那段时间费恩曼给莱顿讲的那些一样,这件事本身也是一种冒险。此后不久,莱顿第一次和费恩曼一起去埃萨伦教打鼓,以此作为对费恩曼所作的"量子力学的现实观"演讲中涉及的难懂的物理知识的一种矫正。演讲的材料将与他1983年初在洛杉矶加利福尼亚大学所作的阿莉克斯·G·毛特纳(Alix G. Mautner)纪念演讲中涉及的一些话题相同,而且这些被拉尔夫·莱顿写成了一本书(沿袭了他父亲罗伯特·莱顿所说的"把演讲从费恩曼语翻译为英语"这一家风)。

所以做这些演讲,缘由是源于他和莱昂纳德·毛特纳的终生友谊。毛特纳是来自法罗卡威的他童年的伙伴之一,也是一位数学爱好者。和费恩曼一样,他最后也到了西海岸,但他在洛杉矶加利福尼亚大学。他的妻子阿莉克斯是位英国文学家,但她对科学有着强烈的兴趣,常请费恩曼给她讲解一些东西,这种友谊已持续了20多年。但他从没有时间完整地给她讲解量子电动力学,不过对她许诺说总有一天他会准备一个这方面的通俗的系列演讲,她可以来听。[8]终于,在20世纪70年代末应邀到新西兰访问时,他有机会准备了这么一个系列演讲,并且如他所说的"努力把它们讲出来"。80年代初他到克里特岛访问时就这一主题作了一些改变,也用了在埃萨伦的那些材料,不断地使他的演讲更加完美。演讲进行得不错,可到了1982年,他就要在洛杉矶为他的朋友作这个已定形的演讲之前,阿莉克斯去世了。因此1983年在洛杉矶加利福尼亚大学作的关于量子电动力学的演讲就成了第一场纪念阿莉克斯·G·毛特纳的演讲。

这是费恩曼最后的演讲——作为一名演讲者,达到了他能力的顶峰。这位大师本人用简单的日常语言,解释了他获得诺贝尔奖的这项工作,而且这项工作仍然是理论物理学这一王冠上的宝石。费恩曼是怎样的一位表演者(或者骗子!),1988年6月《科学美国人》上的一则讣告对此做出了说明:

> 借助艺术的移情作用和类似的语言,舞台上的这位演员扮演了原本不是他自己的角色。那并不是理查德的方式。他的剧院是在另一个方面,而且不用"职业演员"这个词就不可能使他再现。理查德的舞台是舞蹈家们、走钢丝的演员们和魔术师们大胆表演的舞台。他们所表演的节目,是引人注目的,而不是矫揉造作的或者迷惑人的。这是对挑战的真正的应付自如,不论它们是普通的或是急迫的,是由自然还是由人类观念引起的。在那个舞台上,他是在四个真实的维度中进行表演。[9]

对一种挑战的应付自如,没有什么地方能比在那些量子电动力学的演讲中更加明显。由此而来的《QED——光与物质的奇异理论》一书是一个明晰的杰作,尽管其中故意轻描淡写,而且是以量子电动力学真正的方式来描述它的,但并没有因为简单而失去准确性。由于在《QED》一书合作中的成功,莱顿作为费恩曼的记录者的角色就确立了,可是这本书到出版时(1985年由普林斯顿大学出版社出版),已被《别闹了》一书追上了。《别闹了》这本书,是莱顿从1984年和费恩曼一起敲鼓的那段时间的录音带整理而成的,也是在1985年(由诺顿出版社)出版。

出版商们对《别闹了》一书表示的实际热情微乎其微,只预付了1500美元,而且第一版印的册数也很有节制。当此书成为畅销书时,他们才惊呆了。尽管费恩曼总是小心地说,整本书只是一些轶事而并不是他的自传,但他的一些同事对有关他的轶事的近乎琐屑的调子仍不满意。不过,成千上万的从不知道物理学能用作消遣的人被这本书所激动,而且为之着迷。费恩曼的许多老朋友从这些吸引人的故事中认识到一个真理——不要欺骗你自己,永远要诚实。在评论这本书以及它的续集《你干吗在乎别人怎么想》(费恩曼去世后出版)的诚实性时,对费恩曼熟悉得足以对此做一个好评判的那个人,即戴森,认为这两本书是"用他自己的话来描述的一幅完美的费恩曼写照"。提到那一次他们一起在妓院合住一个房间讨论生活和物理学时,戴森评述道:"他的方式与我给父母写信的方式不同。为了尊重我父母的那种维多利亚女王时代的情感,我略去了故事中最精彩的部分。费恩曼的版本要更好一些。"[10] 当然,费恩曼从不会为任何人的感情所左右而略去故事中的精彩部分,也正是因为这点他的轶事才激怒了少数人。而且戴森正确地指出了费恩曼之所以诚实以及有时令人不快地坚持直言不讳的根本原因——"在他的一生中,阿琳的精神始终与他同在,而且帮助他成了他之所为,一个伟大的科学家和一个伟大的人。"

拉尔夫·莱顿在1995年总结了费恩曼讲故事的方法:

> 费恩曼讲述一个故事要复述几遍才能讲正确。我并不认为他会改变事实或是虚构一些没有的事情。可我知道像一个擅长讲故事的人那样,他把握听者的反应,将故事渐次展开,让其影响和效果逐步显现出来。碰巧他的故事的素材涉及他自己。而最重要的是,它们有着某种针对性……我认为他是用一些伟大导师的方式来讲述它们,通过幽默,在你甚至还没有意识到的时候来教你。所有这些的背后是一种哲学,即具有不同的观点、对与你的思考方式不同的事物感到惊奇,让权威人士自己扮演小丑,这些都是好事,因此你就不会害怕它们,而且能在它们面前站住脚;而且不要只因为某些人穿着制服或是其他什么就相信他们的话。[11]

由于这本书，费恩曼收到了大量来向明星表示崇拜的信件，所有这些都由海伦·塔克拆开并阅读。费恩曼自己太忙，而且不久就病重而不能亲自处理这些信件了，尽管塔克细心地只把需要答复的东西拿给他。据她回忆，[12] 在"一箱箱"的这样的信件中，只有一封对这本书表示了不满。这封信来自"长滩的一个为她的心灵祈神赐福的老年女士……我认为这是来信中唯一一封表示真正不愉快的信件，而且她为花钱买了这本书而遗憾。于是，他真的为这些钱寄给她一张支票，而且还给她写了一封友好的信。"

莱顿的录音带还包括许多没写成书的谈话。在一次谈话中，费恩曼谈论了他的健康状况。他已查遍了亨廷顿医学图书馆并熟读了有关肾脏的书——现在他只有一个肾了，而且也开始有问题。"肾是如何工作的以及有关肾的每一件事情，这些都非常有趣，"他说，"你希望我给你讲些有趣的东西，是吗？这个倒霉的肾就是世界上最令人着迷的东西！"[13] 实际上，费恩曼此时非常专注于肾是如何工作的，在他还想继续读有关他自己的特殊问题的书时，图书馆就关门了，他只好为这件事改天再来。

费恩曼的健康问题，并不只是限于癌症和潜在的肾功能衰竭。他和父亲一样患了高血压，还患有低血糖和复发性心律不齐症。他和拉尔夫在埃萨伦的时候，心律不齐发作过一次。当时，费恩曼打电话给他在帕萨迪纳的医生，医生说尽管费恩曼即刻不会有什么危险，他也应该马上回帕萨迪纳做个体检。他们离开前，在埃萨伦有个拉尔夫称之为"嬉皮士医生"的人，把自己的治疗方法推荐给费恩曼，还怂恿他喝大量的充满气泡的饮料，费恩曼这么做了。拉尔夫和迪克驱车走了一小段路，费恩曼打了一个大嗝，而他的心跳恢复了正常的方式。他们高兴地放弃了回帕萨迪纳之行，回到埃萨伦。让这位嬉皮士医生高兴的是，他可以告诉每一个人，说他的方法是多么地有效，不再需要药物来治疗。

另一次,一个大问题也够他受的。费恩曼去市中心取一台国际商业机器公司(IBM)的第一代个人电脑,他从车里走出来穿过人行道时被绊了一下,头撞在建筑物的墙上。他的头撞破得很厉害,要去医院缝针,看起来倒没什么其他问题。过了几个星期后,他的行为开始奇怪起来。[14] 半夜里他会无缘无故地起来闲逛,还有一次他花了45分钟的时间找他的车,而那辆车就停在房子外面。三个星期后,问题发展到了很严重的程度,他在加州理工学院正作一个演讲时,突然发现他完全在讲废话(听众中没人有勇气告诉他,但如果换一个位置的话,他倒是会这么做的)。他向听众道歉,并离开那儿去了医院,在医院里脑部的扫描显示出,他颅骨内的缓慢出血已导致压力增加而影响了他的大脑。治疗方法很简单——在他颅骨上钻了两个洞让液体流出来,这样就减轻了脑部的压力。第二天,他神智清醒地坐在床上,除了对事故发生后的这三周没有记忆以外,完全是原来的他。他颇有兴致地告诉朋友们:"摸摸这儿,我的头上真的有洞!"

那年秋天,费恩曼有精力去恢复他最长久最亲密的个人关系了。他的妹妹琼一生中的大部分时间是在美国东部度过的,在那儿她结了婚,有了孩子,还有了职业。1984年初,她最小的孩子也离开了家,她孤零零地一个人过日子。在《最佳品质》中她回忆说,在1984年2月的一天,她看着窗外纷纷飘落的雪花想道:

"我在这儿做什么?我在哪儿会更好一些?"当这一想法油然而生的时候,理查德已患了癌症,我意识到如果我想多花些时间和他在一起,那最好是马上就去。因此我打电话给帕萨迪纳喷气推进实验室的一些朋友,告诉他们我想去那儿。我非常幸运,第二年秋天我就参加了这个实验室而且恢复了和理查德的关系。

她发现他并没有太大的改变。尽管老了一些也更加有名(至少是在科学家当中),但他对生活和科学还一如既往地充满激情,而且依旧动辄就大笑。

> 一生中他研究物理学都是为了消遣,而且现在仍旧如此。他说,当人们问他每周用多长时间搞物理时,他真的没法说,因为他不知道他什么时候是在工作什么时候是在玩乐。

琼成了费恩曼在帕萨迪纳的家庭舞台中的一个组成部分,每周四晚上来这里共进晚餐,还花好几个小时和哥哥谈话,或是和他一起做长途的周末散步。

1984年成了探索图瓦的几个计划都失败的一年。第二年,由于有《别闹了》和《QED》的成功开端,莱顿决定和一位讲俄语的朋友格伦·考恩(Glen Cowan)一起去苏联旅行,去亲眼看一看在尝试去图瓦的行程中他和费恩曼所面临的障碍。当时仍处于"罪恶的帝国"的时日,可这两个人对于在《图瓦岂是失败!》中回顾的一系列费恩曼式的冒险很有兴趣。旅行结束的时候,他们在莫斯科见到了魏因施泰因(Sevyan Vainshtein),他是他们得到的有关唐努图瓦的书的作者之一,而且费恩曼还和他通过信。魏因施泰因知道的真正是费恩曼最后的轶事:当魏因施泰因去图瓦西部一个偏远地区旅行时,一次他见到一个年轻女子,正坐在圆顶帐篷外(这个地区游牧人的传统宿营地)读一本书。她看起来像个教师,读的书正是《费恩曼物理学讲义》(*The Feynman Lectures on Physics*)。

《讲义》的俄文译本原来已成为和平出版社最大的成功业绩,在以前的20年里,售出的册数已超过100万册。当然,主要是因为盗版,费恩曼并没因此而得到任何收入。而这对他并没有损失,因为他从未从原版或是官方的译著中得到过任何版税。由于这些演讲是他在加州理工学院任职时的本职工作，所以所有由此书而来的收入都归加州理工学院所有。这种安排并非毫无道理，这20多年以来，如我们提到过的，费恩曼是加州理工学院的教员中工资最高的一员。他对报酬毫不介意，只要够维持生活就行。对他来说更为重要的是，他已无需为教师委员会或类似的机构服务，他真的没有任何"需要负责任的职位"。

魏因施泰因是一位人种史家。莱顿和考恩从他那儿得知一个名为"丝绸之路"的展览，1982年这个展览曾去日本展出过，而且1985年初曾到过芬兰。展品与生活在欧洲与中国之间的古老的丝绸之路附近的人们有关。许多展品来自图瓦，其中一些就是魏因施泰因本人亲自发现的。这个展览1986年将到瑞典展出。莱顿意识到他已得到了一个将图瓦之行的梦想变为现实的极好的机会。"瑞典之后，"在干了许多杯应干的伏特加之后，他告诉他的东道主，"这个展览将去美国展出，而作为东道国博物馆的成员，理查德·费恩曼、拉尔夫·莱顿和格伦·考恩将和魏因施泰因一起访问图瓦！"[15]

1985年夏天，费恩曼做了他本人最后一次重要的出国旅行，去了日本。有一项长期有效的邀请，请他去东京大学参观，可以前疾病妨碍了他接受这一邀请。现在，为纪念汤川秀树预言一族名叫介子的粒子50周年，费恩曼将在这次纪念会上应邀担任会议主席。这主要是一项名誉性的工作，因为实际上还有另外两位讲日语的协同主席会确保事情的顺利进行，而对理查德来说这是他和格温内斯去日本旅行的很好的理由。他们游览了很多地方，还在乡间的一个日式小店住了一段时间。在这里不受任何西方习俗的影响，这正是他们所喜欢的方式。度过了一个美妙的假期后，他们在8月底回到了加利福尼亚。

直到1986年2月，在一时冲动之下，莱顿决定去瑞典核实一下丝绸之路的展览。格伦·考恩同意和他一同前往，而费恩曼因刚刚接受调查"挑战者"号航天飞机事故的任务而不能同去。在费恩曼追究有关寒冷对这架航天飞机O形圈的影响时,莱顿正好和展览的组织者有了联系,而且得知为了让展览能去美国,他们必将去钻苏联科学院官僚主义的空子。展览者们感兴趣的主要事情是,要确保一大批苏联代表能借机随展览去美国一游。不过,最终费恩曼访问图瓦的方式看来是明确了。

在取得这一突破的时候,如果费恩曼能在那儿与他们一同分享这份快乐,那么莱顿和考恩将会感到十足的美满。也真巧,那天晚上,他们打开电视拨到瑞典地方电视台看新闻。"突然,'酋长'出现在屏幕上,他手里拿着一个小C形夹钳正在讲解着什么。对我们来说,这简直是蛋糕表面的糖霜,图瓦三人行的第三个'枪手'毕竟已经突然出现在瑞典。"[16]

回洛杉矶后,莱顿去自然历史博物馆看他们是否愿意做这个展览的东道主,同时他还带去了瑞典的展览品目录。博物馆的代表审慎地表示有兴趣,却问为此要付给苏联科学院多少参展费。莱顿解释说,一点也不用付,只要承担14个苏联代表的接待费用并带他们到迪斯尼乐园参观一下就行。于是,博物馆的人兴趣有所增加。莱顿及其同事们的中介费又怎么办呢?他答道:"什么也不要。"而后讲了他们对去唐努图瓦的热切愿望。博物馆的代表也是一个热衷于去奇地异域探险的人,因此马上就毫无疑问地理解了。并且,博物馆的负责人很快就赞成了这个计划。

1986年6月费恩曼完成了他在航天飞机委员会的工作,用莱顿的话说,他回来时显得"精疲力竭"。现在就整个图瓦计划来说,美国这一头的每件事都落实好了,就看苏联科学院的朋友能否得到所需要的协议书这件事了。9月份,费恩曼成了拉尔夫和菲比·克旺(Phoebe Kwan)婚礼上的男傧相。一周后,莫顿医生又给他做了另一次大手术。度蜜月回来后,拉尔夫和菲比到洛杉矶加利福尼亚大学医疗中心看望了费恩曼,他在那儿正逐渐康复。他们在那儿的时候,有两位自然历史博物馆的代表也来了,他们给费恩曼带来了有关最新进展的信息。所有的事情都办妥了。展览将在1989年1月来洛杉矶——而且协议书上还特别包括一条,即1988年夏天美方代表将到图瓦去在文物出土处拍一部片子,以便展览时播放。费恩曼高兴极了。又一次,在他并不了解的某些方面他被当成了专家。"看到了吗?"他对朋友说,"我们是内行。我们是国际展览的中介人!"[17] 他与拉尔夫和考恩一起,正式成了洛杉矶自然历史博物馆的一名研究合作者。

即使是这样,事情也并非一帆风顺。从第三次大手术中恢复过来需要花时间,而且费恩曼要和莱顿一起逐步增加步行的距离来锻炼他的体力,以为图瓦之行做准备。同时,计划好的拍片之行看来将成泡影。去图瓦考察的计划从苏联科学院到文化部都已获得批准,因为到美国办展览与那些机构没有利害关系。但由于和苏联电影部门的谈判拖拉了整个夏天,使费恩曼失去了到图瓦去的最好时机。

1987年9月,一个苏联代表团来洛杉矶协商展览的计划。它的领队是安德烈·卡皮查(Andrei Kapitsa),他为苏联科学院负责展览的事。卡皮查和费恩曼的一项重大的科学贡献有直接关系——他是彼得·卡皮查(Pyotr Kapitsa)的儿子,后者因于20世纪30年代和40年代在有关液氦Ⅱ的低温物理学中的工作获得了1978年的诺贝尔奖。实际上正是彼得·卡皮查创造了"超流"这个词,并用它来描述在温度非常低时液氦的行为。理查德和格温内斯在家里招待了这个三人代表团,而且费恩曼和安德烈·卡皮查相处得很好,尽管费恩曼对于把他珍爱的图瓦之行与官方的莫斯科访问联系在一起的这种前景并不感到愉快。

展览的计划者(包括费恩曼一家人)花了一天时间到离洛杉矶约40千米远的卡塔利娜岛游览。日程安排的下一项是去更远一些的约塞米蒂国家公园,因卡塔利娜之行(其中包括坐船穿越波浪颠簸的大海,单程即长达一个半小时)而感到疲倦的费恩曼决定这一次不再同去,格温内斯也留下来陪他。

后来证明,并不仅仅是乘船旅行的劳累以及围绕专题讨论会的紧张日程安排使费恩曼如此。他的癌症又发作了,于是在1987年10月,就在上次手术的一年之后,他又回到洛杉矶加利福尼亚大学医疗中心为这一疾病接受第四次手术。这次手术之后,费恩曼几乎有一半的肠已被切除。令人吃惊的是(一方面也是由于在硬脑膜之上做了麻醉以辅助他的恢复),几周之内费恩曼又回到加州理工学院给研究生讲授量子电动力学课程了,而且尽管他现在常感到疲倦和明显的疼痛,但为了图瓦之行他又开始每天散步以锻炼他的体力。

到这时,莫斯科的科学机构已经从安德烈·卡皮查那儿得到费恩曼这次旅行计划的风声,正渴望着费恩曼到苏联时能来访问他们。这变得接近于颇为友善的邀请,而这却是他曾想避免的,唐努图瓦成了一道甜食,附带于费恩曼这位物理学家的访问之中,他也不再是作为国际展览的中介者去旅行了。可是,即使是苏联科学院最后确实要加入进来,这一协议仍然是通过与博物馆的联系而开始的,而且费恩曼一定也清楚地意识到,这将是这次旅行最后的一次机会了。因此这"三个枪手"同意接受来自科学院的建议,为1988年5月或是6月的图瓦之行而努力,如果这一行程能够实现的话。

11月,费恩曼最后一次在公开场合露面,这已由物理学家里格登(John Rigden)在《最佳品质》中做了动人的描述。费恩曼已答应将于11月14日在洛杉矶举行的会议上参加讨论"中学物理课程应该包括什么"的专门小组。到了10月,他病重得看来不能出席了,而且专门小组已邀请里格登,问他是否愿意"补费恩曼的缺",里格登同意了。11月12日,他听说费恩曼感觉良好可以参加。于是里格登提出他要退出小组,可组织者说这不必,只要让他们两人都参加就行了。

会议在拉卡尼亚达中学的礼堂举行,1983年,里格登就是在这儿和费恩曼初次相逢。此刻,他被费恩曼脆弱的外表所震惊,可是却被他对小组成员所提问题的富有创见的回答所打动。会议的正式议程结束后，人们把费恩曼围起来向他提问，在里格登的回忆录中描述得最生动的方面却是如下所言：

> 当我目睹这一切的时候，我意识到我正为某些惊人的事情做着见证。随着回答一个接一个的问题，费恩曼也愈加神采奕奕。当他谈论物理学时，他脸上的笑容甚至布满在他眼角的皱纹里。他的双手不断地在空中比比划划，作为对他所讲内容的一种补充，甚至是证明……是他站在那儿同富有接受能力的物理教师群体热情地谈论物理学时流露出来的那种欢快感感动了我。我所能感受到的也是一种欢快。会议结束后，当费恩曼和古德斯坦一起走出拉卡尼亚达中学礼堂的时候，我有一种感觉，我正站在一个神圣的地方。

这就是费恩曼，在他的领域里的一位善于表演的物理学家。几个月后的1988年1月底，赛克斯（Christopher Sykes）为BBC电视台有关唐努图瓦的节目到帕萨迪纳会见费恩曼时，与此次相同，衰弱的身体因激情而回光返照的现象又再次重现。任何看过这个节目的人都会知道，对于物理学、探险和生活的热情，费恩曼都是一如既往。

就在那次会见被记录下来之前，费恩曼接待了另一位热切地想与他谈论他的生活和科学的来访者。梅赫拉是一位物理学家，却变得热衷于这一领域的历史，特别是量子力学的诞生，他已写了几本有关这一论题的学术著作。1962年他认识了费恩曼，而且早在1980年他就请理查德允许他写一本有关费恩曼的严肃的科学传记。从那以后，他们断断续续地见了几次面，由梅赫拉提出有关费恩曼的生活和科学工作的各个方面的问题。1987年12月，他打电话给费恩曼建议再做一次访问来结束他为这本书所做的准备。费恩曼最初的反应是"我不想再回忆过去的事情了；我太疲倦也太沮丧了。"[18]可是12月23日费恩曼又打电话给梅赫拉，以一种有些高兴的情绪说欢迎梅赫拉来谈谈。"多谢您打这个电话给我，"梅赫拉答道，"我想在3月初来，您看怎么样？"费恩曼说："我不知道。那时也许就太晚了。"

为这番谈话所犹豫的梅赫拉(当时正在休斯敦)改变了计划，1月9日就去了帕萨迪纳。第二天他就和费恩曼见了面，费恩曼同意除星期二和星期四以外他每天上午10点和梅赫拉做录音谈话，那两天他要教量子色动力学的课。作为交换，梅赫拉就得在午饭时给费恩曼讲故事。当费恩曼意识到他不会活太久了，想把他的生活和工作的情况讲给更多的听众的时候，就像10年前的拉尔夫·莱顿一样，梅赫拉正好处于最恰当的位置和最恰当的时机。尽管费恩曼十分虚弱，还不时明显地感到疼痛，按梅赫拉所讲费恩曼对他们的讨论显然甚有兴趣，而且处于讲故事的最佳状态。这次采访持续到1月27日。既讨论了科学，其中覆盖了我们在这本书中涉及的范围(还有在早先的采访中涉及的，最值得注意的是麻省理工学院的维纳为美国物理研究所档案馆所做的采访)，费恩曼还谈到生活，谈到对唐努图瓦的探索，谈到和格温内斯的婚姻的爱情和幸福，以及两个孩子给他带来的快乐。最后一次会晤后，梅赫拉开车送费恩曼回到他家并和他告别。离别时梅赫拉意识到，他与"这位伟大的物理学家和最不寻常的人"见的是最后一面。

2月1日，赛克斯完成了采访费恩曼的最后一次录像，这次会谈是在费恩曼上完后来被证明是他的最后一次量子色动力学课之后进行的。两天后，费恩曼衰弱的身体的新的检查结果出来了：他剩下的那只肾正在衰竭，而且癌症也复发了。他的生命只能靠透析来延长了，但他那癌症复发会在几个星期或是数月之内导致他疼痛而死。只要他最亲密的人能接受，费恩曼宁可马上接受这个不可避免的现实。他把这个想法告诉了格温内斯，格温内斯又用电话转告琼，告诉她说："理查德说他想去死了,而且这件事由你决定。"[19]这两位女士也觉得拖延理查德的痛苦将没有任何意义,于是她们一起到洛杉矶加利福尼亚大学医疗中心去看望他。

> 我走进去的时候他躺在那儿,他问道:"决定了吗?"因为他不能很好地讲话了。我答道:"是的,你可以走了。"顿时,他整个身心都变得从容了。

在剩下的几天里,费恩曼由格温内斯、琼和曾与他在法罗卡威合住一套房子的姨表妹弗朗西斯看护。在他陷入因肾衰竭而导致的不可避免的昏迷之前,他为死在莫顿医生手里而向后者致歉。可就在他昏迷之后,如琼哭诉的,发生了应该让人们知道的事情:

> 在昏迷中,他的手还在移动,而且格温内斯说医生已告诉她说,这种运动是无意识的,这并不能表示什么。可是,这个昏迷了达一天半之久都没有动过的人,突然抬起双手,就这样,像个魔术师似的,好像在说:"我的袖子里什么也没有。"然后他把他的双手枕到头底下。这是要告诉我们,你就是在昏迷时,也仍然听得见,也仍然能思考。[20]

使琼确信理查德还想交流的另一个消息发生在那件事之后。他短暂地从昏迷中醒来,而且说道:"死的过程真烦人。"接着他又陷入昏迷。这就是他的临终遗言。理查德·费恩曼逝世于1988年2月15日晚上10点34分。

3月初,从莫斯科寄来了一封给费恩曼的信。所署日期是2月19日,这是访问唐努图瓦的正式邀请函。当苏联科学院得知费恩曼去世的消息后,从他们那儿就再也没有其他"枪手"可能成行的任何消息。拉尔夫和菲比毫不气馁,准备作为有关丝绸之路展览的历史学家拉明(Vladimir Lamin)的客人于1988年夏天去新西伯利亚。通过拉明的极大努力,他们去克孜勒已一切准备就绪——不是作为费恩曼这位著名物理学家的附庸,而是凭他们自己的能力作为国际展览的中介者前往,正像迪克本人所希望的那样。这个展览真的在1989年2月到了洛杉矶。"结果证明",莱顿(他现在是图瓦共和国的名誉领事)有资格得意地回忆说,"完全是由于试图去图瓦,我们无意中却把从未引进过的最大的手工制品展览带到了美国。"当然这应归功于以费恩曼的方式来生活。1989年6月,格温内斯·费恩曼、格伦·考恩和其他一些人受到邀请将于1990年到图瓦作私人访问。可1989年12月31日格温内斯因癌症而病逝。

一次手术后不久,理查德和希尔斯到费恩曼房子后面的小山上去散步,在那次谈话中,理查德·费恩曼给自己留下了最好的墓志铭。就是在那一刻,希尔斯意识到问题真的严重了,费恩曼很可能不久就要去世了。当注意到希尔斯那压抑的情绪时,费恩曼问他发生了什么事情。希尔斯回答说他很难过,因为费恩曼快要死了——这种坦率的诚实出现在费恩曼的同伴中,看来是很自然的。

理查德说:"是啊,有时这件事也烦扰着我。"

可后来他说了些但愿我能准确记下来的话。他的意思是说:"是啊,这令我烦恼,但并不像你想的那么烦,因为我感到我好像已经给人们讲了足够多的故事了,而且在他们的内心里我已占据得够多了。我似乎已经把自己传播到了所有的地方。因此我死的时候可能并不会完全消失!"[21]

在所有我们这些听说过或是读到过他的故事的人的心中真的有理查德·费恩曼的身影,而且我们会因这些故事而活得更好。

第十四章

费恩曼以后的物理学

在费恩曼以前的物理学与费恩曼以后的物理学之间并没有明显的区分,这主要是因为费恩曼本身的方法和思维方式已成为现代物理学前沿研究的一个组成部分。的确,正如我们将看到的,理论物理学中已取得的一些最使人着迷的新进展,并非来自超出费恩曼工作范围的某个新领域的突破,而是由于采用了远远走在它们该出现的时间前面的费恩曼原有的思想,并且以一种新的方式把这些思想与现代物理学相结合。

费恩曼在几十年之前所做的工作和如今年轻的研究者们所做的研究不乏联系。给人印象最深的一种联系来自他生平工作中最少被人称道的一项工作,即引力的研究。如我们在前文所看到的,这项工作以1962年至1963年间他在加州理工学院为研究生作的演讲作为结束,这和他著名的大学生演讲的第二年演讲同时进行。在那不平凡的一年里,费恩曼每周一上午为大二学生作这周的第一次演讲,下午是引力的演讲,接着在同一周内再为大二学生作第二次演讲以及他在休斯公司的常规演讲。最多的时候,每次有15个人听引力的演讲,其中总少不了两个学生,巴丁和哈特尔(James Hartle),他们后来继续对引力理论的发展作出了重要贡献。这正突出了他作为一位教师对离他只有一步之遥的学生们产生鼓舞人心的影响的行事方式,他情不自禁地自行解决他发现的每个问题,这使他有时比理想的论文指导教师略微逊色。由于巴丁确实是费恩曼的一个博士研究生,因此若说费恩曼直接指导的学生没有一个曾在物理学中取得大的成就,当然就与事实相距甚远。

和费恩曼所有的演讲一样,这些演讲使学生有了物理学前沿研究的感觉,因其卓越和值得记忆,哈特尔记得所有这些演讲。哈特尔本人的生涯特别受到盖尔曼、惠勒以及其他人的影响,他说,就是没有费恩曼这些引力演讲,他也很可能会沿着相同的路走。不过,那段时间费恩曼所介绍的思考引力的主要思想是已在量子电动力学中发展起来的微扰技巧。费恩曼总是能从他的数学技巧的百宝箱中找出做某项工作的适当工具,这一点又是一个例证。[1]

听这些课的另两名学生莫里尼戈(Fernando Morinigo)和瓦格纳(William Wagner)都做了笔记,这些笔记已被编辑和复制并在加州理工学院的书店中出售,从那时起已经有几代学生从那儿把书买走。30年后,又由哈特菲尔德(Brian Hatfield)把它们写成了书。[2] 你也许会认为这是费恩曼去世后出现的对"费恩曼的产业"的一种玩世不恭的剥削,就像是用死了的摇滚明星来重新包装旧的录音。可是你可能错了。尽管这项工作在某些方面是非常专业化的,但它也比以往任何时候都更多地吸引研究引力的认真的学生;再者,《费恩曼引力学讲义》也蕴含着费恩曼这位教师的一种鲜明的风格,以及一些富有先见之明的惊人见解。

对那些认真的学生来说,可能这本书最主要的特点是,费恩曼用量子物理学的标准技巧从头发展了引力理论的这种方法。以前我们看到过,费恩曼发现,包括麦克斯韦方程组在内的全部经典电磁理论,都可以从涉及光子交换的带电粒子之间相互作用的量子描述来导出,其中的光子被看做是有一个单位的"自旋"量子数而没有质量的粒子。在他演讲的第一部分中,费恩曼指出了包括爱因斯坦广义相对论方程在内的整个经典引力理论,都可以从涉及引力子交换的有质量粒子间相互作用的量子描述来导出,其中的引力子被看做是带有2个单位自旋量子数而没有质量的粒子。由于引力子和有质量的粒子一样能够相互作用,以致不能重正化,因此这种情况比量子电动力学中的更为复杂。另一个不同点是,引力与电磁学的情况(同性电荷互相排斥而异性电荷互相吸引)不一样,同性引力"荷"(此时是质量)却彼此吸引。但哲学方法却正好是一样的,这个例子又一次表明,物理学中的基本真理往往可以用不止一种数学公式来描述。

在《引力》一书的介绍性评论中,哈特菲尔德强调,费恩曼对于他所研究的任何一个问题,都要发挥他自己的理解,这是他的特点,"我不能创造的东西,我就不能真正理解,"多年来他就有这句口号,而且还写在他办公室一块黑板的角上。如果费恩曼要研究引力,他所采用的唯一的方式就是去创造他自己的引力理论,而不是去寻找改善爱因斯坦理论的方法。哈特菲尔德把费恩曼用于引力理论的方法描述为"用自下而上来代替自上而下",与爱因斯坦本人自上而下的方法形成鲜明的对照,费恩曼的方法建立在对四维时空的几何描述的基础之上,这也是通常学生们被引入这一课题的方法。[3]

哈特菲尔德也提到了有时费恩曼看待惯例的那种自由自在的方式,比如在数学方程中指数的书写方式,他举例说:"一次费恩曼告诉我,若把负号与i、2和π这些因子都正确地写在下面的话,那么只是在要发表结果时才会有些麻烦。"在前六次引力演讲中,费恩曼几乎把每个指数都写在下面(比如,x_i),而按通常的惯例是写在上面(这时写成x^i)。这种用法只要始终一致就不会有什么麻烦。可是哈特菲尔德在这本书中还是按人们比较熟悉的惯例,其中他提到了1981年在加州理工学院的停车场他初次见到费恩曼的大篷车的事。这是贴满了费恩曼图的一辆有名的大篷车,而且一看就知道它是谁的,这是因为"在其背面的唯一的一幅有标记的图中所有的指数都写在下面的位置……从大篷车的一扇窗看进去还能看到后面的一捆干草,我认为大篷车属于费恩曼这一猜测得到了证实。"(对这捆干草有着颇为合乎逻辑的解释,因为米歇尔是个极好的骑手;而在哈特菲尔德看来,只有费恩曼才会带着一捆干草在校园里驰骋。)

我们应该强调,至今仍然没有一个令人完全满意的量子引力理论。费恩曼创立的方法,能再现爱因斯坦方法成功的一面,即在描述大范围宇宙、行星绕太阳的轨道等问题时非常有效。可是,和爱因斯坦的形式一样,在很高的能量和极短的距离上对真正的量子王国的运作方式所给出的描述仍不尽如人意。不过,这种成功是令人激动的,这主要因为引力是如此地微弱。比如,两个电子之间的电磁力比它们之间的引力强 4×10^{42} 倍还略多。因此,要在一个粒子上产生与相邻两粒子间的电磁力有同样影响的引力,就需要先把大量粒子堆成一堆,它们结合起来产生的引力才与之相当。在费恩曼引力演讲的第一讲中,他对这个课题提出了广泛的总体见解,这使得他以一种开放性的思维方式去考虑一些极端的可能性。他说:"我想说的是,量子力学在大的距离上,对大的物体可能会失效。现在,我再强调一句,我并不是说我认为量子力学在大的距离上**真的**失效,我只是说那和我们所知晓的东西并非不相洽。"而且他解释了在这段话里"大的"物体是指质量约为十万分之一克的物体,包含大约一百亿亿(10^{18})个粒子。暂且撇开其主要论题,先听听他在1962年的报告中讲的,他当时说,我们一定"不要忽视考虑"量子力学在这个尺度上可能会失效,因为有一些过程涉及引力,而且这可能解决诸如"薛定谔猫佯谬"这样的谜题。

这个"佯谬"是薛定谔于1935年提出的,用以显示量子力学的标准解释是多么地荒谬(记住,这是在薛定谔已经说了他不喜欢量子力学而且他真希望他从没为它做过任何事情的话之后)。它实际上是一种"返回到临近荒谬"的方式。这个谜题涉及关在带有量子设备的房间中的一只(富有想像力的!)猫,里面有50∶50的概率会触发一个装置把猫杀死。由于(由玻尔和其他人在20世纪20年代末发展的)哥本哈根学派的解释说,是去察看这个量子装置是否被触发的这种观察行为"瓦解了波函数",并使它能确定里面的状态,而在有人开门察看之前,这只猫自身既不是死的也不是活的,而只是处于"状态的叠加",当然这是个有争议的问题。

尽管被推到这种极端状况时看起来荒唐可笑,(而且不顾薛定谔的杰出作用)哥本哈根学派的解释自20年代以来就已成为说教中的标准绘景。这种解释引入了观察者的角色,仅仅通过他对量子世界的观察而决定着量子世界的行为。而对日常世界和量子世界的区别做引力(或其他任何的)解释的这种思想,由于排除了观察者这一角色,故而有着明显的吸引力。引力解释最近已再度流行并且得到了广泛的讨论(这给费恩曼的见解增了光,虽然,或许微乎其微)。[4]

至于猫的谜题本身,费恩曼对量子世界运作方式的传统解释明确地表示了反对,因为哥本哈根解释坚持认为是观察者的行为迫使量子世界从波函数所描述的大量概率中选择一种现实。费恩曼认为:

> 这是一种可怕的观点。你真的接受没有观察者就没有现实这种想法吗?哪个观察者?任何一个观察者吗?苍蝇是观察者吗?恒星是观察者吗?在公元前10^9年生命开始的时候宇宙中就没有现实吗?[5]

他也仔细考虑了"多宇宙"的思想。这种思想认为,面对量子水平的每次"选择",宇宙就不断地分裂为略有不同的各种现实形式,而且还指出,按照量子力学的传统理解,描述大范围宇宙的唯一的方法是用"一个完整的巨大波函数"的形式,因为没有一个外界的观察者来"瓦解这个波函数",并从一些可能的量子现实中挑一个带入唯一的存在。近年来宇宙学家的一个主流学派采取的恰恰就是这种方法,结果导致了一种对于宇宙的量子描述,即基于多宇宙的思想和历史的累加方法相结合的一种描述。这一学派的领头名人之一就是哈特尔,他是上过费恩曼引力课的学生之一。1963年被费恩曼自己说成"非常疯狂的推测"的东西,正是当今讨论的主流的一部分。

事后看来,费恩曼本人对于他工作中包含的宇宙论以及天文学的讨论甚至更富有预见性。我们在宇宙中的任何地方观察,所见到的物体都是远离平衡的,热的恒星向冷的宇宙倾泻能量,他强调了这一事实的重要性。而非平衡态的研究也是当今物理学的前沿,研究者们正力图弄清从混沌中会产生怎样的复杂事物(包括生命)。⁶

然而,费恩曼在物理学上感悟到的最惊人的见解,也许是他提前20年对现在称为宇宙起源的"暴胀"理论的预见。在约150亿年前有些东西无中生有的这一绘景,其关键在于理解了这样一点,即与一个质量为m的物体相应的引力场的能量不仅是负的,而且恰恰平衡了这个粒子的静止质量的能量mc^2。勾勒这一绘景的方法是,设想将质量m的所有成分扩散开去直到彼此分离得无限远。由于粒子间的引力正比于间距平方的倒数,当间距为无穷大时,引力正比于1被无穷大来除,也就是零。因此这些成分彼此间没有任何作用——它们彼此不能拖动——当它们分隔得无穷远时,这意味着在那种情况下引力场的能量为零。

现在,设想这些组分坠落到一起而形成质量m。* 由于引力是吸引力,当这些组分在往一起坠落时会释放能量。这就是太空中坍缩的气体云在收缩而形成原恒星时,在最初的阶段为什么会变热的原因;当

---

* 当然,对它们来说从无穷远处坠落到一起可能需要无限久远的时间;严格地说,我们应该讨论的是,当这种分离"趋向于"无穷远时将发生的情况,可是由某种合适的数学处理得出的结论却和我们这种简化的例子相同。

气体云坍缩时，能量来自引力场，而且这些能量将气体云加热。可是如果开始时能量为零，而随着物体的坍缩还要从场中取出能量，这就意味着对日常的物体来说，它在有关的引力场中的能量是负的！的确，如果你让一个物体一直坍缩成一个数学点（奇点），那么与之相关联的引力场的能量将确实是$-mc^2$。有趣的是，尽管静止质量的能量和引力能量间的精确平衡自然地由广义相对论产生（爱因斯坦的形式或是费恩曼的形式二者都可以），而在牛顿的理论中，引力场是以无穷大的负能量而告终，这会更加难以领会。

质量能量与引力能量之间的平衡这种难以理解的事，费恩曼从作他的引力演讲时起就已知晓（仅仅因为好奇），已有大约20年。回想40年代，宇宙学的先驱者伽莫夫（George Gamow）有一次去普林斯顿访问爱因斯坦，他们出去散步时他漫不经心地说，他的同事约尔旦（Pascual Jordan）已意识到恒星可能会无中生有地产生，因为在能量零点，它的负的引力能量在数值上等于正的静止质量能量。

> 爱因斯坦顿时当街停下来，而且，由于我们正在横穿街道，几辆汽车不得不停下来以免把我们撞倒。[7]

除了对爱因斯坦产生的影响之外，约尔旦的想法只不过是被看做一种好奇，而且费恩曼可能从没听说过。肯定没有人想到过把它用于整个宇宙。1962年，宇宙有一个确定的开端的思想——大爆炸理论，还有许多疑问，而且被视为大爆炸理论的回声的有名的"3K"背景辐射还没有被发现。坚持认为宇宙或多或少地将永远以它现在的形式而存在的这种对立的稳恒态假设，还是一种非常可行的选择，而且在费恩曼的引力演讲中确实有足够长时间的讨论。然而，他也被"宇宙的总能量是零"的可能性深深打动。他指出"想到**不花费任何东西**就能创造一个新粒子，这是令人兴奋的"，而且接着又说道：

我们得到了宇宙的总能量为零这样令人激动的结果。为什么会是如此，这是最大的奥秘之一——因而也是物理学中最重要的问题之一。毕竟，如果奥秘不是研究中最重要的东西，那么研究物理学还有什么用呢？[8]

所有这一切，要求宇宙中物质的量应该刚好能与所谓的"临界"密度相配，因为在这种情况下，所描述的时空才是平直的，而且宇宙在永远膨胀下去或是有朝一日再次坍缩而出现一场大坍聚这两者之间的刀刃上恰好平衡。对于临界密度（而且只有临界密度），宇宙确实像我们设想的质量 m 那样，趋向于把自己分散到无穷大，而以一种无限延伸的稳定状态告终。

这需要大量"暗物质"的存在。虽说"暗物质"仍然没有被直接探测到，却在当今的宇宙学中非常流行。这主要是因为，对星系运动方式的进一步观察表明，的确有大量暗的东西的引力影响在拉曳它们。但在1962年这种观点显然并不流行。这并没有使费恩曼忧虑，他说，"基本上可以说临界密度恰好是用于宇宙学问题中的最佳密度"，主要是因为这是物质创生时"花费为零"的密度。可是他仍告诫说不要只因为它是这么吸引人就接受这一思想：

推测它的确是"真正的"密度，这是令人激动的——可是我们一定不要欺骗自己，而去认为一个优美的结果只因为它"优美"就更加可靠，这在某种程度上是我们假设的一种人为的结果。[9]

宇宙可能以这种无中生有的方式出现，这种思想完全没有引起宇宙学家的注意而被忽略了，而且，在1973年，纽约市立大学的特赖恩（Edward Tryon）再次独立地发现了它。就是这种时候也没有人太多地注意它（尽管这一思想已在《自然》杂志上发表了），因为从无创生却包含和我们的整个宇宙一样多质量的一个极微小的宇宙种子,看来将由于自身强烈的引力拉曳而立即坍缩回一个奇点。但在70年代末和80年代初,几位研究者[最著名的有美国的古思(Alan Guth)和苏联的林德(Andrei Linde)]发展了这种暴胀的思想,在宇宙最初一刹那起作用的一种反引力,使宇宙的尺度从一个比质子还小得多的东西飞快地膨胀为葡萄柚那么大,而且它向外扩张得如此猛烈,以至于即使在暴胀停止而引力开始把东西往回拉时,这种膨胀还会继续,但在不断减慢,长达成百亿年,以发展出一个如我们所见在我们周围的这个宇宙那样的宇宙。[10] 这些先驱者之中似乎没有人意识到支撑他们舞台的一块主要基石,即由于质量能量和引力能量间的平衡而从无创生一个宇宙的可能性,已经在1962年首先由理查德·费恩曼铺垫了。对于在60年代研究宇宙学、在70年代和80年代又跟踪和报道它的发展,从而使暴胀方案作为标准范例而为人接受的某个人(约翰·格里宾)来说,他在1995年夏天翻开《引力》一书,并发现费恩曼在这么久以前想出的这个见解时,深深感到了这乃是一个惊人的启示。

也许不必如此惊奇,但我还得感谢福勒,因为他使我知道了费恩曼在天体物理学中的一个见解,这一点也由普雷斯基尔(John Preskill)和索恩在《引力》一书的序言里强调过。

如我们已经提到过的,早在1963年,在现在称为类星体的天体被发现后不久,霍伊尔在加州理工学院作了一个报告,他提出这些天体可能是超大质量恒星,当费恩曼立刻指出由广义相对论描述的效应会使这种超大质量恒星不稳定时,霍伊尔和福勒两人都惊呆了。在福勒和霍伊尔看来是一场"晴天霹雳"的背景,现在已由普雷斯基尔和索恩拼合起来了,而且故事的一部分已由费恩曼在引力系列演讲的第14讲中作了介绍。大约在1963年1月初费恩曼访问了当时在加州理工学院凯洛格辐射实验室工作的天体物理学家艾宾(Icko Iben),而且还给他看了充分考虑广义相对论的用来描述恒星结构的一套基本方程。费恩曼是自己从第一性原理推导出这些方程的。他问艾宾天体物理学家是如何用简单得多的等价的牛顿方程来建立广义相对论效应不太显著的普通恒星行为的理论模型的，艾宾告诉了他。这些恒星结构的经典计算代表了30年以来天体物理学家的业绩的顶点。几天以后，费恩曼又来看艾宾。"费恩曼使我大吃一惊，"艾宾回忆道，"他进来告诉我说，他[已经]解出了这些……方程。他告诉我，他正为一个计算机公司做顾问，而且在必定会成为那一代工作站的标准的计算机上实时地解出了这些方程。"[11] 那之后几天，在1月28日，费恩曼作了引力系列演讲的第14讲。所讲的一个完全广义相对论性的超大质量恒星模型至今仍然有效，虽说费恩曼对他的计算的解释并不非常正确。在这个演讲的几周之后，霍伊尔在加州理工学院作了这个现在变得很出名的报告。

尽管所有这些都给人以深刻印象，但费恩曼要发展一套完整的量子理论这项引力研究的主要目标，在某种程度上来说却只是他的外围工作。尽管他从没有完成这项工作，但为下一代研究者非常明确地指出了道路。就像在量子电动力学中一样，在量子引力中，没有任何"圈"的费恩曼图描述了遵循经典理论法则的相互作用。在量子电动力学中，你可以在费恩曼图中增加一个圈，并且计算它引起的量子修正，然后增加两个圈，接着是三个圈，如此下去，只要你有足够的耐心并且你的计算机有足够的功能来完成这些计算(这就是哈特尔提到的微扰方法)，就能算得非常准确(比如电子磁矩)。对于引力，主要是由于引力子能够彼此作用的这种方式，即使是建立了一套正确的方程，要去解出来也非常困难，而且方程真正建立起来之后你也会被无穷大所困扰。费恩曼曾经做过的最多也只是计算一个圈的修正——这本身就是一个重要的成就，那是他在1962年夏天完成的(可能就是这一成功使费恩曼受到鼓舞，并在几个月后作了引力方面的演讲)。重要的是，费恩曼发现为了使这种方法起作用,他不得不把"鬼"场的影响包括进去,这些"鬼"场对那些**仅**作为独立的圈存在于费恩曼图中而并非"实际"存在的粒子负责。正是这种见解使得其他人能更进一步发展这种方法,采用路径积分的技巧,使之能计算包含更多个圈("更高阶"的计算)的效应。当今研究量子引力的领头人之一,得克萨斯大学的德维特(Bryce DeWitt),是这样评说费恩曼的:"总的来说,他在量子引力方面的工作,最终在标准模型上和规范场的量子化上产生了巨大的影响……人们明确地意识到了他的贡献。"[12] 现代的量子引力理论是理论物理学中最激动人心的进展之一,而且其中到处都有费恩曼的印记。费恩曼自己对他的这一成就也很满意:

> 我感到我领会了如何将量子原理用于引力,在这个意义上来说,我已经解决了引力的量子理论[这一问题]。结果是个非重正化的理论,你不能由此计算出任何东西,从这个意义上来说,这表明它还是一个不完备的理论。不过,对于我将引力和量子力学融合在一起的这种尝试我还是满意的。我接受将它们融为一体时得出的任何结果,主要是它不能重正化。我略感失望的是我只对最低阶做了计算。我没能悟出对任意数量的圈该怎么去做,而其他人却在后来解决了,但对这一点我并没有什么不满意。该理论中含有无穷大这一事实从未像困扰其他人那样困扰过我,因为我一直认为这恰恰表示我们已足够地深入:当我们只走了一小段路时,世界就很不一样了;几何,或不论它是什么,是不一样的,而且都非常难以捉摸。[13]

这并不仅仅是费恩曼事后的思考。他在《引力》中就说过,爱因斯坦广义相对论中出现的拉格朗日量,仅仅是描述某种更基本的理论的低能行为的一种"有效的拉格朗日量";类似地,在描述更为极端的条件下那些甚至不必考虑广义相对论效应的物体的行为时,牛顿的引力也是一种有效的理论。他提出,作为广义相对论和牛顿引力理论这两者的基础的更为基本的理论,将在最微小的尺度即所谓"普朗克长度"的尺度上起作用。

普朗克长度是个有长度量纲的量,它可以从分别与引力、电磁学和量子世界有关的三个基本的物理常数(引力常数、光速和普朗克常数)导出。这些数相结合只能导出一个量值约为 10^{-33} 厘米的长度。在普朗克长度上,引力、电磁学和量子现象的地位相同,而且在某种意义上,它也是能够存在的最小的可能距离,即"长度量子"。

理论物理学中最引人注目的进展之一发生在80年代中期。几乎是出于偶然,理论物理学家正是以费恩曼预言的方式发现了一种理论。这种理论描述了在这些小得令人吃惊的长度尺度上事情的运作方式,而且自动给出了我们所知道的有关引力的东西。这称为超弦理论,而且这仍然是我们所掌握的有关粒子起源和引力的最好的包罗万象的理论。

所有的弦理论的核心思想,都是认为物理世界的基本实体并不是我们用于考虑轻子和夸克的那种点状物体,而是像我们在纸上画的线条那样的在一个方向上有所延伸的东西。这种延伸非常小,相当于普朗克长度,但它并不是零,这一点是很明确的。即使如此,也不能奢望检测到任何一条这样的弦,因为一万亿亿(10^{20})条弦首尾相连才能有质子直径那么长。这意味着,这样一条弦的尺寸和一个原子核相比,就相当于一个原子核的尺寸和太阳相比。70年代,一些数学家出于兴趣而做了描述这种弦的行为的计算,但这更多地是出于他们对其自身所涉及的数学的兴趣,而不是因为对他们所摆弄的方程能否描述现实世界有任何疑问。接着,在80年代,他们开始摆弄这一思想的一种改进了的版本,即所谓超弦理论,而且得出了使物理学家们对此大为关注的结果。

在超弦理论中，基本的实体被看做是极小的条状或圈状的振动弦。它们具有能与"基本粒子"联系起来的各种性质（诸如电子的电荷），这些性质依赖于开弦的端点或是取决于弦振动的方式。一根像振动的小橡皮圈那样的闭合的圈状弦，和一根开口的弦有着根本的不同，可是任何描述开弦的理论都同样自动地包括了闭合圈。令数学物理学家们吃惊的是，在20世纪80年代中期当他们计算这些闭弦的性质时，却发现它们等价于带有2个单位的自旋量子数的无质量的粒子。换句话说，这些粒子就是引力子。超弦理论**预言了**引力子的存在，而在20年之前费恩曼就曾指出过，要建立一个在适当的能量和距离尺度上与广义相对论等价的引力理论，唯一需要的就是引力子。

可谓柳暗花明。困扰着发展引力的量子理论的早期尝试的无穷大，在超弦理论中不再出现，这一理论在数学上不仅自洽而且是有限的。它具有费恩曼曾间接提及的用来描述在极短距离尺度上的运作方式的新理论的所有特点。

费恩曼把对于马赫（Mach）原理的兴趣也带到了引力演讲之中，而且阐明了它与物理学中当前进展的直接联系。显然，物体的惯性来自于它与很远的物体引力相互作用的结果这一思想，与费恩曼以前的思想，即带电粒子受到的辐射阻尼——一种电的惯性，来自于与很远的带电粒子的电磁相互作用的结果，有着某种家族的相似性。他和惠勒曾借助于超前的电磁相互作用这一角色去描述作用于带电粒子间的力，这次费恩曼没有采用那种方式，即没有借助超前的引力相互作用来解释惯性。他对马赫原理的讨论，这次是从他的科学观的另一个值得注意的侧面着眼的：

> 所有这些问题的答案可能不会那么简单。我知道有一些科学家到处宣扬自然总是具有最简单的解。可是最简单的解最可能是什么都没有，以致在宇宙中应该根本就没有任何东

西。而自然的创造力远非如此，因此我不愿继续去想它总应该是简单的。[14]

用惠勒-费恩曼辐射理论中的那种电磁相互作用在时间上的向前运动和向后运动的方式，很容易用某种猜测的方式想像对涉及宇宙中错综复杂的超前和滞后的引力相互作用的马赫原理给出一种"解释"。然而只是在1993年，由于加利福尼亚大学楚书远(Shu-Yuan Chu)的工作，这种方法才有了一个可靠的基础。楚书远发展了一个在引力存在时如何做量子力学的模型，其中把粒子物理学中一些最新的思想（包括超弦）与具有时间对称性的对于引力和惯性的惠勒-费恩曼描述结合起来了。

以费恩曼为榜样，楚书远抛弃了"场"的概念，而且完全按照媒介粒子（光子、引力子以及其他类似的粒子）的思想来工作。这种媒介粒子，总是在其他粒子之间以时间对称的方式起交换作用。他认为，这种在最小尺度上的连续的反馈，由于对所有相互作用的这种平均遍及物质的每一个小块，从而构成了我们认为是连续的场（如引力）那样的东西。这种平均发生在与弦的尺度相比是很大的尺度上，可这仍然意味着它发生的尺度比质子的尺度小得多，因而我们的仪器在直接探测它时就相当地无能，而且我们也只能察觉到连续的场。楚书远说这种效果就好像我们在房间的对面欣赏一块编织得很好的挂毯，它似乎形成了一幅平滑而连续的图案；只有当你在近处看时才能看到编织成这个挂毯的单根的线。为得到我们所熟悉的平滑的图案，你需要做这种平均，而它正是费恩曼用于量子物理学的路径积分方法中涉及的那种平均。

从超弦理论的来龙去脉来讲，所用的恰恰就是惠勒-费恩曼电动力学的数学公式，这种方法解释了惯性的起源和马赫原理。它也含蓄地包括了惠勒–费恩曼的电动力学理论和辐射阻尼的起源。这是个漂亮的额外收获,即如费恩曼所猜测的,现在有了好的证据,表明宇宙包含的物质确实具有临界密度,故宇宙是平直的,这保证了将来有足够的物质为超前波和滞后波按所要求的方式匹配提供所必需的"反射波",而无需再在理论中引入额外的东西。楚书远承认,宣布这么一个令人不能容忍的思想,即在我们观察世界时,超前相互作用("来自未来的消息")在确定世界结构方面可能扮演了某种基本角色,这使人感到的远不只是有点紧张。[15] 不过,在发展他这一模型时他还不知道,这一令人难以容忍的思想,已在1986年由西雅图华盛顿大学的克雷默(John Cramer)在回顾(没有弦的)"普通"量子力学的来龙去脉时复活了。[16]

克雷默重新提起薛定谔方程本身的一个相当特殊的性质,这一性质早就为人所知,但在很大程度上却被忽视了。追溯到量子力学发展初期的1927年,天体物理学的先驱者爱丁顿(Arthur Eddington)指出,在计算量子世界实体的行为时非常重要的量子概率,是"由引入在时间方向上相向而行的两套对称的波系而得到的"。[17] 这种情况虽与麦克斯韦的电磁场方程组有两套解的方式非常相似,但又有一个重要的区别。对于麦克斯韦方程组,你既可以只用一套解而完全忽视另一套解来计算;也可以选用一半超前波和一半滞后波的混合。而对于薛定谔方程,你别无选择。你总是不得不用一半超前波和一半滞后波的混合去计算概率。

事情正是这样。薛定谔波动方程包含了数学家称为复数的东西,即出现了用i代表的-1的平方根。除了这个名称之外,处理复数没有什么特殊的困难;正如我们以前提到过的,这个名字其实表示了它们由两部分组成,其典型形式是$(x+it)$,而不是"简单地"只由普通数字(如x)或是称为"虚"数(如it)的数构成。而且,描写这些数所需要的两个部分还能用第四章中所说的小箭头的形式来图示。在这个例子中,描写波行为的复数方程的虚部与用 t 表示的时间相联系。整个方程描述了某种具体相互作用的所谓振幅,或者比如说,在双缝实验中某个电子通过一条缝可能走的某条路线。可是要记住,为计算一个具体的量子事例的**概率**,你必须求振幅的**平方**;而且这也是使事情变得有趣的地方。

每个人都知道如何求一个普通的数比如 x 的平方。你只要用它自身相乘即可,即 $x \times x$。但这个方法不能用来求一个像 $(x+it)$ 这样的复数的平方。*你可以代之以乘上一个叫做它的共轭复数的东西,即改变复数虚部前面的符号,使它成为 $(x-it)$,因此它的平方乃是:$(x+it) \times (x-it)$。薛定谔方程比这个简单的例子略微复杂一些,可原理是一样的。而且通过改变薛定谔方程中 t 前面的符号,你已经自动地选择了方程的相反的形式,来描述一列在时间上退行的波。推广以前用过的类比法,确定波的相位的旋转箭头就转到了相反的方向。任何一个物理学家每次以这种方法用薛定谔方程计算量子概率,他们都已自动地在计算中考虑了超前波和滞后波。

因此,如克雷默在1986年指出的,量子世界完全能够沿着惠勒-费恩曼辐射理论的思路来描述,其中超前波和滞后波结合起来产生一个根本不需要时间的有效的"超距作用"。构思这一绘景的方法是,设想站在时间之外,而且就好像事情是连续地发生的那样来观察它们,可是要记住,实际上一切都是瞬间发生的。在这一绘景中,具有能参与量子相互作用潜力的粒子发射出克雷默所谓的"提供"波,在时间的两个方向上对称地运动,回到过去和走向未来。在这一绘景中过去和未来的角色没有任何区别,可是为了使我们心情平静,在所有方向上我们都只专注于走向未来的波。走到整个宇宙之中,这列波触发一个反应

---

* 原文稍有不妥,求量子事件的概率涉及的运算其实是求复数的"模的平方",即下面所说的 $(x+it) \times (x-it)$,而一个复数 $(x+it)$ 本身的平方则是 $(x+it) \times (x+it)$。——译者

——实际上它可以触发来自于许多其他粒子的许多反应。在每种情况下,被触发的粒子发射出一列同样也回到过去和进入未来的"确认"波,表示它参与相互作用的能力。所有确认波在时间上向回走,在同一时刻到达产生最初的提供波的那个粒子处,而且它按照熟悉的量子概率法则"选择"一列确认波来参与交易。其他每个地方所有的波彼此抵消,在两个粒子间留下一个完成的交易(见图16),由薛定谔方程的两个解组成并形成一次越过时空的"紧密的握手"。从波自身的"观点"看,整个事情花的时间为零。

双缝实验的经典例子使得情况变得明朗了。这时,电子出发之前,提供波已通过两条缝出发。确认波同样也通过两条缝返回——实际

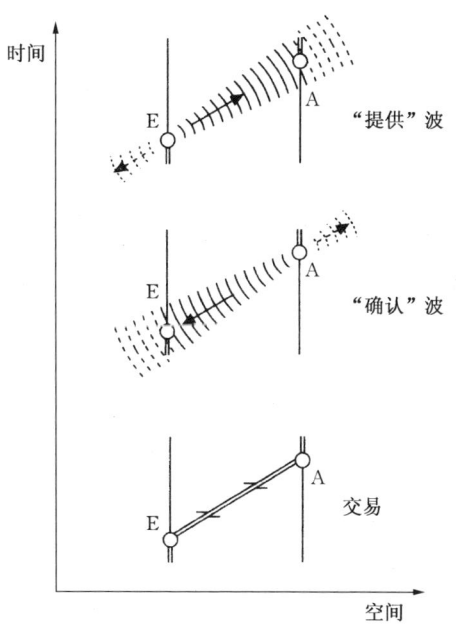

图16 克雷默已发展了一种波在时间上向前和向后运动的思想(见图5)来描述量子相互作用。因为提供波在时间上向前走、确认波在时间上往回走,完成交易根本不需要任何时间。这为诸如在双缝实验中(见图4)电子如何"事先知道"是开一条缝还是两条缝这种量子奥秘提供了一种解释。E=发射体;A=吸收体。

上,确认波从电子可能走的任何可能的路线返回,如同在量子电动力学中从镜面反射的光所显示的那种怪异的行为方式。只有一列确认波被电子接收,因此电子自身实际只通过一条路线到达它在检测屏上的目的地。可是它在检测屏上的位置,即它产生一团光的那个点,是由实验的整个结构所决定,由于越来越多的电子面临相同的选择,两条缝由此产生一个干涉图案。关键在于,如果其中的一条缝被盖起来,那么这个理论预言,电子的行为以及它们在检测屏上所产生的图案,将完全按实验中所见到的方式去改变。与充分利用超前波与滞后波一样,在这一绘景里,自然确实在进行"历史的累加",从而决定电子最终将到达何处。

这种观点解决了著名的"薛定谔猫佯谬"。在实验之初,来自未来的超前波给量子系统提出了死猫或是活猫的一种"选择",在任何事情发生之前,而且在50∶50的基础上,这个交易会确定哪种选择将变成真实的事件。猫的命运确实由量子概率密封,可是它是从外界被密封的,既不需要"状态的叠加",也不需要观察者以费恩曼所嘲笑的那种方式制造现实。而且这种方式能使量子世界的**所有**疑谜和神秘真相大白,因为在任何量子实验中所涉及的任何量子实体,在人类的时间框架中发生任何事情之前,确实"知道"实验的整个结构以及这个实体的最终命运。正如克雷默所指出的:

> 如果在连锁事件中有一个具体的环节是特殊的,那它就不是这条链环中最末的一个。当已经接收了来自它的提供波的各种确认波的发射器,通过把特殊的确认波作为一个完成的交易带入到现实的这种方式来加强它们中的一列的时候,链环的开始处就是这样一个环节。这种交易最后没有一个"何时"的问题。[18]

克雷默称其为量子力学的"交易解释"。在某种意义上,这"仅仅"

是一种解释——这种看待事体的方式,对量子世界的行为所作的预言,与哥本哈根解释或者是费恩曼路径积分形式所作的预言没有什么不同。可是这当然是克雷默解释的一个长处,因为这意味着,和其他解释一样,他的绘景与过去70年甚至更长的时间所得到的有关量子世界的成千上万个实验结果是相符的。有关交易解释的重要之处在于,它为你得到量子世界运作方式的图像而提供了一种简便方法,以接受超前波的现实为代价,不带有在同一时间既是死的又是活的猫,或是电子一次通过两条缝等诸如此类的奥秘。但由于自1926年以来,在物理学家每次用薛定谔方程计算量子概率的时候(而且他们中的一些人,比如爱丁顿,甚至知道他们当时所做的是怎么回事),他们已含蓄地接受了超前波的现实,看来只需相当小的代价!

当今一些研究者重新拾起费恩曼的思想并以新的方式发展了它们,而这是在他初次涉足于借助超前波来描述世界这一举止的半个世纪之后,理查德·费恩曼对现代物理的影响,从这个例子可见一斑。这个例子对于结束我们对现代科学的讨论也是一个好的注解,因为它把费恩曼最早的一项科学研究和人们思考量子世界的最新思想结合起来,去重解费恩曼所说的双缝实验的核心秘密;而且,由于楚书远的工作,它对既困扰过又吸引了费恩曼几十年的宇宙奥秘之一的马赫原理提出了一种可能的物理解释。

然而还有另一种方式使费恩曼得以继续地影响着现代物理学,那是通过他的教学集中体现的,这就是他对待物理学的方法,而实际上是关于生活的普遍方法。费恩曼本人曾经表示过,从长远来看,他最重要的贡献将是他的《讲义》,因为其中讲了他对待物理学的方法。[19] 随着科学的进化,不可能去预言费恩曼的科学贡献将以何种形式持续多久。可是,费恩曼教导过人们的一些东西:如何去思考,坚持审慎的诚实与正直,从不欺骗自己,而且对任何理论无论多么地珍爱,只要它与实验不符就加以拒绝，还有最重要的是，激发对自然的敬畏与欣赏以及对科学的热爱。所有这些，随着检验那些预言的新实验的进行，无论科学本身将会如何，都会让费恩曼在科学上留下一个永不磨灭的印记。古德斯坦说：

> 他的科学贡献既不平凡而又意义深远。它们与其他人的贡献没有相似之处。他用他的人格和观点来影响科学世界；他重新系统地阐述了量子力学，而实际上是重新发明了它。而且他是以一种如今仍在整个理论物理的每一领域广为应用的形式提供给我们的。[20]

正如布朗和里格登在《最佳品质》的前言中所说的那样："我们有种强烈的感觉——所有现代物理学家都是费恩曼的学生。"而且，他们都怀念他。

◇ 尾　声

寻找费恩曼的大篷车

　　理查德·费恩曼逝世7年后,我们中的一个(约翰)第一次走访了加州理工学院。原因之一是作一次关于量子力学的交易解释的报告。在第十四章中概述过,它强烈地吸取了费恩曼关于电磁辐射本性的不寻常的想法,至今已有半个多世纪了。演讲并不只是从费恩曼常作演讲的地方谈起,还谈到他自己的工作,至少可以说,这是一种不寻常的感觉。在演讲尾声的发问时间,话题转到了QED上,那时这种梦一般的感觉得到了加强——加州理工学院的一位听众,偏偏在这个地方,竟然让**我**给他们解释QED!

　　但那次访问的主要目的是为了充实费恩曼传奇的背景,为写此书做准备,同时走访那些他过去工作过的地方和会见那些与他一起工作过的人。在一个罕见的多雨的晚冬过后,1995年春天的加州理工学院校园仿佛成了科学家(或其他任何人)工作的理想场所。在20多摄氏度的气温和晴朗的天空下,校园里开阔的绿色场地上绿树成荫,装点着五颜六色的花坛,为平和地寻思宇宙奥秘提供了一个幽静宜人的自然环境。当时我想起了在南威尔士的劳阿恩的一次访问,那是一座古朴的建筑,是托马斯(Dylan Thomas)工作过的地方。望着外面壮观的景色，我当时想："我若住在这里，或许我也会成为一名诗人"；我也许不完全是物理学家，但加州理工学院的环境会使你这样想："我若在这里工作，或许我也会有一两个好想法。"紧接着你就会想到在那儿工作的人们，包括费恩曼自己和盖尔曼，盖尔曼的房间和费恩曼的只隔着海伦·塔克的办公室，还有索恩，他是广义相对论的两三个领头专家之一，他仍在加州理工学院工作，只是还没有忙到没有时间去讨论黑洞、时间运动和费恩曼的程度。然后你会想："行了，也许我的想法不会**那么**好。"

加州理工学院在学术上的观点是，学校不仅要让它的科学家们展示出最出色的工作，同时也要吸引最出色的科学家（某种程度上也是由于那个原因）。所以，准会以最好中之最好的而告终。常常是第一流的人渴望成为加州理工学院舞台上的一个角色，而费恩曼本人从来没有被直接取代过。即使在他死后，还设立了一个寻找替代者的委员会，也仍然没有找到。因为在今天，没有像费恩曼那样的人，正如在过去，除了费恩曼自己，也从来没有像费恩曼那样的人一样。

没有一个正式的费恩曼纪念物。没有一座庄严的建筑或是一尊雕像，甚至连他阿尔塔迪纳山景公墓中与格温内斯合葬的坟墓也很简单。他的真正纪念品是他的工作、他的著作和他的录像带。从那些录像带上，依然可以看到他用他那无法被人模仿的风格讲课，使一些复杂的概念变得简单易懂。但有一件器物，它能使任何一个听说过费恩曼的人产生好奇心，当我在帕萨迪纳时，受一个朋友的激励而追踪它。这个朋友几乎一点儿不懂科学，但仍认为费恩曼是我们这个时代的英雄。

在洛斯罗布尔斯大街我的旅馆门厅里，在我和拉尔夫·莱顿的一次长谈后，机会来了。我在帕萨迪纳的旅馆老板，怀疑论者协会的谢尔默(Michael Shermer)坐下来和我们谈话，其范围不仅仅涉及费恩曼的生活和工作，还包括整个世界对他的逝世的反应，以及费恩曼的家人和朋友对他逝世后被各种书刊和文章所报道的方式的反应。那次谈话把我带到了他的身边,就像我曾经希望的那样接近,它证实和加强了我已有的关于他是哪种人的印象,并使你手中这本书成形。理查德·费恩曼不但是一个科学天才,也确实是一个在家庭、朋友和相识的人中传播爱和善的好人。即便是在阿琳死后他生平中的那段黑暗时日里,在作为他的同代人中最伟大的物理学家的同时,他也是一个令人感觉良好的愉快的人,一个真正爱开玩笑的、和善和慷慨的人。并且正是那种精神,而并非物理学,才使人们对那件器物——贴满著名的费恩曼图的大篷车如此好奇。

我们和莱顿的谈话很是热烈,使我犹豫是否需要提出那些我曾经承诺要问而相对来说不太重要的问题。但当我们在春天的阳光下陪他走回他的车时,我提醒自己:承诺就是承诺。"顺便问一下,"我说,"费恩曼的大篷车怎么样了?""它还在他家,可以这么说吧,"他答道。谢尔默明显地竖起耳朵听这个消息:"在哪儿?""它需要做些修理。它就停在一家修理店后面,在……"他还告诉我们一个地名,它是洛杉矶市向东乱七八糟地往帕萨迪纳延伸的另一部分。

那一次,我想,是它的结尾了。我在帕萨迪纳没有自己的交通工具,尽管我已遵守诺言去询问那辆大篷车,但还是不能像我期望的那样得到一张它的照片给我的朋友。我后面还有个电台讲演节目的约会,第二天早上得早早地乘飞机出发。可是,谢尔默另有打算。他答应我一完成在KPCC-FM电台的事他就开车带我去找那辆大篷车,看起来至少比我还渴望开始这次远游。几小时后,我们就徘徊在莱顿指点我们去的地方,每当我们迷了路,就用谢尔默车上的电话问莱顿。就在太阳下山时,我们找到了那家修理店,在它后面停下车,四处走走。费恩曼的大篷车,它就在那儿。车头对着墙,看起来受了些轻微的撞击,但仍旧带着它的费恩曼图装饰画。很明显,它呆在这里已有些时日了,车轮周围开满了娇嫩的春花。

我们照了相就离开了,我们为自己成功地完成了"参拜费恩曼"的事而庆祝。12小时后,我到了旧金山。就在我回家的时候,听谢尔默讲了故事的余波。第二天,他高兴地给一个在帕萨迪纳的一个太空研究中心——喷射推进实验室工作的朋友,详细地讲述了我们寻找费恩曼的大篷车的故事。那个朋友是一个朴实的科学家,而且显然根本不是一个科学"追星者",可他却热切地询问那家修理店的路,而且就在当天挎着他自己的照相机去了那里。谢尔默关于参拜费恩曼的玩笑,现在几乎成了现实,因为如今去参观那个遗物的人们已络绎不绝。而今,除了我从我的加利福尼亚之行带回来的所有照片之外,能够继续激发最大兴趣的就是有关停在帕萨迪纳东部某地一家修理店后面的一辆年久失修的旧大篷车的那些照片。

　　我不能肯定因为什么费恩曼的大篷车能激发那么多人的兴趣,即便在我分享着一些属于这份热情的东西的时候。但对那些能如此清楚地证明费恩曼的幽默和豪放,并联系着他获得诺贝尔奖的工作的东西,得知它们依然存在是令人愉快的。莱顿认为,它是个特别合适的象征品,因为这辆大篷车本身就是费恩曼自由精神的象征,也是研究和发现日常世界的一种工具,同时,那些图案也象征着他对物理世界的探索和欣赏。总而言之,发现的慰藉和认识事物的快乐就是费恩曼的一切。莱顿说他一定会让那辆大篷车停到费恩曼的朋友家里,并设想着总有一天它将成为一个流动的费恩曼展览品的中心物件。如今,听这么一说,像这么一种纪念品,可能连费恩曼也会赞许的。

注 释

序幕

1　见 Freeman Dyson, *From Eros to Gaia* (Pantheon, New York, 1992)。

2　琼·费恩曼在1995年4月会见约翰·格里宾时说，照她母亲说，"费恩曼在很小的时候，不能断定是想当喜剧演员还是想当科学家，于是他把这两种选择结合起来"。

3　加州理工学院的副院长、物理学教授戴维·古德斯坦在1995年4月会见约翰·格里宾时说："依我之见，费恩曼是个与历史相称的人；他值得领受他所受的这种注意。"

第一章

1　理查德·费恩曼会晤贾格迪斯·梅赫拉，引自 Mehra, *The Beat of a Different Drum*（后面用 Mehra 代替，详见参考文献）。

2　费恩曼经常谈及这件事。例如见 Richard Feynman & Ralph Leighton, *What Do You Care What Other People Think?*（后面用 *What Do You Care* 代替，详见参考文献）。关于恐龙、禽鸟和旅行车的更多轶事也可在同一本书中找到。

3　*What Do You Care.*

4　莱顿在1995年4月和约翰·格里宾会晤。

5　引自 Christopher Sykes (editor), *No Ordinary Genius*（见参考文献）。

6　*What Do You Care.*

7　约翰娜和亨利·菲利普斯的故事是琼·费恩曼在《非凡的天才》(*No Ordinary Genius*)一书中讲述的。

8　*What Do You Care.*

9　见琼·费恩曼为费恩曼纪念文集《最佳品质》(*Most of the Good Stuff*)提供的资料，该书由 Laurie Brown 和 John Rigden 合编（见参考文献）。

10　琼·费恩曼的评论取自1996年1、2月间与约翰·格里宾的通信。

11　Mehra.

12　*Most of the Good Stuff.*

13　没有证据表明露西尔相信这一点。但她肯定已经意识到，当时妇女在科学界的工作机遇确实是非常有限的，也许她是尽力想使琼避免极大的失望。

14　与约翰·格里宾在1995年4月的会晤；亦见 *No Ordinary Genius*。

15　*Most of the Good Stuff.*

16　与约翰·格里宾在1995年4月的会晤。

17　*No Ordinary Genius*，亦见琼·费恩曼的评论，取自1996年1、2月间与约翰·格里宾的通信。

18　Mehra.

19　亦见 *Six Easy Pieces*（见参考文献）。

20　例如见 Richard Feynman & Ralph Leighton, *Surely You're Joking, Mr. Feynman!*（后面用 *Surely You're Joking* 代替，见参考文献）。

21　Mehra.

22　Mehra.

23　*No Ordinary Genius.*

24　汉斯·贝特引自 *No Ordinary Genius*，贝特被卡克描述为一般的天才。

25　Mehra.

26　*What Do You Care.*

27　Mehra.

28　Mehra.

第二章

1　有关爱因斯坦的思想发展的完整故事见 Michael White & John Gribbin, *Einstein: A Life in Science*（Simon & Schuster, London, 1993; New York, Dutton, 1994）。

2　James Clerk Maxwell, *A Dynamical Theory of the Electromagnetic Field*, 1864; 例如见 Ralph Baierlein, *Newton to Einstein*（Cambridge University Press, 1992）, p.122。

3　有关爱因斯坦的思想发展的完整故事见 Michael White & John Gribbin, *Einstein: A Life in Science*（Simon & Schuster, London, 1993; New York, Dutton, 1994）。

4　如果你想了解细节，请见 John Gribbin, *In Search of Schrödinger's Cat*（Bantam, New York & London, 1984）。

5　可见 *Schrödinger's Kittens*。

6　大部分由美国的鲍林（Linus Pauling）完成，他于1939年在 *The Nature of the Chemical Bond*（Cornell University Press）一书中总结了这些工作，并于1954年因其工作而荣获诺贝尔奖。

第三章

1　Mehra.

2　Mehra.

3　詹姆斯·格雷克引自 *Genius*（见参考文献）。

4 梅赫拉摘自韦尔顿写于1983年而未发表的回忆录。

5 Mehra.

6 Mehra.

7 *Surely You're Joking.*

8 Mehra.

9 *Most of the Good Stuff.*

10 见Smyth与Morse及Smyth与Slater的通信,普林斯顿档案(Seeley G. Mudd Manuscript Library)。

11 Philip Morse, *In at the Beginnings*, MIT Press(1977).

12 琼·费恩曼1996年1、2月间与约翰·格里宾的通信。

13 Wheeler, in *Most of the Good Stuff.*

14 Mehra.

15 实际上,这是他与爱因斯坦共同的个性;见 *Einstein: A Life in Science.*

16 拉尔夫·莱顿1995年12月给约翰·格里宾的评论。

17 *What Do You Care.*

18 莱顿1995年12月给约翰·格里宾的评论。

19 Wheeler, in *Most of the Good Stuff.*

20 普林斯顿档案。

21 Mehra.

22 在普林斯顿档案中的报告。

23 见惠勒为 *Most of the Good Stuff* 撰写的文章。

24 见 *No Ordinary Genius*。

25 *What Do You Care.*

第四章

1 费恩曼对梅赫拉所讲。

2 Richard Feynman, *Science*, volume 153, pp.699—708, 1966. 这是1965年12月11日在斯德哥尔摩发表的诺贝尔奖获奖演说的出版稿。后面简称诺贝尔奖获奖演说。

3 施维伯(Silvan Schweber)在《量子电动力学及其创造者》(*QED and the Men Who Made It*,见参考文献)中提到电动力学中的超距作用的早期研究。

4 诺贝尔奖获奖演说。

5 诺贝尔奖获奖演说。

6 *Surely You're Joking.*

7 Mehra.

8 诺贝尔奖获奖演说。

9 见Mehra。狄拉克和费恩曼的第一次谈话看起来非常简短。实际上,相对狄拉克的水平来说，这是非常健谈的了。1929年，作为对量子理论的发展作出很大贡献的人，年仅27岁的狄拉克已被公认为天才，他去参观了威斯康星大学。《威斯康星州月刊》报道了与这位年轻的天才的一次会见，谈话中他的那一部分几乎完全是由单音节词组成的。在一次特别的交流中，采访者问狄拉克可曾看过电影。"是的，"他回答。"什么时间呢？"采访者问。"1920年。"

10　诺贝尔奖获奖演说。

11　Richard Feynman, *The Principle of Least Action in Quantum Mechanics*, PhD thesis, Princeton University, 1942年5月。

12　例如见John Gribbin, *In Search of Schrödinger's Cat*。

13　*Most of the Good Stuff.*

第五章

1　收入*Surely You're Joking*，原文选自Lawrence Badash, Joseph Hirschfelder & Herbert Broida(editors), *Reminiscences of Los Alamos, 1943—1945*（Reidel, Dordrecht, 1980）。除了其他指明的之外，费恩曼在洛斯阿拉莫斯那段时间的轶事均源于此书。

2　《科学美国人》(*Scientific American*)，1988年6月。

3　阿琳和理查德之间的通信，借自米歇尔·费恩曼。

4　见贝特为*Most of the Good Stuff*撰写的文章。

5　见贝特为*Most of the Good Stuff*撰写的文章。

6　*What Do You Care.*

7　*What Do You Care.*

8　见阿琳和理查德之间的通信，借自米歇尔·费恩曼。

9　*What Do You Care.*

10　收入*Surely You're Joking*，原文选自Lawrence Badash, Joseph Hirschfelder & Herbert Broida（editors）, *Reminiscences of Los Alamos, 1943—1945*（Reidel, Dordrecht, 1980）。除了其他指明的之外，费恩曼在洛斯阿拉莫斯那段时间的轶事均源于此书。

11　Alice Kimball Smith & Charles Weiner (editors), *Robert Oppenheimer: Letters and Recollection*（Harvard University Press, 1980）。

12　Mehra.

13　与施维伯的会晤，引自*QED and the Men Who Made It*。

14　见阿琳和理查德之间的通信，借自米歇尔·费恩曼。

15　*Surely You're Joking.*

16　诺贝尔奖获奖演说。

17　诺贝尔奖获奖演说。

18　Mehra.

19 梅赫拉引用。

20 Mehra.

21 Mehra.

22 费恩曼,梅赫拉引用。

23 Freeman Dyson, *Disturbing the Universe*(Basic Books, New York, 1979).

24 见 *QED and the Men Who Made It*。

25 收入 Freeman Dyson, *From Eros to Gaia* (Pantheon, New York, 1992)。

26 Freeman Dyson, *Disturbing the Universe*(Basic Books, New York, 1979).

27 *Physical Review*, volume 75, p.486, 1949.

28 Steven Weinberg, *The Quantum Theory of Fields* (Cambridge University Press, 1995).

29 见戴森为 *No Ordinary Genius* 撰写的文章。

30 收入 Freeman Dyson, *From Eros to Gaia* (Pantheon, New York, 1992)。

31 见 *No Ordinary Genius*。

32 施维伯引用。

第六章

1 见参考文献。这本书是用费恩曼的真实的声音写成的清晰的杰作,由拉尔夫·莱顿根据费恩曼的一系列演讲改写、编辑而成。在我们描述费恩曼的杰出事迹时,我们严格地以它为依据。

2 Mehra.

3 格雷克引用。

4 如果你想了解这一原理是如何运作的详情,见 John Gribbin, *In Search of Schrödinger's Cat*。

5 Mehra.

第七章

1 见 Helge Kragh, *Dirac*(Cambridge University Press, 1989)。克拉格(Helge Kragh)认为,把诗的作者说成是狄拉克,这是没有凭据的,但这恰恰概括了许多物理学家对自身的创造力的看法。

2 Michael Cohen, in *Most of the Good Stuff*.

3 Mehra.

4 *Surely You're Joking*.

5 *Surely You're Joking*.

6 Mehra.

7 *Surely You're Joking*.

8 *Surely You're Joking*.

9　*Engineering and Science*，Caltech，1953年11月。

10　*Surely You're Joking*.

11　Leite Lopes，梅赫拉引用。

12　Mehra.

13　阿尔伯特·希布斯对梅赫拉所讲。

14　*Surely You're Joking*。在加州理工学院可能遇到这么激动的人的一个原因，是因为加州理工学院本身就小。即使是在20世纪60年代早期，那儿的大学生、研究生和教师的数目也是大致相等的，大约各为600人。

15　Mehra.

16　*What Do You Care*.

17　1996年2月与玛丽·格里宾的会晤。杰奎琳·豪沃思现在叫杰奎琳·肖。

18　Gweneth Feynman，"The Life of a Nobel Wife"，*Engineering and Science*，March-April 1977.

19　Gweneth Feynman，"The Life of a Nobel Wife"，*Engineering and Science*，March-April 1977.

20　阿尔伯特·希布斯对梅赫拉所讲。

21　Gweneth Feynman，"The Life of a Nobel Wife"，*Engineering and Science*，March-April 1977.

22　1995年12月给约翰·格里宾的评论。

23　Mehra.

第八章

1　见 *Most of the Good Stuff*。

2　*Surely You're Joking*.

3　费恩曼对梅赫拉所讲。

4　*Surely You're Joking*.

5　见琼·费恩曼为 *No Ordinary Genius* 撰写的文章。

6　*Surely You're Joking*.

7　威利·福勒在20世纪70年代初期与约翰·格里宾的谈话。

8　1995年4月拉尔夫·莱顿与约翰·格里宾的会晤。也见 *Surely You're Joking*。

9　*Proceedings of the International Conference on the Theory of Gravitation*（Gauthier-Villars, Paris, 1964）.

10　*Surely You're Joking*.

11　见 Mehra。"没有别人知道"的这个评论，当然是指作出他的这一发现时费恩曼的感觉；如我们在正文中讨论过的，过了不久他就发现盖尔曼、苏达山和马沙克也都独立地做到了，而且这丝毫也未减少他的兴奋。

12　见 Mehra。

13　*Surely You're Joking.*

14　Mehra.

15　Mehra.

16　发表在 *Engineering and Science*, February 1960;也见 *No Ordinary Genius*。

17　例如见 Ed Regis, *Nano!*（Bantam, London, 1995）。

18　麦克莱伦对格雷克所讲。

19　费恩曼,发表在 *Engineering and Science*, February 1960;也见 *No Ordinary Genius*。

第九章

1　但在物理学界仍然非常有名。1995年10月约翰·格里宾会见60年代初加州理工学院物理系研究生诺曼·东贝时,诺曼说那时"费恩曼从在洛斯阿拉莫斯的时候起就是这一学科中的好家伙。唯一的一个与他对等的人是朗道,而且费恩曼也这么认为;他把朗道看成是他的苏联的对等者。"这是指列夫·朗道以及他在液氦方面的名望。

2　桑兹,《费恩曼物理学讲义》(*The Feynman Lectures on Physics*)第二卷前言,后面用 *Lectures* 代替。

3　莱顿,*Lectures* 第一卷前言。

4　见 *Most of the Good Stuff*。

5　1995年4月和约翰·格里宾的会晤。这和费恩曼回忆他生活中轶事的方法相似,讲真的事情,却是以一种有趣的方式来讲。

6　*Six Easy Pieces*（见参考文献）。

7　见 *Most of the Good Stuff*。

8　戴维·古德斯坦1995年4月与约翰·格里宾的会晤。

9　感谢听过这些演讲的两名研究生所做的笔记,其中的前16个演讲大致包括了直到费恩曼在这方面碰壁时为止所做的所有工作,最终于1995年发表,书名为《费恩曼的引力学讲义》(*Feynman Lectures on Gravitation*)。它在现今的意义在第十四章讨论。

10　梅赫拉说,当狄拉克被授予诺贝尔奖时也发生了完全相同的事情。他想拒绝这一奖励,但卢瑟福提醒他,拒绝这一奖励会比接受它带来更多的宣传。有几次,狄拉克都向梅赫拉提到这项奖是"一种讨厌的东西"。

11　Mehra.

12　诺贝尔奖获奖演说,*Science*, volume 153, p.699, 1966。

13　*Surely You're Joking.*

14　Mehra.

15　莱顿1995年4月与约翰·格里宾的会晤。

16　见卡尔和理查德为 *No Ordinary Genius* 撰写的文章。

17　加州理工学院档案馆中的信件；也被施维伯引用。
18　见佐西安为 *No Ordinary Genius* 撰写的文章。
19　*Surely You're Joking.*
20　*Surely You're Joking.*
21　沃森名著的最好的通用版本是"评论版"，由斯滕特（Gunther Stent）编辑（Weidenfeld & Nicolson, London, 1981）。其中包括了沃森所有的文章（最早的在1968年发表），加上评论、解说和一些原始科学论文的翻版。
22　戴维·古德斯坦1995年4月和约翰·格里宾的会晤；也见格雷克。

第十章

1　1995年4月与约翰·格里宾的会晤。
2　1995年10月与约翰·格里宾的会晤。
3　Yuval Ne'eman & Yoram Kirsch, *The Particle Hunter*（Cambridge University Press, 1986）.
4　见约翰·格里宾在《大爆炸探秘》(*In Search of the Big Bang*)（Bantam, London, 1986）中的讨论。
5　Yuval Ne'eman & Yoram Kirsch, *The Particle Hunter*（Cambridge University Press, 1986）.
6　Murry Gell-Mann, *The Quark and the Jaguar*（Little, Brown, New York, 1994）.
7　这意思是说，还没有人因预言夸克的存在而获得诺贝尔奖，就是弗里德曼、肯德尔和泰勒也是因他们用实验证明了夸克的存在而分享了1990年的诺贝尔奖！费恩曼本人至少为盖尔曼和茨威格提名一次，其他物理学家在90年代也这么做了；诺贝尔委员会仍有时间纠正这个疏漏。
8　*Surely You're Joking.*
9　Bjorken, in *Most of the Good Stuff.*
10　Mehra.
11　比约肯1995年10月与约翰·格里宾的私人通信。
12　R. Feynman, M. Kislinger & F. Ravndal, *Physical Review*, volume D3, p.2706, 1971.
13　格雷克引用。

第十一章

1　戴维斯已在他为 *No Ordinary Genius* 撰写的文章中讲了这次旅行的故事。
2　戴维斯已在他为 *No Ordinary Genius* 撰写的文章中讲了这次旅行的故事。
3　维纳与费恩曼的会晤，格雷克引用。
4　*Surely You're Joking.*

5　维纳与费恩曼的会晤，格雷克引用。

6　莱顿1995年4月与约翰·格里宾的会晤。

7　Feynman, *The Character of Physical Law*.

8　1995年4月与约翰·格里宾的会晤；也见 *Most of the Good Stuff*。

9　海伦·塔克1995年4月与约翰·格里宾的会晤；她所指的是格雷克所写的那本传记。

10　Mehra.

11　1995年4月与约翰·格里宾的会谈。

12　诺曼·东贝1995年10月与约翰·格里宾的会晤。东贝也讲了他参加加州理工学院的讨论会时，仅有过这样的一次，即费恩曼没有把讲话人的论点驳得体无完肤，那次奥本海默是讲演者。但他说不好这是由于奥本海默的卓越，还是出于费恩曼对在洛斯阿拉莫斯时的上司的尊敬。

13　诺曼·东贝1995年10月与约翰·格里宾的会晤。

14　这一点是诺曼·东贝1995年10月与约翰·格里宾会晤时所说的，他1961年在盖尔曼指导下在加州理工学院完成博士学位，1961年至1962年在那里做博士后研究者。

15　见谢尔曼为 *No Ordinary Genius* 撰写的文章。

16　现在凭本人的资格已成为著名物理学家的这位从前的学生要求匿名，以免遭到来自盖尔曼有关这一评论的反击。这位物理学家还告诉我们"默里总必须是对的，即使他并不是，但费恩曼犯错误的时候他不怕承认错误。"

17　1996年1月与约翰·格里宾的通信。

18　1995年4月和约翰·格里宾会晤，海伦·塔克回忆，一次理查德和卡尔·费恩曼与尤利·盖勒(Uri Geller)一起开了个私下的会，并且发现盖勒宣称的功能没有一个能在他们细心的监视之下灵验。

19　*Surely You're Joking*.

20　梅赫拉引用。

21　卡尔的老师有一天打电话给格温内斯，表达了他对卡尔的担心，他说，看起来卡尔是个聪明的孩子，但在一次智商测验中只得了129分；格温内斯告诉老师这并不太糟，因为理查德的智商只有125分。

22　Leighton, *Tuva or Bust!*

23　格温内斯·费恩曼，如她告诉格雷克的那样。

24　Leighton, *Tuva or Bust!* 关于这个肿块的质量有些混乱，格雷克说有6英磅（约2.7千克）重；但由此而给费恩曼的内部器官带来的伤害是毫无疑问的。通常作为可靠证人的弗里曼·戴森在他的《从爱神到大地女神》(*From Eros to Gaia*)一书中引用的数字也是6英磅。

25　戴维·古德斯坦1995年4月与约翰·格里宾的会晤；也见 *No Ordinary Genius*。

26　见参考文献。

第十二章

1　Carl Feynman, in *No Ordinary Genius*.

2　1988年和梅赫拉的谈话。

3　见希尔斯为 *Most of the Good Stuff* 撰写的文章。

4　见希尔斯为 *Most of the Good Stuff* 撰写的文章。

5　见希尔斯为 *Most of the Good Stuff* 撰写的文章。

6　见 *What Do You Care*。书中一半取自费恩曼自己对他在"挑战者"号的调查中的经历的解说，除了叙述的部分，这是本章中其他地方所用的原始材料。

7　见格雷克。

8　Kutyna, in *No Ordinary Genius*.

9　Kutyna, in *No Ordinary Genius*.

10　Kutyna, in *No Ordinary Genius*.

11　Kutyna, in *No Ordinary Genius*.

12　调查结束后，当库泰纳特意要承认他是如何故意把寒冷对O形圈的影响的可能性告之费恩曼时，费恩曼改变了对他的看法；可接着费恩曼原谅了库泰纳。但看来他们两人谁也没对麦克唐纳给以充分的信任，库泰纳的小借口并不是真正必要的，这还得感谢麦克唐纳。

13　Kutyna, in *No Ordinary Genius*.

14　Freeman Dyson, *From Eros to Gaia* (Pantheon, New York, 1992).

15　Hibbs, in *No Ordinary Genius*.

16　海伦·塔克1995年4月与约翰·格里宾的会晤，对"挑战者"号的调查，她只说了句："那段时间，他病得很厉害。"

第十三章

1　Ralph Leighton, *Tuva or Bust*！（后面用 *Tuva* 代替）。

2　费恩曼的母亲露西尔在费恩曼第二次大手术后的几天就去世了。用拉尔夫·莱顿的话说（写给约翰·格里宾的信），"她吃过晚饭后在她最喜爱的椅子里安详地长眠了"，享年86岁。

3　Joan Feynman, in *No Ordinary Genius*.

4　拉尔夫·莱顿1995年4月与约翰·格里宾的会晤。

5　*Surely You're Joking*.

6　*Tuva*.

7　拉尔夫·莱顿1995年4月与约翰·格里宾的会晤。

8　Richard Feynman,《QED》一书的导论。

9　这则讣告只署名"一个老朋友"，这位老朋友就是菲利普·莫里森。

10　Freeman Dyson, *From Eros to Gaia*.

11　莱顿1995年4月与约翰·格里宾的会晤。

12　1995年4月与约翰·格里宾的会晤。

13　莱顿1995年4月与约翰·格里宾的会晤；也参见格雷克。

14　格温内斯·费恩曼对格雷克所说的。

15　*Tuva*.

16　*Tuva*.

17　*Tuva*.

18　梅赫拉与费恩曼最后一次会晤的这段描述取自1988年2月24日梅赫拉在康奈尔大学所作的一次讲话的副本（由梅赫拉提供），这件事在他的脑子里记忆犹新；《特异的鼓声》(*The Beat of a Different Drum*)一书的导言也是基于这次讲话而写成的。

19　Joan Feynman, in *No Ordinary Genius*.

20　Joan Feynman, in *No Ordinary Genius*.

21　Hillis, in *No Ordinary Genius*.

第十四章

1　詹姆斯·哈特尔在1995年12月与约翰·格里宾的电话谈话。

2　Richard Feynman, Fernando Moringo & William Wagner (edited by Brian Hatfield), *Feynman Lectures on Gravitation* (Addison Wesley, 1995)。后面用 *Gravitation* 代替。

3　对爱因斯坦的工作和传统方法的描述，见 Michael White & John Gribbin, *Einstein: A Life in Science* (Plum, New York, and Simon & Schuster, London, 1995)。

4　见 *Schrödinger's Kittens*。

5　*Gravitation*.

6　例如见 Stuart Kauffman, *At Home in the Universe* (Oxford University Press, New York, 1995)，还有他早些时候的书 *The Origins of Order* (Oxford University Press, New York, 1993)。

7　George Gamow, *My World Line* (Viking, New York, 1970).

8　*Gravitation*.

9　*Gravitation*.

10　有许多观测结果表明，应该认真地考虑暴胀，在此我们没有篇幅去深入讨论。见 John Gribbin, *In the Beginning* (Penguin, London, and Little, Brown, New York, 1993)。

11　*Gravitation* 前言。

12　1995年12月给约翰·格里宾的评论。

13　Mehra.

14　*Gravitation*.

15　1994年3月给约翰·格里宾的信。

16　见 *Schrödinger's Kittens*。

17　Arthur Eddington, *The Nature of the Physical World*。最初是1927年在爱丁堡作的系列演讲,1928年由剑桥大学出版社(Cambridge University Press)出版,而且随岁月的流逝有了许多版本,包括1958年密歇根大学出版社(University of Michigan Press)出版的安·阿博(Ann Arbor)平装本。

18　John Cramer, The Transactional Interpretation of Quantum Mechanics, *Reviews of Modern Physics*, volume 58, p.647 及以后。如果你有因特网接口和浏览器,你可以在以下网址找到这篇论文: http://mist.npl.washington.edu/npl/int-rep/tiqm/TI-toc.html。

19　戴维·古德斯坦1995年4月与约翰·格里宾的会晤。

20　戴维·古德斯坦1995年4月与约翰·格里宾的会晤。

参考文献和推荐读物

有关费恩曼的主要读物

Richard Feynman & Ralph Leighton, *Surely You're Joking, Mr.Feynman!* (W. W. Norton, New York, 1985).

Richard Feynman & Ralph Leighton, *What Do You Care What Other People Think?* (W. W. Norton, New York, 1988).

Ralph Leighton, *Tuva or Bust!* (W. W. Norton, New York, 1991).

Christopher Sykes (editor), *No Ordinary Genius: The Illustrated Richard Feynman* (W. W. Norton, New York, 1994). This is the book which Feynman's family and friends recommend as providing the most 'true to life' image of the man.

关于费恩曼生活和工作的读物

Laurie Brown & John Rigden (editors), *Most of the Good Stuff* (American Institute of Physics, New York, 1993).

James Gleick, *Genius: Richard Feynman and Modern Physics* (Pantheon, New York, 1992).

*Jagdish Mehra, *The Beat of a Different Drum* (Clarendon Press, Oxford, 1994).

See also the chapters relating to his relationship with Feynman in Freeman Dyson's books *Disturbing the Universe* (Basic Books, New York, 1979) and *From Eros to Gaia* (Pantheon, New York, 1992).

The impact of Feynman's ideas about tiny machines is discussed in *NANO!*, by Ed Regis (Bantam Press, London, 1995).

关于量子物理学,包括费恩曼的贡献

Richard Feynman, *The Character of Physical Law* (MIT Press, Cambridge, Mass., 1965).

Richard Feynman, *QED: The Strange Theory of Light and Matter* (Princeton University Press, Princeton, 1985).

Richard Feynman, *Six Easy Pieces* (Addison-Wesley, Redding, Mass., 1995).

Richard Feynman & Steven Weinberg, *Elementary Particles and the Laws of*

Physics (Cambridge University Press, Cambridge, 1987).

*Richard Feynman, Robert Leighton & Matthew Sands, *The Feynman Lectures on Physics* (Three volumes, Addison-Wesley, Redding, Mass., 1963).

*Richard Feynman, Fernando Morinigo & William Wagner (edited by Brian Hatfield), *Feynman Lectures on Gravitation* (Addison-Wesley, Redding, Mass., 1995).

John Gribbin, *In Search of Schrödinger's Cat* (Bantam, New York, 1984).

John Gribbin, *Schrödinger's Kittens* (Little, Brown, New York, 1995).

*Silvan S. Schweber, *QED and the Men Who Made It* (Princeton University Press, Princeton, 1994).

其他有趣的读物

Alice Kimball Smith & Charles Weiner (editors), *Robert Oppenheimer: Letters and Recollections* (Harvard University Press, 1980).

Michelle Feynman, *The Art of Richard P. Feynman* (Gordon & Breach, Basel, 1995). Many of Feynman's drawings, and a few paintings, chosen and photographed by his daughter, Michelle.

Richard Feynman (edited by Anthony Hey & Robin Allen), *Feynman Lectures on Computation* (Addison-Wesley, Redding, Mass, 1996).

David Goodstein & Judith Goodstein, *Feynman's Lost Lecture* (Jonathan Cape, London, 1996).

录音材料

A delightful and entertaining recording of Richard Feynman drumming with Ralph Leighton and recounting one of his most famous anecdotes, the 'Safecracker Suite', can be obtained from Ralph Leighton at PO Box 70021, Pasadena, CA 91117, USA. The one-hour recording costs £8 on cassette and £12 on CD; proceeds from the sales, after expenses and taxes, benefit cancer research.

Six Easy Pieces (see above) can also be obtained from bookstores with cassettes or CD of the original Feynman lectures on which the books are based.

电子联络

If you have a World Wide Web browser, a search using 'Tuva' or 'Feynman' will throw up many interesting links.

图书在版编目(CIP)数据

迷人的科学风采:费恩曼传/(英)约翰·格里宾,(英)玛丽·格里宾著;江向东译.—上海:上海科技教育出版社,2020.5
(哲人石丛书:珍藏版)
ISBN 978-7-5428-7279-1

Ⅰ.①迷… Ⅱ.①约… ②玛… ③江… Ⅲ.①费因曼(Feynman, Richard Phillips 1918—1988)-传记 Ⅳ.①K837.126.11

中国版本图书馆CIP数据核字(2020)第056910号

责任编辑 卞毓麟 韩 隽 裴 剑 林赵璘	出版发行	上海科技教育出版社有限公司 (200235 上海市柳州路218号 www.ewen.co)
封面设计 肖祥德	印 刷	常熟文化印刷有限公司
版式设计 李梦雪	开 本	720×1000 1/16
	印 张	20.5
迷人的科学风采——费恩曼传	版 次	2020年5月第1版
[英]约翰·格里宾 玛丽·格里宾 著	印 次	2020年5月第1次印刷
江向东 译	书 号	ISBN 978-7-5428-7279-1/N·1093
	图 字	09-2020-021号
	定 价	60.00元

Richard Feynman:

A Life in Science

by John Gribbin & Mary Gribbin

Copyright © 1997 by John and Mary Gribbin

Chinese (Simplified Character) Trade Paperback copyright © 2020

by

Shanghai Scientific & Technological Education Publishing House Co., Ltd.

Published by arrangement with John and Mary Gribbin Partnership

c/o David Higham Associates Limited

ALL RIGHTS RESERVED

上海科技教育出版社有限公司业经 Bardon-Chinese Media Agency

协助取得本书中文简体字版版权